JN280797

基礎から学ぶ
トライボロジー

橋本 巨 著

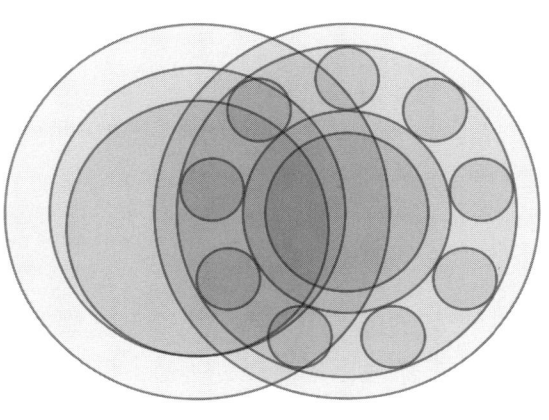

森北出版株式会社

● 本書の補足情報・正誤表を公開する場合があります．当社 Web サイト（下記）
で本書を検索し，書籍ページをご確認ください．
https://www.morikita.co.jp/

● 本書の内容に関するご質問は下記のメールアドレスまでお願いします．なお，
電話でのご質問には応じかねますので，あらかじめご了承ください．
editor@morikita.co.jp

● 本書により得られた情報の使用から生じるいかなる損害についても，当社およ
び本書の著者は責任を負わないものとします．

JCOPY 〈(一社)出版者著作権管理機構 委託出版物〉
本書の無断複製は，著作権法上での例外を除き禁じられています．複製される
場合は，そのつど事前に上記機構（電話 03-5244-5088, FAX 03-5244-5089,
e-mail: info@jcopy.or.jp）の許諾を得てください．

はじめに

　40年程前に作られた学術専門用語「トライボロジー」の認知度は，科学・工学分野に占めるその重要度とともに年々高まってきている．

　筆者が，現早稲田大学名誉教授 和田稲苗先生の下で，大学院生としてトライボロジーの研究を始めた1970年代中頃は，トライボロジーという用語が学会等で使われることはほとんどなく，潤滑工学や摩擦学といった名称が一般に用いられていたように思う．たとえば，学会名称一つをとってみても，今の日本トライボロジー学会は日本潤滑学会，アメリカトライボロジー学会（Society of Tribologists and Lubrication Engineers：STLE）はアメリカ潤滑学会（American Society of Lubrication Engineers：ASLE）と称しており，トライボロジーの名称が使われるようになったのは1980年代に入ってからのことである．

　当時は，潤滑工学を研究の主体としたグループ，摩擦・摩耗を対象としたグループ，潤滑油を主に扱うグループなどが並立してそれぞれの学問世界を構成していた．これらのグループ間では，壁を取り払ってトライボロジーという一つの概念の下に，互いの情報交換を密に図り，そして技術の進展を目指し，研究をより一層活性化しようという動きは希薄であった．また，その必要性も今日ほどには強くなかった．

　現在は，機械や機械システムの飛躍的な高性能・高機能化を図り，かつ高信頼性を確保するには，これらの個々の専門領域を有機的に統合した「トライボロジー」的な視点が必要不可欠となってきている．このような状況にもかかわらず，トライボロジーの基礎を統一的な視点から学ぶことを目的に書かれた教科書は意外に少ないのが現状である．このため，トライボロジーを学ぶための親しみやすい教科書や専門書の発行を望む声も日増しに高まってきている．筆者が自身の浅学非才をも顧みず，トライボロジーの基礎から応用までを一貫して学べることを目的とした本書を執筆しようと思い立った主たる動機は，ここにある．

　本書は8章から構成されており，第1章ではトライボロジーの意義，歴史的背景，役割について述べ，トライボロジー全体への導入を図る．第2章ではトライボロジー的表面，表面の観察と分析手法，粗さ曲線，表面粗さの表現，表面の物理的・化学的性質，表面の接触について述べる．第3章では固体表面間の摩擦を主体的に扱い，摩擦力と摩擦係数，摩擦法則，摩擦係数の測定，摩擦の発生メカニズム，摩擦による発熱について述べる．第4章では摩耗の定義と分類，摩耗の理論，ウェアマップ，摩耗の試験法について述べる．第5章では流体潤滑を中心に扱い，その物理的意義，

流体潤滑の原理，レイノルズの流体潤滑理論，軸受の圧力分布の解析について述べる．第6章では境界潤滑と混合潤滑の概念，境界膜の潤滑特性と添加剤，固体潤滑剤について述べる．第7章では表面改質の物理的意義，表面改質による摩擦・摩耗特性の改善，表面改質の方法，摩擦・摩耗特性の改善例と今後の展望について述べる．

第8章は第1章から第7章までに扱ったトライボロジーの基礎知識が現代技術にどのようにいかされているかを述べ，ターボ機械，自動車，IT関連機器，人工関節，連続柔軟媒体搬送システムとトライボロジーの関連について紹介する．なお，付録として表面粗さと接触問題の確率論的取り扱いと潤滑油の物理的性質を取り上げる．

各章には例題と演習問題を準備し，これらに取り組むことにより，学んだ知識の理解が一層深まるよう配慮した．また，数式は最小限にとどめ，かつ数式の物理的意味や展開は図・表を交えてできるだけわかりやすく説明した．さらに，各章間の関連についても理解が深まるよう説明を加え，巻末には演習問題の詳しい解答を示した．

本書の特色の一つは，各章末にそれぞれのポイントを簡潔にまとめている点にある．また，24問の例題と44問の演習問題を通して広範多岐にわたるトライボロジーの内容を一層深く理解できる点にある．これは，これまでの類書にはほとんどみられなかった特徴であろう．

最後に，本書を執筆するにあたり，東海大学工学部機械工学科の神崎昌郎助教授には表面改質技術について，同 落合成行講師にはハーフトロイダルCVTについて，それぞれに関連した企業経験を有する立場から貴重な情報とご意見を賜った．また，研究室所属の大学院生 難波唯志君には資料の整理など何かと手間のかかる作業を手伝って頂いた．さらに，森北出版株式会社並びに同社 利根川和男氏，加藤義之氏には本書の出版に関して言い尽くせぬ援助を頂いた．本書はこれらの方々をはじめとして，多くの研究者仲間や企業関係者のご支援があって完成したものである．一人一人のお名前は挙げないが，ここに深甚なる謝意を表する．

2006年4月

橋本 巨

目　次

第1章　トライボロジーの意義と役割　　1
1.1　トライボロジーの意義　　1
1.2　トライボロジーの歴史的背景　　2
1.3　トライボロジーの役割　　6
第1章のポイント　　9
演習問題　　9

第2章　固体の表面と接触　　10
2.1　トライボロジー的表面　　10
2.2　固体表面の接触　　21
第2章のポイント　　23
演習問題　　24

第3章　固体表面間の摩擦　　26
3.1　摩擦力と摩擦係数　　26
3.2　アモントン–クーロンの摩擦法則　　27
3.3　摩擦の発生メカニズム　　33
3.4　摩擦による発熱　　45
第3章のポイント　　47
演習問題　　47

第4章　固体表面の摩耗　　49
4.1　摩耗の定義と分類　　49
4.2　摩耗の理論　　53
4.3　ウェアマップ　　59
4.4　摩耗の試験法　　60
第4章のポイント　　62
演習問題　　62

第5章　流体潤滑　　63
5.1　流体潤滑の物理的意義　　63
5.2　流体潤滑の原理　　68
5.3　レイノルズの流体潤滑理論　　73
5.4　軸受の圧力分布の解析　　81
第5章のポイント　　91

演習問題 92

第6章　境界潤滑と混合潤滑　93
6.1　境界潤滑と混合潤滑の概念 93
6.2　境界膜の潤滑特性と添加剤 100
6.3　固体潤滑剤 110
第6章のポイント 114
演習問題 114

第7章　表面改質技術　115
7.1　表面改質の物理的意義 115
7.2　表面改質による摩擦・摩耗特性の改善 116
7.3　表面改質の方法 118
7.4　摩擦・摩耗特性の改善例と今後の展望 129
第7章のポイント 133
演習問題 133

第8章　トライボロジーの現代技術への応用　134
8.1　ターボ機械とトライボロジー 134
8.2　自動車とトライボロジー 143
8.3　IT関連機器とトライボロジー 150
8.4　人工関節とトライボロジー 158
8.5　連続柔軟媒体搬送とトライボロジー 160
第8章のポイント 165
演習問題 166

付録A　表面粗さと接触問題の確率論的取り扱い　167
A.1　表面粗さの確率密度関数による表示 167
A.2　ヘルツの弾性接触理論 168
A.3　固体接触の確率論的扱い 169

付録B　潤滑油の物理的性質　172
B.1　潤滑油の流動特性 172
B.2　粘度の温度依存性 174
B.3　粘度の圧力依存性 175

参考文献　177

演習問題の解答　178

索　引　191

トライボロジーの意義と役割

　摩擦は，空気のようにそれ自身は目に見えない存在であるが，さまざまな面で作用する物理現象である．人類は太古の昔から重量物を引っ張ったり押したりするのに多大な労力を費し，摩擦は生活の大きな負荷となっていた．しかし，火を起こしたり，ウシやウマをつなぎとめる際などに摩擦を有効に活用して生活を便利にしてきた面もある．摩擦現象と人類とのこのような関わりは，高度な技術文明を誇る現代社会でも全く同様であり，人類は摩擦現象の解明とその克服を目指して長い歴史を歩んできたともいえる．このように，われわれにとってきわめて重要な意義をもつ摩擦現象の解明をはじめとして，摩擦に関連する科学・技術分野を総合的に扱う学問がトライボロジーである．

　本章では，まずトライボロジーの意義とその発展の歴史的背景，トライボロジーの役割などについて述べる．

1.1　トライボロジーの意義

　工学の専門分野の名称で，英語を直接カタカナで表記したものは少数派である．機械工学に関連の深い分野でみれば，「ロボティクス」，「バイオメカニクス」，「ナノテクノロジー」など少数で，「トライボロジー」もこの仲間である．

　「トライボロジー」という専門用語は，1966年にOECDの潤滑技術ワーキンググループによりまとめられた報告書（委員長の名前にちなんでジョスト報告（Jost report）とよばれる）に初めて登場した学術名称である．**トライボロジー**（tribology）は，「摩擦する」を意味するギリシア語の"tribos"より派生した言葉で，直訳すれば「摩擦学」となる．上記報告書による定義には，

　　"Tribology is the science and technology of interacting surfaces in relative motion and of related subjects and practices."
　　（トライボロジーとは，相対運動をしながら相互干渉する二面間およびそれに関連する諸問題と実地応用に関する科学と技術である．）

とあり，単なる「摩擦学」よりも深い意味合いが込められている．

あらゆる機械や機械システムは，複数の部品から構成されている．部品どうしは互いに相対運動しながら接触したり，相互干渉したりする部分が必ず存在する．そこでは必然的に摩擦・摩耗が生じ，その結果エネルギー損失を引き起こしたり，表面が損傷して機械を破壊させたりする．そのため，接触する二面間に油などの滑りやすい第三物質を介在させる潤滑などの方法により摩擦・摩耗を極力防止する必要がある．

一方，滑りを止めたり，運動を伝達あるいは停止させるために摩擦を積極的に活用する場合がある．また，摩擦に関わる現象は人工物である機械や機械システムにおいてのみでなく，自然界にも幅広くある．近年，自然界における摩擦現象を対象とした分野として，「バイオトライボロジー」，「ジオトライボロジー」などが確立されつつある．

このように，トライボロジーは機械工学のみでなく，材料工学，電気・電子工学，情報工学，化学，物理学，応用物理学，生物学など，きわめて広範囲の学問領域を含んだ学際的かつ共通基盤性の高い専門分野（このような専門分野を英語で generic technology という）である．しかし，トライボロジーは学問としてはいまだ発展途上にあり，一応の完成をみるまでにはまだ相当の年月が必要である．今後もトライボロジーは技術の進展とともに発展し続けるだろう．

本書では，まず第1章から第6章で，トライボロジーの根幹をなす固体表面と接触，摩擦と摩耗，潤滑についてそれぞれの基本事項を中心にできるだけわかりやすく述べる．さらに，第7章では，今後大いに活用が見込まれる表面改質技術について，また，第8章ではトライボロジーの現代技術への応用事例について述べる．

1.2 トライボロジーの歴史的背景

1.1節で述べたように，トライボロジーという用語とその基本概念が世の中に登場してからの歴史は40年程度しかない．しかし，トライボロジーの根幹をなす摩擦の利用技術や潤滑の基本的な利用方法は，太古の昔から知られている．

図1.1は，古代エジプト時代におけるトライボロジーの利用技術である．図1.1(a)は当時の職人が弓ぎりを使って机に孔をあけている様子で，きりの柄に巻き付けられた弓の弦により回転力（トルク（torque））を発生させている．これにより，両手できりを挟んで使用するよりも，はるかに高速かつ高精度に孔あけ作業ができたと思われる．また，きりを手のひらで押さえ，固定するための**軸受**（bearing）もすで

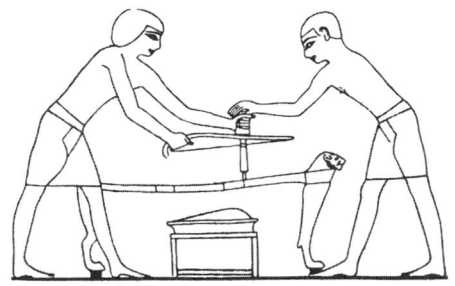

（a）古代エジプトの大工が弓ぎりを使用している様子

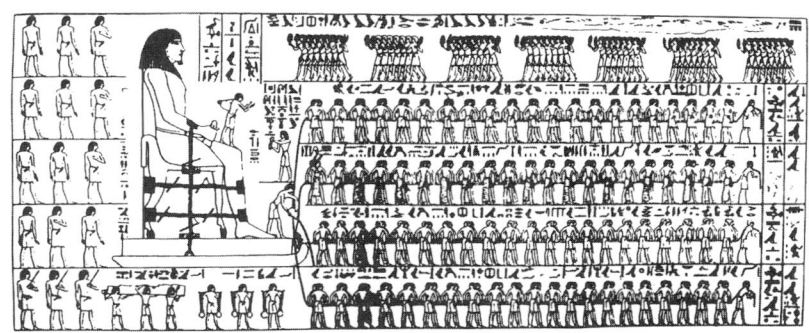

（b）古代エジプト時代における石像運搬の様子

図 1.1　古代エジプト時代におけるトライボロジーの利用技術
（D. Dowson, History of Tribology, Longman London（1979）より）

に使用されている．きりの回転を作り出す力はいうまでもなく弦ときりの表面間の摩擦力である．

図 1.1（b）はエルベルシエ洞窟に描かれている壁画で，多勢の人夫によって巨大な石像を運搬している様子を示している．そりに石像を乗せ，人力によって牽引しているが，そりの先端には油の入った壺を持った人物がそりと地面の間に油（水という説もある）を注いでおり，その潤滑効果によって摩擦を減らそうとしていることがわかる．

一方，紀元前 700 年頃に描かれたコウユンジクにおける石像の運搬においては，石像を乗せたそりと地面の間にたくさんの丸太を挟み，これをころとして利用して摩擦を減らしている．このようなころの利用技術がのちに車輪や車輪を支える**転がり軸受**（rolling bearing）へと進化し，今日の車両を中心とした運搬技術の発展につながったものと考えられる．

中世は，かつてヨーロッパの暗黒時代のようにいわれていたが，この時代に機械

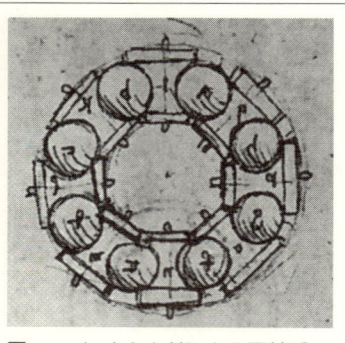 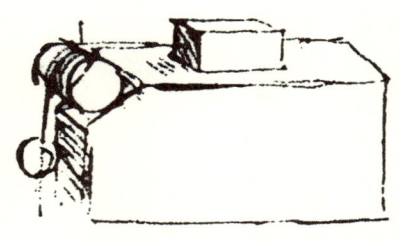

図1.2　レオナルドによる玉軸受のスケッチ　　図1.3　レオナルドによる摩擦力の測定装置
（図1.2, 1.3ともに，D. Dowson, History of Tribology, Longman London（1979）より）

工学の芽は着実に育ちつつあった．中世からルネサンス期にかけて発達した機械装置の代表例は，水車と馬車である．水車や馬車は基本的には回転機械であるから，当然回転する軸を支える部品，すなわち軸受が必要である．図1.2は，ルネサンス期に現れた天才レオナルド・ダ・ヴィンチ（Leonardo da Vinci）†により描かれた玉軸受のスケッチである．最近，この軸受のスケッチを基に実際に製作し，運転試験を行ったところ，その性能は上々であったという．

一方，レオナルドは摩擦の科学的研究も手がけている．図1.3はレオナルドが試作し，摩擦測定を行った装置のスケッチで，水平面に置かれた物体に結ばれたひもを滑車を介しておもりにつなぎ，物体と水平面間の抵抗力を測定した．彼はこの装置により今日でいう**摩擦係数**の値を求め，固体間の摩擦係数として0.25という値を得ている．このような基礎的検討を基に前述の玉軸受の発明などを行ったといわれている．なお，約300年後の1790年にクーロン（C.A. Coulomb）の有名な摩擦の実験が行われているが，レオナルドの実験はその先駆けである．

クーロンは元々フランスのメジュール工兵学校出身の軍事技術者であったが，後に研究対象を工学から物理学へ移している．当時の船舶建造技術の進歩に伴う実際的な課題として，木と木，木と鉄や黄銅，あるいはこれらの金属どうし間の摩擦を乾燥状態，または潤滑状態で測定し，有名なクーロンの摩擦法則を確立した．また，摩擦の原因についても考察し，摩擦は表面の凹凸のかみ合いによって生じると結論づけた．しかし現在では，彼が考察過程に排除した摩擦面の凝着現象（adhesion phenomena）が摩擦の主な原因であることが明らかにされている．

クーロンより約半世紀前の1725年に，イギリスのデザギュリエ（J.T. Desaguliers）

---

† 一般にダ・ヴィンチとよばれているが，これは「ヴィンチ村の」という意味であるから，正しくはレオナルドであろう．したがって，以後，本書ではレオナルドの呼称を用いる．

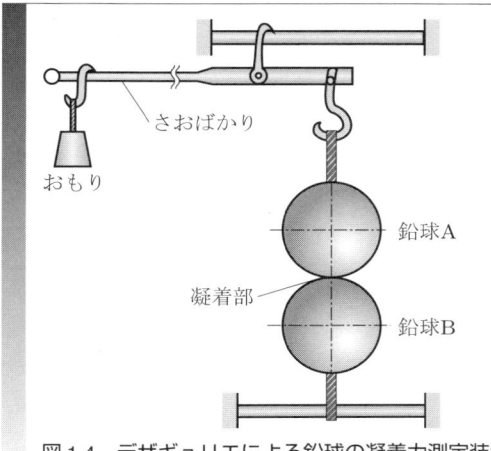

図 1.4 デザギュリエによる鉛球の凝着力測定装置

は鉛球を使った図 1.4 の実験装置で，鉛球間に作用する凝着力を，さおばかりとおもりを使って球を分離させる方法により測定した．この実験により，摩擦の主たる発生原因は表面粗さに関係していることをつきとめ，さらに，接触面がきわめて平滑な状態では顕著な凝着（adhesion）が生じ，摩擦力が増大することを発見した．これは，今日の摩擦の**凝着説**につながる重要な発見である．

19 世紀に入ると蒸気機関の発達により，機械類は急速に進歩していく．なかでも鉄道技術の進歩は目覚しく，さらなる高速・高性能化を求めてさまざまな研究が行われた．

イギリス鉄道省の技師であったタワー（B. Tower）は，1883 年に図 1.5 に示す鉄道車両用部分ジャーナル滑り軸受の摩擦特性の測定中に生じた油漏れの原因を追究していたところ，軸と軸受の狭いすきま内の流れに平均面圧＊の 2 倍を越える高い圧力が発生していることに気づいた．図 1.6 は，その圧力分布の測定値である．しかし，タワー自身はこのような圧力の発生メカニズムを理論的に解明するには至らなかった．

> **ひとくちメモ**
> 平均面圧：
> 軸受面の投影面積
> （＝直径×軸受幅）
> で荷重を割った値

タワーの発見から 3 年後の 1886 年に，イギリスの著名な物理学者であるレイノルズ（O. Reynolds）は，粘性流体の力学を用いて圧力分布を支配する基礎方程式（**レイノルズ方程式**，あるいは潤滑方程式とよばれる）を導出した．そして，この方程式を用いて圧力分布の発生メカニズムを解明することに成功した．これは，今日の**流体潤滑理論**の基礎を築いた記念すべき研究である．なお，詳細は第 8 章で述べるが，レイノルズ方程式は，現代の高性能機器の重要な要素である流体膜軸受（滑

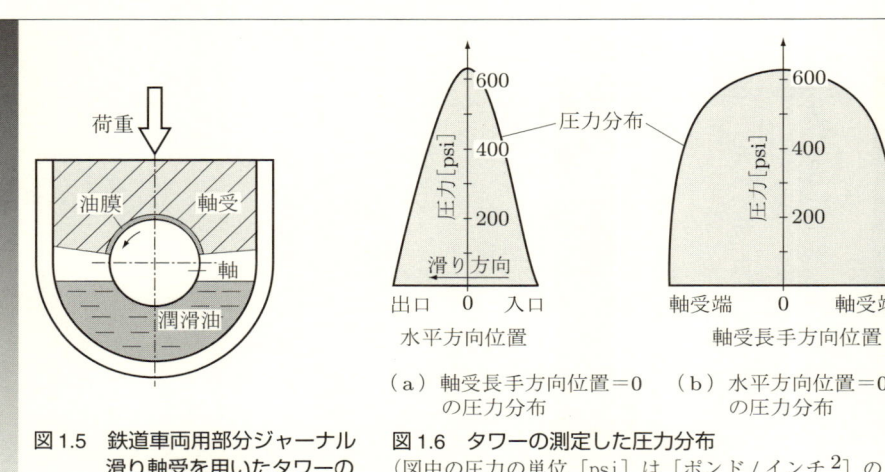

図 1.5 鉄道車両用部分ジャーナル滑り軸受を用いたタワーの実験

図 1.6 タワーの測定した圧力分布
（図中の圧力の単位 [psi] は [ポンド/インチ²] の意味でプサイとよばれる）

(a) 軸受長手方向位置＝0 の圧力分布
(b) 水平方向位置＝0 の圧力分布

り軸受ともよばれ，軸と軸受間の狭いすきまの流体膜内に発生する圧力によって非接触で荷重を支える軸受）の解析・設計をはじめ，さまざまなトライボ機器（摩擦や潤滑の原理を応用した機器）の設計や開発に有効に活用されている．

以上が，古代から 19 世紀末までにみられるトライボロジー技術や関連する歴史的発見である．どの時代においても，トライボロジーが時代の先端技術と密接に関わっていたことがわかる．なお，これまでに確立されてきたトライボロジーの基礎知識のうち，表面粗さと接触については第 2 章で，摩擦については第 3 章，摩擦に関連の深い摩耗については第 4 章で取り上げる．また，レイノルズによって確立された流体潤滑理論については第 5 章で，さらに近年進歩の著しい境界潤滑と混合潤滑については第 6 章で詳しく述べる．

1.3　トライボロジーの役割

トライボロジーの果たす役割について述べるために，もっともわかりやすい例として，現代文明の象徴である自動車とトライボロジーの関連を取り上げる．図 1.7 は，自動車の摩擦に関する主な部分を示したものである．

自動車の動力を生み出す図 1.7 (a) のエンジン部分においては，ピストンリングとシリンダ間の摩擦・摩耗・潤滑が，また吸排気弁においてはカムとタペット間の摩擦・摩耗が問題となる．動力伝達装置に関していえば，図 1.7 (b)，(c) のクラッチやトランスミッションにおける摩擦・摩耗が，さらに，タイヤ（図 1.7 (d)）と路面

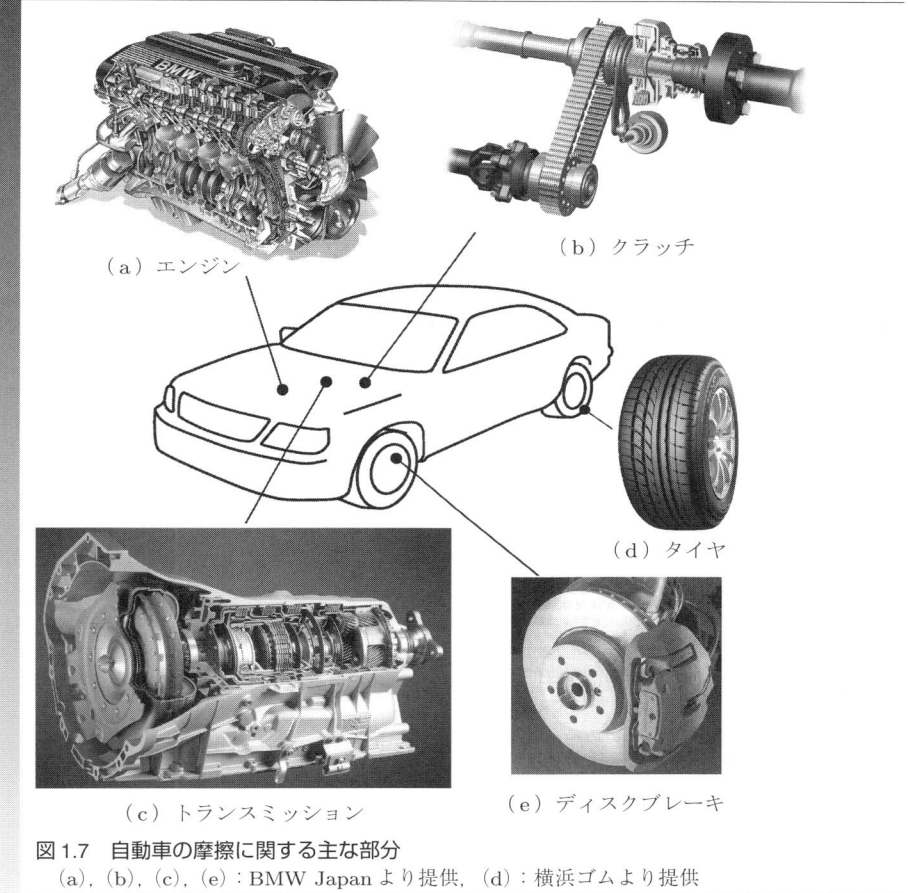

図 1.7　自動車の摩擦に関する主な部分
(a), (b), (c), (e)：BMW Japan より提供, (d)：横浜ゴムより提供

間における摩擦や，ブレーキ（図 1.7 (e)）の摩擦の制御などが重要な技術課題である．このほかにも，エンジン部に使用される滑り軸受技術や車軸を支える転がり軸受技術をはじめ，トライボロジーなしでは考えられないほど多くの技術が用いられている．

　自動車のエンジン部分で作り出された動力がタイヤに伝えられるまでには，多くの摩擦部分を経ており，摩擦によって失われる動力は出力のうちかなりの部分を占めることになる．たとえば，エンジン出力を 50 [ps] とした場合，タイヤへ実際に伝達される動力は，エンジン部分，ミッション，アクセルなどでの損失を差し引いて 15 [ps] 以下という試算がある．また，これらの摩擦に伴って生じる摩耗が自動車の故障の直接的な原因となることが多い．したがって，適切な潤滑などによる摩擦特

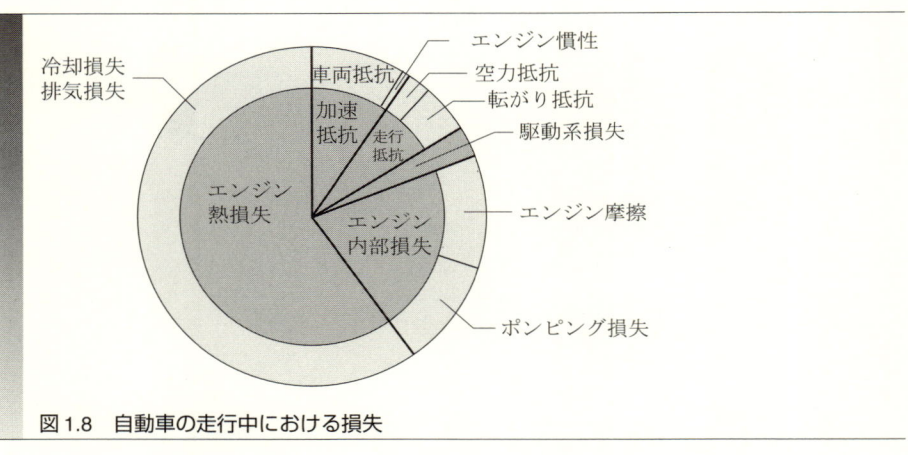

図1.8 自動車の走行中における損失

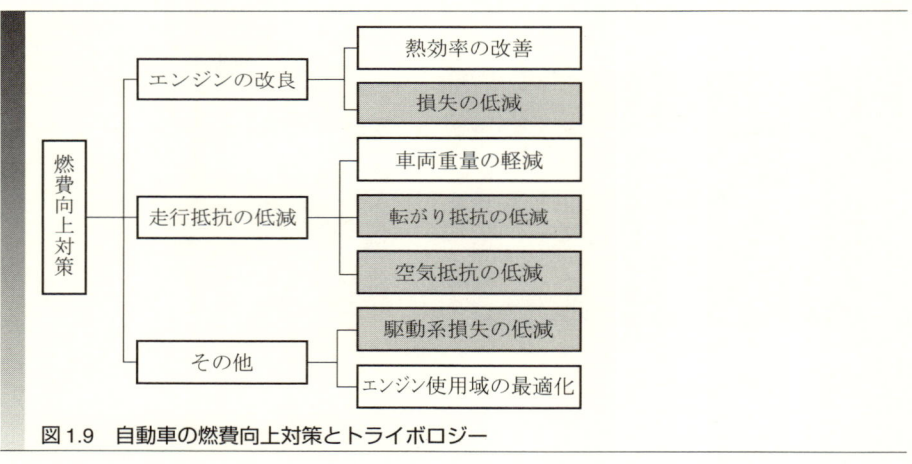

図1.9 自動車の燃費向上対策とトライボロジー

性の改善が省エネ・省資源の決め手となる．図1.8，図1.9は，それぞれ自動車の走行中の損失と燃費向上の対応策を示した図である．これらの図から，トライボロジーが燃費の向上に重要な役割を果たすことがわかる．

　自動車以外にも，多くの産業機械や工場の生産設備などで，摩擦や摩耗によるエネルギー損失や機械類の損傷が生じている．このため，適切な潤滑管理によって摩擦・摩耗をできる限り防止すれば，先進国の国内総生産（GDP）の何パーセントかに相当する節約が可能といわれている．

　以上のように，省エネ・省資源の観点からもトライボロジーの役割は重要であることがわかる．さらに，トライボロジーが新しい機器の開発においても，きわめて

重要な役割を演じている例が数多くある．たとえば，現代の生活に必要不可欠なコンピュータのハードディスク装置におけるトライボロジーの役割はその好例である．なお，自動車やハードディスク装置など現代技術とトライボロジーの関連については，第8章で述べる．

第1章のポイント

1. トライボロジーとは，相対運動をしながら相互干渉する二面間およびそれに関連する諸問題と，実地応用に関する科学と技術を総称する学術名称であり，最終的に摩擦・摩耗の制御を目指している．
2. トライボロジー技術は，太古の昔より利用されており，各時代を代表する先端技術と密接な関係がある．
3. トライボロジーは，省エネ・省資源の決め手となる共通基盤性の強い学術分野であり，新しい機構・機器にも有効に活用できるものである．

演習問題

1.1 われわれの世界から摩擦現象がなくなったらどのような利点が生じるだろうか．
1.2 前問1.1とは逆に，どのような不具合が生じるだろうか．
1.3 摩擦を利用した機器を複数挙げよ．また，各機器について摩擦がどのように利用されているか，考察せよ．
1.4 潤滑以外に摩擦や摩耗を防止する技術はあるだろうか．
1.5 摩耗は英語で "wear" であるが，なぜこの単語を用いるようになったのか，考えよ．
1.6 自動車以外の機械を一つ選び，トライボロジーとの関わりを考えよ．

第8章まで学んだ後でもう一度，各章の演習問題に取り組んでみよう．

第2章 固体の表面と接触

第1章で述べたジョストによるトライボロジーの定義に「相対運動をしながら相互干渉する二面間…」という表現がある．したがって，固体の摩擦特性を検討する際にまず必要とされるのは，二表面が接触して荷重を受ける場合に，表面で何が起こるかを知ることである．表面には必ず粗さが存在し，粗さを計測するためにさまざまな観察・分析手法が用いられている．

表面の観察・分析により得られる粗さに関する情報から，粗さの大きさの程度を表す最大高さ，十点平均粗さ，算術平均粗さ，自乗平均平方根粗さが求められる．

本章では，トライボロジー的現象を理解する上での前提となる，固体表面の性質と表面どうしの接触に関する基礎的事項について述べる．

2.1 トライボロジー的表面

トライボロジーと深く関連する固体表面の性質として，表面粗さやうねりのような幾何学的形状のほかに，表面の物理的・化学的性質が考えられる．

2.1.1 固体表面の形状の分類

一見，鏡の面のように滑らかにみえても，**固体表面**（solid surface）には必ず何らかの粗さ（roughness）が存在し，粗さの寸法・形状は固体の物性や表面の仕上げ加工の方法に大きく依存する．また，粗さの形状は図 2.1 のようにフラクタル性*（fractal characteristics）を示すことが知られている．すなわち，固体表面の大きさが縮小しても粗さは同じような形状を保ち続け，分子・原子のレベルにまで至る．

超仕上げ加工をした**表面粗さ**の高さは $50\,[\mathrm{nm}]$* 以下であるが，通常の機械加工を施した表面粗さの高さは $10\,[\mathrm{\mu m}]$* 程度であり，かなり幅がある．そこで，工学的意味で

> **ひとくちメモ**
> フラクタル性：
> 固体表面の大きさが縮小しても粗さの同じような形状を保ち続ける性質．

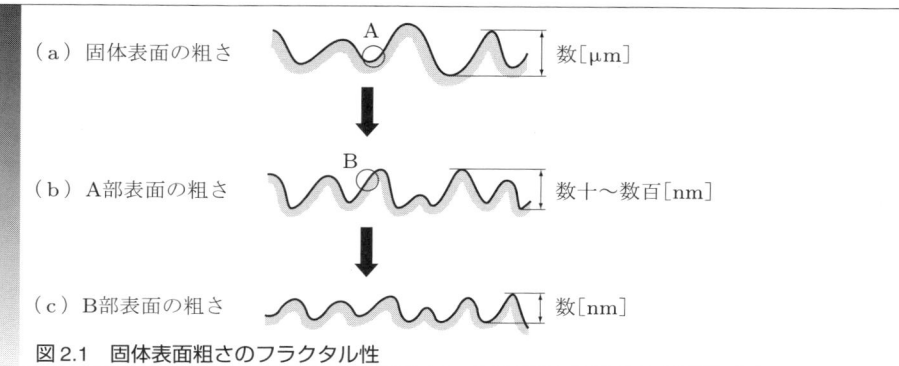

図2.1　固体表面粗さのフラクタル性

の固体表面の形状（トポグラフィー（topography））を長さのスケールにより分類してみると，以下のようになる．

（a）表面形状誤差

図2.2(a)に示すように，設計形状からのずれとしての形状誤差で，もっとも大きなスケールでの表面形状である．

（b）表面のうねり

図2.2(b)に示すように，機械加工時に生じる工具の振動や熱処理の過程で生じるひずみなどに起因する表面のうねり（waviness）で，(a)より小さなスケールである．

> **ひとくちメモ**
> n（ナノ）＝10^{-9}，
> μ（マイクロ）＝10^{-6}

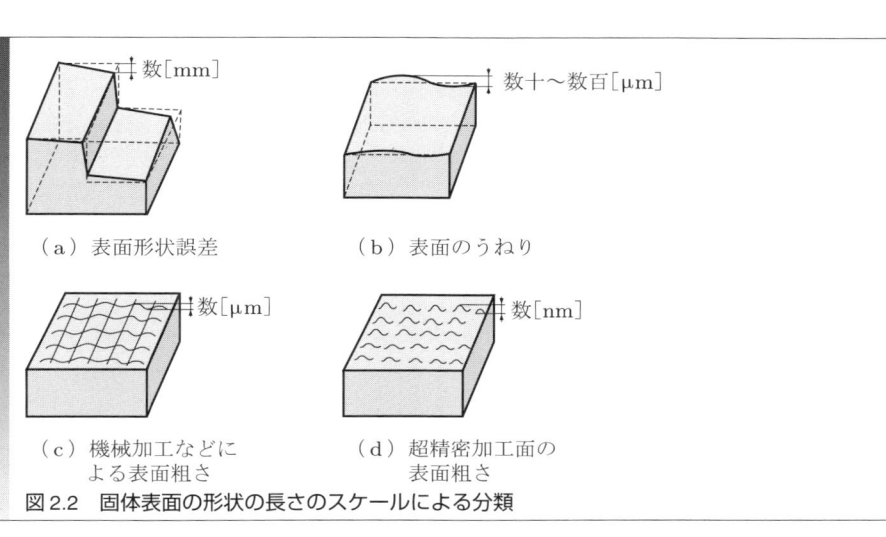

図2.2　固体表面の形状の長さのスケールによる分類

（c）機械加工などによる表面粗さ

図 2.2 (c) に示すように，固体の物性や表面の加工方法などによって生じる表面の山と谷で，空間的な不規則性を示す．山と谷の距離（粗さの高さ）は，50 [nm] 程度あるいはそれ以下の値から 10 [μm] 程度の値までの幅広い値である．

（d）超精密加工面の表面粗さ

図 2.2 (d) に示すように，固体の原子・分子スケールでの表面形状で，ナノスケールあるいはサブナノスケールに近いレベルである．

(a)〜(d) の 4 種類の表面形状の中で，通常の機械類においてトライボロジーに関連の深い粗さは (c) である．また，ハードディスクの表面をはじめとする超微細加工などに関連のある粗さは (d) である．

2.1.2 固体表面の観察と分析手法

表面の形状を十分に理解するには，表面の観察と分析を行うことが重要である．以下に代表的な表面観察方法を示す．図 2.3 は各観察方法を図示したものである．

(1) 触針式粗さ計による方法

表面の形状を観察する方法として，従来から図 2.3 (a) に示す**触針式粗さ計**（profilometer）がよく用いられている．この粗さ計は先端部の曲率半径が 2 [μm] の円錐形ダイヤモンドスタイラスを固体表面上で走査させることにより，水平および垂直方向の運動を電気的に記録させるもので，最近では，これらの情報を画像処理して 3 次元粗さ分布が表示できるものもある．この方法では，表面の形状を適確にとらえることができるが，分解能はスタイラス先端部の曲率半径によって制限される．また，紙やプラスチックス，生体などの軟らかい素材の表面は，スタイラスと表面の直接接触により破壊される恐れがあるために測定には不向きである．

(2) 走査型電子顕微鏡による方法

表面分析の手段として比較的古くから用いられている方法に，**走査型電子顕微鏡**（scanning electron microscope : SEM）を用いた観察方法がある．この方法は，図 2.3 (b) に示すように，入力電子を試料表面に当てたときに放出される 2 次電子を検出し，2 次電子の強度と距離の関係から表面の凹凸を観察するものである．SEM は焦点深度が深く，また触針式粗さ計による方法に比べて分解能が高いこと，さらに非接触式であることなどの理由により，表面分析によく用いられる．しかし，この方法では測定対象が導体に限られるなどの問題がある．

(3) 共焦点レーザ顕微鏡による方法

触針式粗さ計や走査型電子顕微鏡の抱える問題を解決するために，最近よく用いられるのが，光干渉を利用した観察方法や焦点深度のきわめて深い**共焦点レーザ顕微**

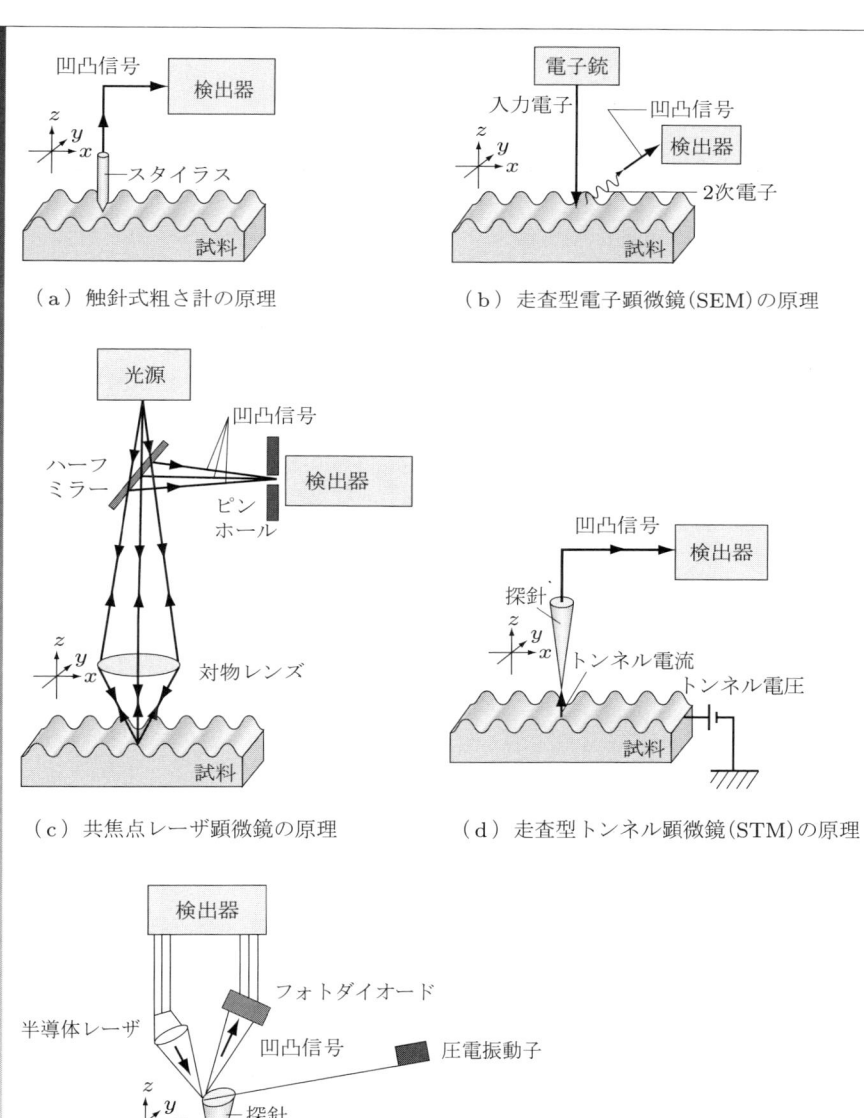

図2.3　代表的な固体表面観察方法の原理

鏡（co-focused laser microscope）を用いる方法である．図2.3(c) は，共焦点レーザ顕微鏡による測定原理を示している．レーザ光を走査させ，かつ共焦点光学系を構成することにより，非接触で表面の凹凸に関する情報を得ることができる．この方法は，紙やプラスチックス，生体などの軟らかい絶縁体の表面分析を高い分解能で行える．図2.4 は，鋼を旋削仕上げした表面と新聞印刷用紙およびコート紙の表面を共焦点レーザ顕微鏡により観察した結果である．新聞印刷用紙とコート紙は軟らかい絶縁体であるが，それぞれの粗さの特徴をよくとらえていることがわかる．

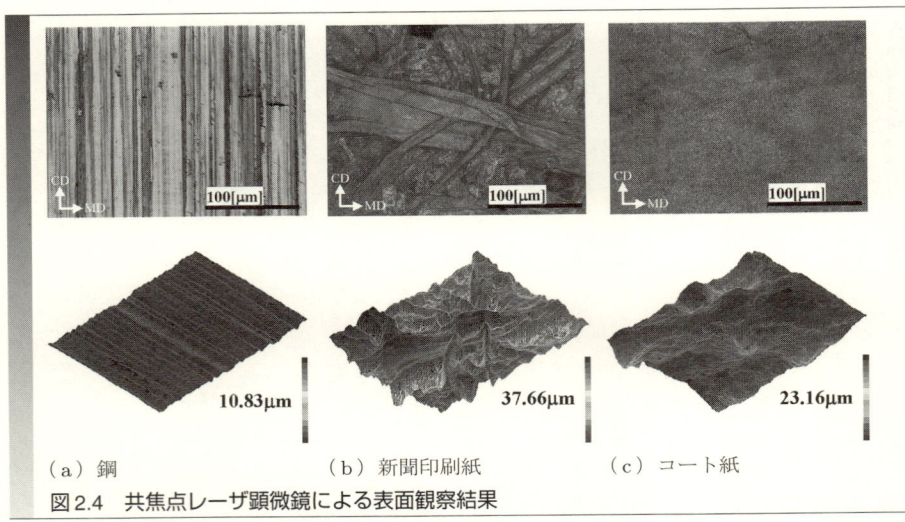

(a) 鋼　　　　　(b) 新聞印刷紙　　　　(c) コート紙

図2.4　共焦点レーザ顕微鏡による表面観察結果

(4) 走査型トンネル顕微鏡による方法

原子・分子スケールの粗さの観察には，**走査型トンネル顕微鏡**（scanning tunneling microscope：STM）が用いられる．図2.3(d) は STM の測定原理を示した図である．先端が単原子の鋭い探針と試料表面間に流れるトンネル電流を検出しながら固体表面を走査し，トンネル電流の大きさと距離の関係から原子分解能で表面の凹凸を観察できる．

(5) 原子間力顕微鏡による方法

原子間力顕微鏡（atomic force microscope：AFM）はカンチレバー（板ばね）で支持された探針を用い，探針と試料表面間に相互作用力（主としてファン・デル・ワールス力）を作用させる．そして，この力によるカンチレバーのたわみを光てこ式検出器によって検出する．図2.3(e) は AFM の測定原理を示している．図2.5 は，ポリカーボネート表面への微小圧痕形成の様子を AFM により観察した結果で，ナ

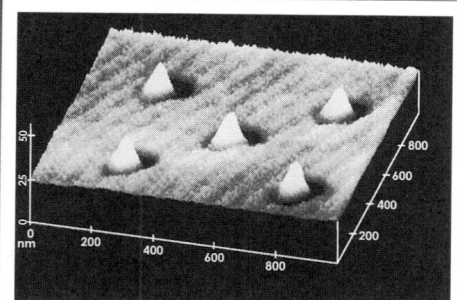

図2.5　AFMによる表面観察結果
（(社) 日本トライボロジー学会編，トライボロジーハンドブック，養賢堂 (2001) より）

ノオーダーの粗さ情報が得られていることがわかる．なお，探針と試料表面間に働く垂直方向力による変形を検出する代わりに，探針と試料表面間の接線方向力による変形を検出する摩擦力顕微鏡（friction force microscope：FFM）の利用も有効である．原子間力顕微鏡や摩擦力顕微鏡を用いる方法は，今後大きく発展するナノテクノロジー（nanotechnology）の分野には不可欠な観察方法である．

2.1.3　表面粗さ曲線

2.1.2項で紹介した表面観察方法を用いると，図2.6に示す粗さ分布の断面曲線，すなわち**粗さ曲線**（surface roughness curve）が得られる．この粗さ曲線から得られる情報に基づいて粗さの高さの程度を表す方法として，つぎに述べる**最大高さ**（maximum roughness height）と**十点平均粗さ**（ten points height roughness）がもっとも簡単であり，多く用いられている．

最大高さ R_y（あるいは $R_{\max}$）は，粗さ曲線中の基準位置からみたもっとも高い山の頂上の高さと，もっとも低い谷底の高さの差で定義され，たとえば，図2.6に示す粗さの場合には，次式で求められる．

$$R_y = R_6 - R_4 \tag{2.1}$$

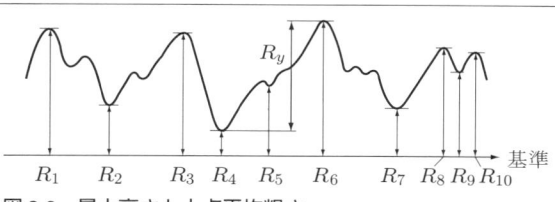

図2.6　最大高さと十点平均粗さ

一方,十点平均粗さは,図 2.6 の例で述べると,基準位置からみて高い方から順番にとった 5 箇所の山頂の高さ $R_1, R_3, R_6, R_8, R_{10}$ の平均値と,深い方から順番に取った 5 箇所の谷底の高さ R_2, R_4, R_5, R_7, R_9 の平均値の差として定義される.なお,R_z は $R_1, R_3, R_6, R_8, R_{10}$ の中間値 R_3 と,R_2, R_4, R_5, R_7, R_9 の中間値 R_2 との差として近似的に求めることもできる.

$$R_z = \frac{R_1 + R_3 + R_6 + R_8 + R_{10}}{5} - \frac{R_2 + R_4 + R_5 + R_7 + R_9}{5} \fallingdotseq R_3 - R_2 \tag{2.2}$$

十点平均粗さは,粗さの表現方法としては最大高さよりも少し合理的な方法である.

例題 2.1
図 2.7 は,研磨紙により仕上げられた鋼表面の粗さ曲線を示したものである.各高さの値は,表 2.1 のようになった.最大高さ R_y と十点平均粗さ R_z を求めよ.

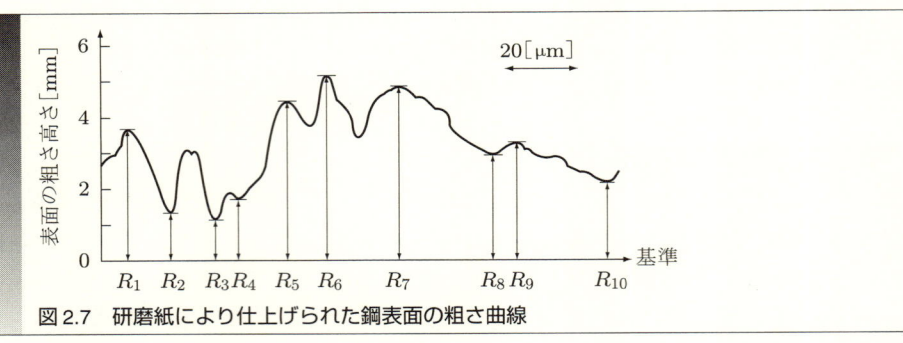

図 2.7　研磨紙により仕上げられた鋼表面の粗さ曲線

表 2.1　基準位置からの十点の高さ

高さ [μm]									
R_1	R_2	R_3	R_4	R_5	R_6	R_7	R_8	R_9	R_{10}
3.6	1.3	1.2	1.8	4.4	5.2	4.8	2.9	3.2	2.1

解答
図より山頂の高さは R_1, R_5, R_6, R_7, R_9,谷底の高さは $R_2, R_3, R_4, R_8, R_{10}$ となる.したがって,$R_y = R_6 - R_3 = 4.0\,[\mu\text{m}]$ となる.一方,

$$R_z = \frac{R_1 + R_5 + R_6 + R_7 + R_9}{5} - \frac{R_2 + R_3 + R_4 + R_8 + R_{10}}{5} = 2.3\,[\mu\text{m}]$$

あるいは近似的に,

$$R_z \fallingdotseq R_5 - R_4 = 2.6\,[\mu\text{m}]$$

を得る．■

上に述べた最大高さ R_y および十点平均粗さ R_z は，粗さ曲線における基準位置からの山頂の高さと谷底の高さのみを用いて計算される値であり，粗さの分布に関する情報は含まれていない．そこで，粗さの分布を考慮した表し方として，以下に述べる**算術平均粗さ**（arithmatic average roughness）R_a と**自乗平均平方根粗さ**（root mean square roughness）R_q（あるいは R_{rms} および σ）が広く用いられる．なお，R_q は rms 粗さとよばれることも多い．

図 2.8 に示す粗さ曲線の $z(x)$ は，任意に設定した基準値からみた表面粗さまでの距離を表す粗さ関数である．x は基準線原点からの水平方向位置，L は測定部のサンプル長さである．また，$\bar{z}$ は $z(x)$ の平均値，$|h(x)|$ は平均値から粗さまでの距離である．$z(x)$ は測定により得られる結果であり，これを用いると平均値 $\bar{z}$ および $h(x)$ はそれぞれ次式で求められる．

$$\bar{z} = \frac{1}{L}\int_0^L z(x)\mathrm{d}x \tag{2.3}$$

$$h(x) = z(x) - \bar{z} \tag{2.4}$$

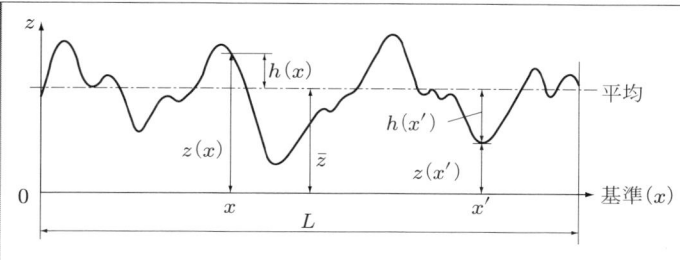

図 2.8　表面粗さ曲線

算術平均粗さ R_a と自乗平均平方根粗さ R_q は，$h(x)$ を用いてそれぞれつぎのように与えられる．

$$R_a = \frac{1}{L}\int_0^L |h(x)|\mathrm{d}x \tag{2.5}$$

$$R_q = \sqrt{\frac{1}{L}\int_0^L h(x)^2 \mathrm{d}x} \tag{2.6}$$

自乗平均平方根粗さ R_q の値は，一般に算術平均粗さ R_a に比べて 10～20％程度大きい．特に，表面粗さが正規分布（ガウス分布（Gaussian distribution））をする

場合には，$R_q \cong 1.25 R_a$ となる．

なお，平均値 $\bar{z} = 0$ を基準値にとれば，$\bar{z} = 0$，$h(x) = z(x)$ となるから，式 (2.5)，(2.6) はそれぞれ次式となる．

$$R_a = \frac{1}{L} \int_0^L |z(x)| \mathrm{d}x \tag{2.7}$$

$$R_q = \sqrt{\frac{1}{L} \int_0^L z(x)^2 \mathrm{d}x} \tag{2.8}$$

例題 2.2

図 2.9 (a)，(b) に示す表面粗さ曲線を用いて，算術平均粗さ R_a と自乗平均平方根粗さ R_q を求めよ．

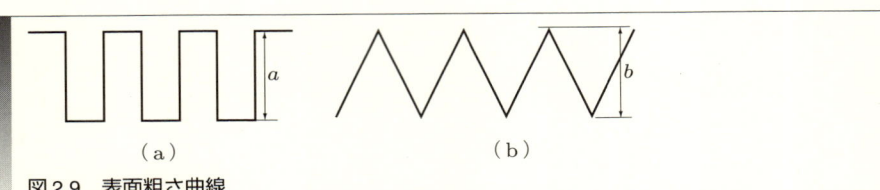

図 2.9 表面粗さ曲線

解答

(a)：粗さ曲線は周期関数であるから，1 周期分のみの粗さ形状を考えればよい．図 2.10 (a) に示すように $\bar{z} = 0$ を基準にとり，1 周期の長さを $2c$ とおいてこれをサンプル長さ L と考えれば，粗さ曲線はつぎのように表される．

$$0 \leqq x \leqq c \ : z(x) = \frac{a}{2}$$

$$c \leqq x \leqq 2c : z(x) = -\frac{a}{2}$$

したがって，式 (2.7)，(2.8) より R_a，R_q はつぎのように求められる．

$$R_a = \frac{1}{2c} \int_0^{2c} |z(x)| \mathrm{d}x = \frac{a}{2}$$

$$R_q = \sqrt{\frac{1}{2c} \int_0^{2c} z(x)^2 \mathrm{d}x} = \frac{a}{2}$$

これより，図 2.10 (a) の粗さでは，$R_a = R_q$ となる．

(b)：(a) の場合と同様に考えて，図 2.10 (b) に示すように $\bar{z} = 0$ を基準にとり，1 周期の長さを $4d$ とすると，粗さ曲線は次式のように表される．

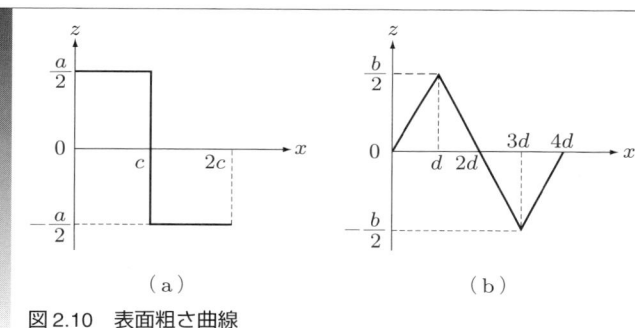
図 2.10　表面粗さ曲線

$$0 \leq x \leq d \quad : z(x) = \frac{bx}{2d}$$

$$d < x \leq 3d \quad : z(x) = -\frac{bx}{2d} + b$$

$$3d < x \leq 4d : z(x) = \frac{bx}{2d} - 2b$$

式 (2.7) より，R_a は次式のように求められる

$$\begin{aligned}
R_a &= \frac{1}{4d} \int_0^{4d} |z(x)|\,dx \\
&= \frac{1}{4d} \left(\int_0^d \left| \frac{bx}{2d} \right| dx + \int_d^{3d} \left| -\frac{bx}{2d} + b \right| dx + \int_{3d}^{4d} \left| \frac{bx}{2d} - 2b \right| dx \right) \\
&= 0.25b
\end{aligned}$$

一方，式 (2.8) より，R_q は次式のように求められる

$$4dR_q^2 = \int_0^{4d} z(x)^2 dx = \int_0^d \left(\frac{bx}{2d}\right)^2 dx + \int_d^{3d} \left(-\frac{bx}{2d} + b\right)^2 dx + \int_{3d}^{4d} \left(\frac{bx}{2d} - 2b\right)^2 dx$$

$$= \frac{b^2 d}{3}$$

これより，

$$R_q = \frac{b}{2\sqrt{3}} = 0.289b = 1.156 R_a$$

となり，R_q は R_a に比べて約 16％大きい値となる．■

　この例題で扱ったような形状の粗さは，軸受や案内面などの摩擦特性を改善する際に実際に用いられているものである．固体表面は必ずしも滑らかであれば良いというわけではなく，第 8 章において述べるように，場合によっては作意的に表面に粗さを加工する場合もある．

2.1.4 表面の物理的・化学的性質

以上に述べた内容は，固体表面の粗さ形状など，主に幾何学的にみた表面に関するものであった．幾何学的表面はもちろん次章以降に述べる摩擦・摩耗現象に深い関係があるが，固体表面の物理的・化学的性質もトライボロジーの観点からきわめて重要な要因である．

われわれは日常で表面という言葉をごく普通に使っているが，表面とは何かを厳密に定義することは難しい．後述するように，大気中におかれた固体表面は，酸素や窒素などの分子のほか，水蒸気やちりなどさまざまな物質を吸着し，複雑な構造をしている．これは固体の新生面*の原子が高いレベルの表面エネルギーをもっているからにほかならず，その結果，化学的な活性が顕著となって大気中のさまざまな物質を**吸着**（adsorption）し，表面は何層もの皮膜で覆われることになる．

ひとくちメモ
新生面：他の物質を吸着していない生地の状態の面．

図2.11は，固体表面が皮膜で覆われている様子を模式的に表したものである．固体（金属）の素地は図に示すような多結晶体であるが，金属表面は通常仕上げ加工が施されるため，結晶体は塑性変形などを起こして素地の部分より微細化する．このため，加工変質層は素地に比べて硬度が増し，かつ脆くなる．しかし，加工変質層の表面は化学的に活性化しているために空気中の酸素を多量に吸着し，**酸化膜**（oxide film）すなわちさびを形成する．さらに，酸化膜の上に吸着分子膜の層，汚れなどの膜の層が形成されており，われわれが目で見る世界とは全く異なる環境にある．このことから，「多結晶体は神の手により作られたが，表面は悪魔によって作られた」などといわれることもある．

固体表面に形成される皮膜は，当然二面間の接触状態に強く影響し，後に述べる摩擦特性や潤滑特性に大きく関わってくる．

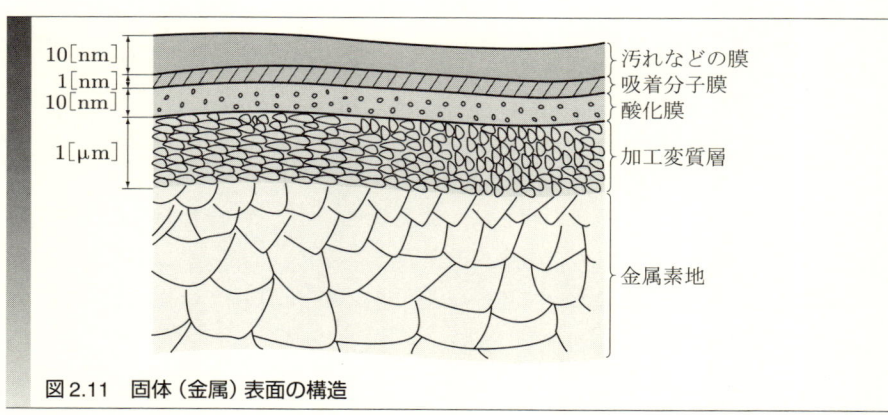

図2.11 固体（金属）表面の構造

2.2 固体表面の接触

2.1節で述べたように，固体の表面には必ず粗さが存在する．いま図2.12(a)に示す縦a，横bの寸法をもつ長方形状の二つの固体面どうしが接触した状態を考えてみよう．固体の表面に全く粗さが存在しないとすれば，二つの固体面は全面で完全に接触（contact）する（このような接触状態を**面接触**（surface contact）とよぶ）．その際の接触面積は，$A_a = a \times b$となるはずである．しかし，表面には必ず粗さが存在するため，接触は図2.12(b)に示すように突起頂点どうしで順次起こり，接触した突起部が荷重によって弾性変形あるいは塑性変形して，接触変形部分が荷重を支えると考えられる（このような接触状態を**分散接触**（distributed contact）とよぶ）．このように突起頂部どうしの接触変形部分の面積$A_r(= A_{r1} + A_{r2} + \cdots + A_{rn})$によって全荷重を支えるとき，この面積を**真実接触面積**（area of real contact）とよぶ．これに対して前述の面積A_aを**みかけの接触面積**（area of apparent contact）とよぶ．真実接触面積A_rはみかけの接触面積A_aに比べてきわめて小さく，みかけの接触面積に占める割合は，材質や表面の加工法によって大きく異なるが，おお

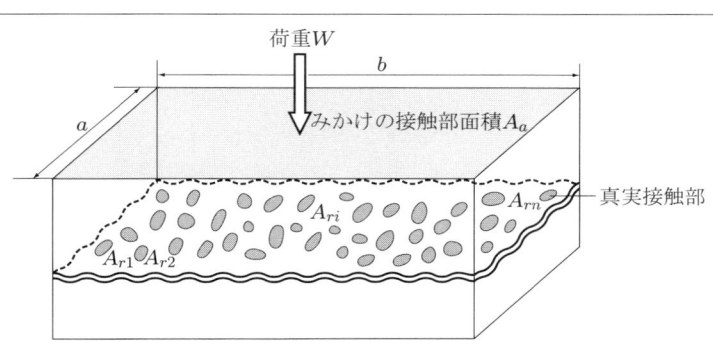

(a) みかけの接触と真実接触

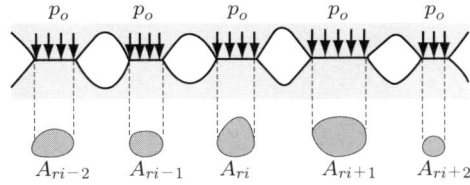

(b) 真実接触面積(断面図)

図2.12 固体表面の接触

よそ $A_r/A_a = 10^{-5} \sim 10^{-2}$ 程度である．

　真実接触面積の概念が理解されるようになったのは，さほど昔ではなく，1920年代に行われたドイツのホルム（R. Holm）の実験からである．彼は，金属どうしの接触における接触抵抗を測定することによって，実際の接触部である真実接触面積 A_r は，みかけの接触面積 A_a に比べてはるかに小さいことを具体的に示した．

　ここで，真実接触面積 A_r を概算する方法について述べる．いま，固体の表面粗さどうしが図 2.11 に示す表面の皮膜を貫通して真実接触し，突起頂部が弾性域を経て塑性域に達したのち，荷重と接触部の面圧（**塑性流動圧力**（plastic flow pressure））p_o がつり合うとすると，次式が得られる．

$$W = p_o A_{r1} + p_o A_{r2} + \cdots + p_o A_{rn}$$
$$= p_o(A_{r1} + A_{r2} + \cdots + A_{rn}) = p_o A_r \tag{2.9}$$

式 (2.9) より，真実接触面積 A_r はつぎのように求められる．

$$A_r = \frac{W}{p_o} \tag{2.10}$$

ここで，塑性流動圧力 p_o は材料の**押込み硬さ**（hardness）H に等しいことが知られているので，真実接触面積 A_r は次式によっても求めることができる．

$$A_r = \frac{W}{H} \tag{2.11}$$

　なお，押込み硬さ H は一般に**ビッカース硬さ**（Vickers hardness）とよばれることが多い．その際，たとえば，塑性流動圧力 $p_o = 2\,[\mathrm{GPa}]$ の場合の硬さ H は，ビッカース硬さ表示で HV200 と表記される．このときの物理単位は $[\mathrm{kgf/mm^2}]$ であるが，表示では単位を書かないことになっている．

例題 2.3

　図 2.13 に示す表面粗さのある縦 $40\,[\mathrm{mm}]$，横 $50\,[\mathrm{mm}]$ の平板が，$1000\,[\mathrm{N}]$ の荷重を受けて，粗さのない剛体平面に完全塑性域で接触している．みかけの接触面積 A_a と真実接触面積 A_r を求め，その大きさを比較せよ．なお，平板の塑性流動圧力を $2\,[\mathrm{GPa}]$（HV200）とする．

解答

　みかけの接触面積 A_a は，

$$A_a = 40 \times 50 = 2 \times 10^{-3}\,[\mathrm{m^2}]$$

となる．一方，式 (2.10) から真実接触面積 A_r は，

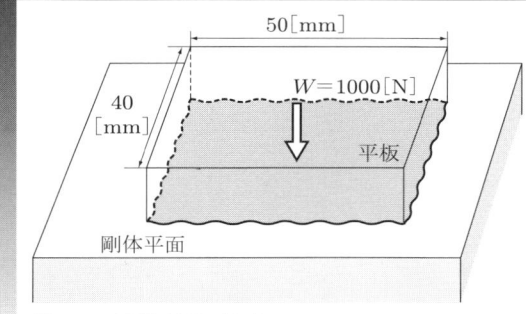

図 2.13 固体表面の接触

$$A_r = \frac{W}{p_o} = \frac{1000\,[\mathrm{N}]}{2 \times 10^9\,[\mathrm{Pa}]} = 5 \times 10^{-7}\,[\mathrm{m}^2]$$

となる．したがって，

$$\frac{A_r}{A_a} = 2.5 \times 10^{-4}$$

となり，真実接触面積は，みかけの接触面積に比べてはるかに小さいことがわかる．なお，接触面の平均接触面圧を $\bar{p}$ とすれば，

$$\bar{p} = \frac{W}{A_a} = \frac{1000\,[\mathrm{N}]}{2 \times 10^{-3}\,[\mathrm{m}^2]} = 5 \times 10^5\,[\mathrm{Pa}] = 5 \times 10^{-4}\,[\mathrm{GPa}]$$

となり，塑性流動圧力 p_o に比べてはるかに小さいことがわかる．■

　表面粗さは不規則な統計量であるから，その性質や接触の問題をより厳密に論じるためには，粗さの扱いは確率論的にならざるを得ない．表面粗さの確立論的取り扱いについては，付録 A に示してあるので参照されたい．

第 2 章のポイント

1. 固体表面には必ず粗さが存在し，その形状はフラクタル性を示す．
2. 表面粗さの観察・分析には，触針式粗さ計，走査型電子顕微鏡，共焦点レーザ顕微鏡，走査型トンネル顕微鏡，原子間力顕微鏡，摩擦力顕微鏡などが用いられる．
3. 表面粗さは粗さ曲線によって表され，粗さの大きさを表す方法として，最大高さ R_y，十点平均粗さ R_z，算術平均粗さ R_a，自乗平均平方根粗さ R_q などが用いられる．
4. 固体表面は高いレベルのエネルギーをもち，さまざまな物質を吸着する．その結果，大気中におかれた固体表面は何層もの皮膜で覆われる．
5. 固体表面どうしは真実接触をし，真実接触面積はみかけの接触面積に比べてはるかに小さい．真実接触面積は，接触が完全に塑性域で生じるとした場合，式 (2.11) により概算できる．

演習問題

2.1 図 2.14 は研磨仕上げされた鋼表面の粗さ曲線である．図より得た表 2.2 のデータから最大高さ R_y と十点平均粗さ R_z を求めよ．

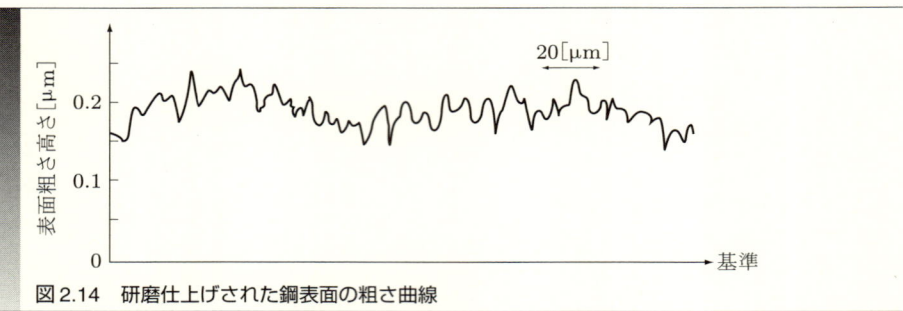

図 2.14　研磨仕上げされた鋼表面の粗さ曲線

表 2.2　基準位置からの十点の高さ

高さ [μm]									
R_1	R_2	R_3	R_4	R_5	R_6	R_7	R_8	R_9	R_{10}
0.15	0.225	0.23	0.225	0.15	0.145	0.24	0.15	0.24	0.16

2.2 図 2.15 (a), (b) に示す表面粗さ曲線から算術平均粗さ R_a と自乗平均平方根粗さ R_q を求めよ．

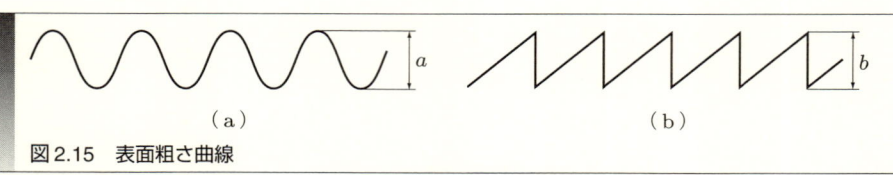

図 2.15　表面粗さ曲線

2.3 図 2.16 に示す表面粗さ曲線から算術平均粗さ R_a と自乗平均平方根粗さ R_q を求めよ．

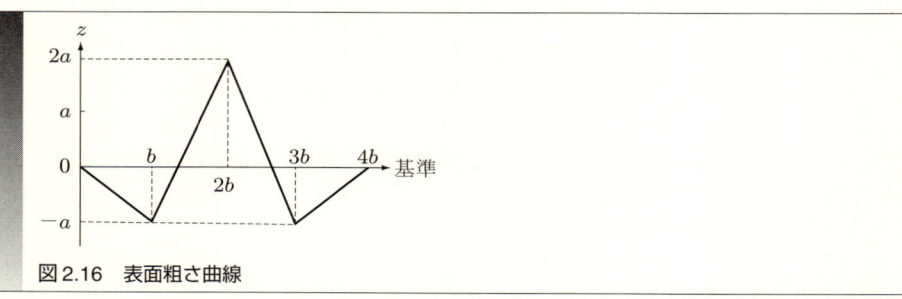

図 2.16　表面粗さ曲線

2.4 図 2.12 (a) に示す接触状態で真実接触面積を概算したところ，$A_r/A_a = 10^{-4}$ であった．このとき二面間に作用する荷重の大きさを推定せよ．ただし，$a = 50\,[\text{mm}]$, $b = 50\,[\text{mm}]$, 固体の塑性流動圧力を $2\,[\text{GPa}]$（HV200）とし，接触は完全塑性域で生じると仮定する．

第3章 固体表面間の摩擦

　第2章で詳しく述べたように，固体表面には必ず粗さが存在する．そのため，固体どうしの接触は粗さ突起どうしの真実接触となり，真実接触部分によって荷重が支えられる．真実接触状態下で固体どうしが接線方向に相対運動 (relative motion) をすると，接触面には必然的に摩擦が発生する．摩擦は，トライボロジーの根幹をなすもっとも重要な物理現象である．

　本章では，摩擦を支配する法則，摩擦の発生メカニズム，摩擦による発熱現象などについて詳しく述べる．

3.1 摩擦力と摩擦係数

　図3.1に示すように，垂直荷重 W の作用する物体が，床面と接触した状態で床面と平行に引っ張られた（あるいは押された）とする．このとき，接線方向外力（引張力あるいは押付力）P が増すにつれて物体は静止状態から滑り運動 (sliding motion) へと移行する．もし物体と床面の間にまったく抵抗がなければ，物体は加速されつづけることになる．しかし，物体と床面の間には物体の運動方向と逆の方向に常に抵抗 (resistance) が生じ，この抵抗が運動を抑止する．互いに接触し，かつ相対運動をする二面間に，荷重に対して垂直方向（すなわち接線方向）に働く抵抗を**摩擦** (friction) あるいは**摩擦力** (friction force) とよぶ．

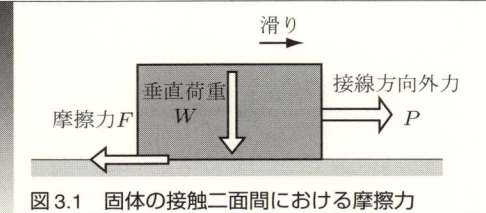

図3.1　固体の接触二面間における摩擦力

図 3.2 は，垂直荷重 W を一定としたときの摩擦力 F と接線方向外力 P の関係を示している．外力 P がゼロからある値（ここでは P_{cr} と表記）までの範囲にあるときは，$F = P$ であり，物体は静止しつづける．外力 P が P_{cr} に達したとき摩擦力は最大となる．この摩擦力 F_s を最大静止摩擦力，あるいは単に**静摩擦力**（static friction force）とよぶ．以後，本書では静摩擦力を用いる．外力 P が P_{cr} を越えると物体は滑り始める．このときの摩擦力 F_k を**動摩擦力**（kinetic friction force）とよぶ．動摩擦力 F_k は，外力 P の値によらず一定で，また一般に $F_k < F_s$ である．床面に置いた重い荷物を押したり引っ張ったりするとき，荷物が動き出す瞬間の抵抗よりも荷物が動き始めたときの抵抗の方がやや小さく感じる．これは，動摩擦力と静摩擦力の間に $F_k < F_s$ の関係が成立しているためである．

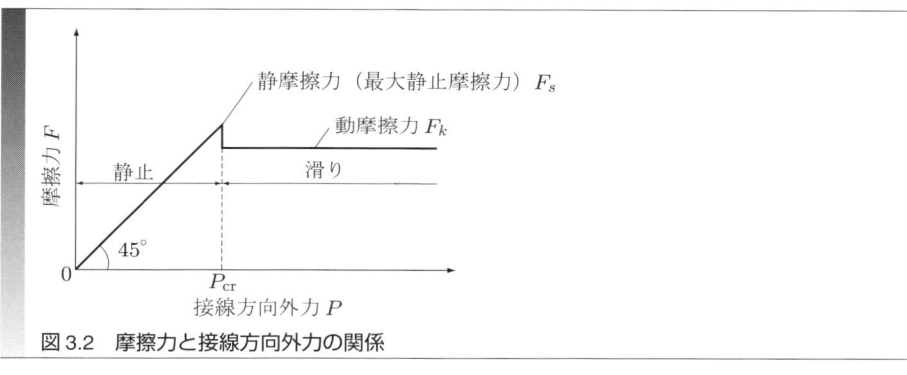

図 3.2 摩擦力と接線方向外力の関係

摩擦の特性を議論するとき，摩擦力 F を垂直荷重 W で割り，式 (3.1) のように定義した**摩擦係数**（coefficient of friction）μ を用いるのが一般的である．ただし，F は静摩擦力 F_s と動摩擦力 F_k の両者を指す．もちろん μ は無次元量である．

$$\mu = \frac{F}{W} \tag{3.1}$$

3.2 アモントン–クーロンの摩擦法則

さまざまな固体材料どうしの摩擦係数 μ の値が既知のとき，摩擦係数の値をデータベース化しておけば，実用上便利である．なぜなら，いちいち摩擦力を測定しなくても，$F = \mu W$ の関係から荷重 W から摩擦力 F を算出できるからである．そこで，まず摩擦力の基礎となる摩擦法則について述べる．

3.2.1 摩擦法則

式 (3.1) で定義された摩擦係数の概念を最初に理解した人物が，レオナルド・ダ・ヴィンチであろうことは，すでに第 1 章で述べた．その後 1696 年に，フランスのアモントン (G. Amontons) によって図 3.3 に示す方法による摩擦係数の詳細な測定が行われた．そして，つぎのような経験的な摩擦法則が導かれている．

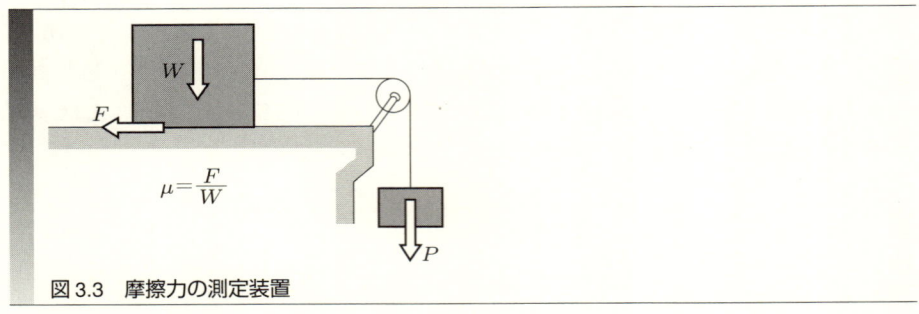

図 3.3 摩擦力の測定装置

　　法則〔1〕：摩擦力は，接触する二面間に作用する垂直荷重に比例する．
　　法則〔2〕：摩擦力は，みかけの接触面積に無関係である．

アモントンの研究から約 90 年後の 1790 年に，同じくフランスのクーロンは図 3.3 と同様な方法により，さまざまな条件下での摩擦力を測定し，深い考察を試みた．その結果，彼の実験においても上記〔1〕，〔2〕の経験法則が成立することが確認され，さらにつぎの二つの法則が追加された．

　　法則〔3〕：動摩擦力は，滑り速度に無関係である．
　　法則〔4〕：動摩擦力は，静摩擦力よりも小さい．

ただし，法則〔3〕は限定付きで成立する．たとえば，滑り速度がごく低速の場合には，多くの金属材料間の動摩擦力は滑り速度が小さいほど増大し，一定とはならないことが現在ではわかっている．また，固体の材料の種類によっては法則〔4〕が成立しないことも知られている．しかし，法則〔3〕，〔4〕のこれらの矛盾点は，精密測定技術の発達した現在だから発見できたことであり，十分な測定技術をもたないクーロンの時代を考えれば，これらの矛盾点を見逃したのはやむを得ないであろう．

法則〔1〕～〔4〕をまとめて**クーロンの摩擦法則**（Coulomb's friction law）とよぶことが多いが，特に法則〔1〕，〔2〕に限れば法則の発見者の順に**アモントンの摩擦法則**（Amontons friction law）あるいは**アモントン‐クーロンの摩擦法則**（Amontons-Coulomb's friction law）とよぶのが，よりふさわしいであろう．図 3.4 (a) ～ (c) にそれぞれ法則〔1〕～〔3〕の成立する様子を示す．また，法則〔4〕は図 3.2, 3.4 (a),

図3.4 摩擦力の示す傾向

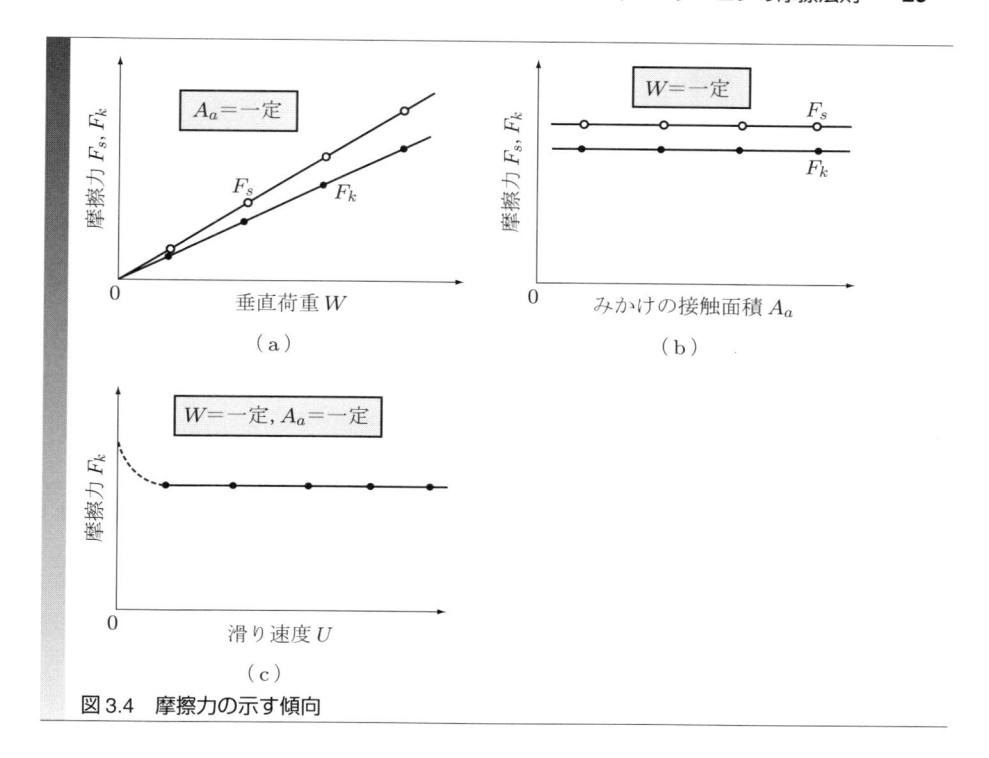

(b) において $F_k < F_s$ となっていることより明らかである.

第1章で紹介したレオナルドの摩擦測定装置（図1.3）は，アモントンやクーロンの用いた装置（図3.3）と本質的に同じである．彼の天才ぶりには驚かされる．

3.2.2 傾斜法による摩擦係数の測定

さて，摩擦係数を測るには，図3.3の方法よりもさらに簡便な方法がある．

図3.5に示すように，傾斜角の異なる斜面上に置かれた物体の運動を考えてみる．斜面の傾斜角がゼロからある角度 θ_s に達すると，物体は静止状態から急に滑り始め，傾斜角をさらに大きくすると加速度が増加する．そこで，静止限界における斜面方向の力のつり合いを考えると，次式が得られる．

$$W \sin \theta_s = F_s \tag{3.2}$$

一方，前述のアモントン-クーロンの摩擦法則〔1〕から

$$F_s = \mu_s W \cos \theta_s \tag{3.3}$$

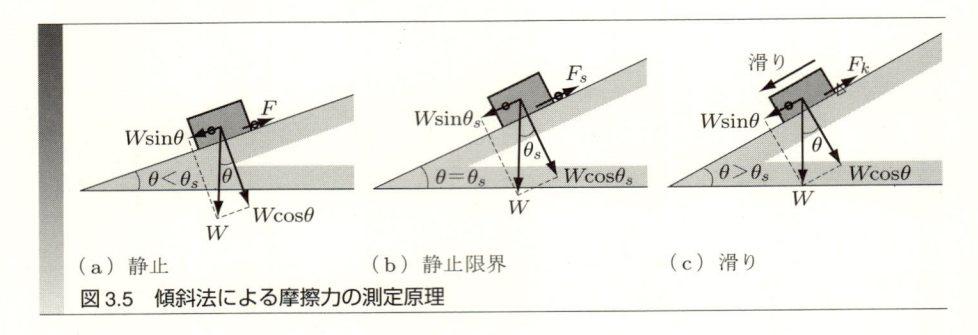

図3.5 傾斜法による摩擦力の測定原理

(a) 静止　(b) 静止限界　(c) 滑り

となる．ただし，μ_s は**静摩擦係数**（static coefficient of friction）である．なお，**動摩擦係数**（kinetic coefficient of friction）は μ_k と表記し，また，両方を含めて一般に摩擦係数として扱うときは，μ と表記することにする．

式 (3.2) と式 (3.3) の関係から，静摩擦係数の式として次式を得る．

$$\mu_s = \tan\theta_s \tag{3.4}$$

式 (3.4) から，静止限界における傾斜角 θ_s を計測することにより，静摩擦係数 μ_s を正確に見積もることができる．この方法は傾斜法とよばれる．また，傾斜角 θ_s は**摩擦角**（friction angle）とよばれる．

図 3.3 や図 3.5 に示した測定法は，摩擦現象そのものを利用しているために大変素朴ではあるが，その精度は高い．したがって，現在でも摩擦を測定する場合には，原理的にこれらの方法を用いることが多い．表 3.1 に実際によく用いられる金属どうしの静摩擦係数の測定例を示す．

表に示した値は，乾燥状態という限られた条件下でのものであり，後述するように真空あるいは真空に近い状態や，潤滑状態においてはかなり異なった値となる．しかし，通常の機械類の多くは乾燥状態で使用されることが多いので，乾燥状態に限れば，表の値を一応の目安として用いてもよい．

表 3.1 金属表面どうしの乾燥状態下における静止摩擦係数の測定例

金属の組み合わせ	静摩擦係数 μ_s
鉄（Fe）と鉄（Fe）	0.51
鉄（Fe）とアルミニウム（Al）	0.54
鉄（Fe）と銅（Cu）	0.50
鉄（Fe）と亜鉛（Zn）	0.55
鉄（Fe）とチタン（Ti）	0.49
鉄（Fe）と鉛（Pb）	0.54
鉄（Fe）とスズ（Sn）	0.55

3.2 アモントン-クーロンの摩擦法則

なお，鉄を中心とした実際によく用いられる金属間の乾燥状態の静摩擦係数 μ_s の値は，ほぼ 0.5 である．また，ここでは動摩擦係数の測定値については触れていないが，動摩擦係数は静摩擦係数に比べて小さな値を取るものの，一般に両者にさほど大きな差異はない．そのため，測定条件にもよるが，一応の目安として乾燥状態の動摩擦係数は，静摩擦係数の 70〜90% 程度とみなして差しつかえない．

摩擦係数の値がわかれば，アモントン-クーロンの摩擦法則により摩擦力が定量的に算出できる．これにより，この摩擦力をニュートンの運動方程式に組み込むことで機械類の運動解析や設計に活用することが可能となる．このことが可能となったのはニュートン力学の登場から約 100 年後のことであり，摩擦をようやく定量的に扱えるようになったという意味で，アモントン-クーロンの摩擦法則の力学への貢献はきわめて大きい．

例題 3.1

図 3.6 に示すように，円柱にベルトあるいはロープが Θ の大きさの巻き角で巻き付いている．ベルトあるいはロープと円柱間の静摩擦係数を μ_s として，入力側の張力 T_1 と出力側の張力 T_2 の関係を求めよ．ただし，ベルトあるいはロープの巻き数を n とする．

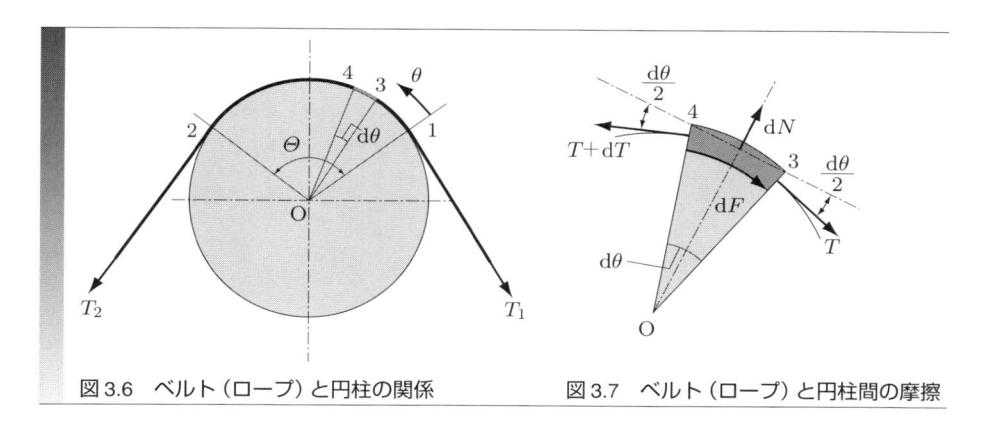

図 3.6 ベルト (ロープ) と円柱の関係 　　図 3.7 ベルト (ロープ) と円柱間の摩擦

解答

図 3.7 に示すような，ベルトあるいはロープの微小部分（弧角を $d\theta$ とする）に働く力の平衡状態を考える．まず，法線方向のつり合いから，

$$dN = (T + dT)\sin\left(\frac{d\theta}{2}\right) + T\sin\left(\frac{d\theta}{2}\right) \tag{3.5}$$

となる．一方，接線方向の力のつり合いから，

$$(T + \mathrm{d}T)\cos\left(\frac{\mathrm{d}\theta}{2}\right) = \mathrm{d}F + T\cos\left(\frac{\mathrm{d}\theta}{2}\right) \tag{3.6}$$

となり,さらにアモントン−クーロンの摩擦法則〔1〕から

$$\mathrm{d}F = \mu_s \mathrm{d}N \tag{3.7}$$

となる.ここで,$\mathrm{d}\theta$ は微小であることからつぎの近似が成り立つ.

$$\sin\left(\frac{\mathrm{d}\theta}{2}\right) \cong \left(\frac{\mathrm{d}\theta}{2}\right), \quad \cos\left(\frac{\mathrm{d}\theta}{2}\right) \cong 1 \tag{3.8}$$

式 (3.8) を式 (3.5),(3.6) に適用し,2 次の微小項は省略すると,それぞれ次式となる.

$$\mathrm{d}N = T\mathrm{d}\theta \tag{3.9}$$

$$\mathrm{d}T = \mathrm{d}F \tag{3.10}$$

式 (3.7),(3.9),(3.10) より,次式を得る.

$$\frac{\mathrm{d}T}{T} = \mu_s \mathrm{d}\theta \tag{3.11}$$

$\theta = 0$ で $T = T_1$,$\theta = \Theta$ で $T = T_2$ として,式 (3.11) の両辺を積分すると,

$$\ln\frac{T_2}{T_1} = \mu_s\Theta, \quad \text{あるいは} \quad \frac{T_2}{T_1} = e^{\mu_s\Theta} \tag{3.12}^*$$

となる.ここで,巻き数 n と巻き角 Θ の関係は次式で与えられる.

$$\Theta = 2\pi n \tag{3.13}$$

式 (3.13) を式 (3.12) へ代入すれば,入力側張力 T_1 と出力張力 T_2 の関係がつぎのように求められる.

$$\frac{T_2}{T_1} = e^{2\pi n \mu_s} \tag{3.14}^*$$

いま,$\mu_s = 0.3$ として巻き数 n とベルト(あるいはロープ)に作用する張力の入出力比 T_2/T_1 の値の関係を具体的に求めると,表 3.2 のようになる.

> **ひとくちメモ**
> 式 (3.12),(3.14) は 18 世紀に活躍した著名な数学者であり物理学者であるオイラー(L.Euler)により導かれ,**オイラーのベルト公式**(Euler's belt formula)とよばれている.

表 3.2 巻き数とベルトの張力の入出力比の関係

巻き数 n	張力の入出力比 T_2/T_1
0.5	2.57
1	6.59
2	43.4
3	286
4	1882

表から,たとえば,ベルトあるいはロープを円柱に 3 回も巻き付ければ,入力側張力 T_1 に対して出力側張力 T_2 は 286 倍にもなる.巻き数が多くなると張力の入出力比が増す現象を利用してベルト駆動などが可能になる.ウマをつなぎとめたり,ボートをつなぎとめたりするときもこの現象

がはたらいている．ただし，ベルト駆動の場合には摩擦係数として動摩擦係数 μ_k を用いる必要がある．なお，T_2/T_1 の大きさはベルトあるいはロープと円柱表面間の摩擦係数および巻き数のみに関係し，円柱の径には無関係である．■

例題 3.2

斜面を利用して動摩擦係数を測定する方法について考察せよ．

解答

図 3.8 に示す質量 m の物体が斜面上を滑って落下するときの運動方程式は，つぎのように表される．

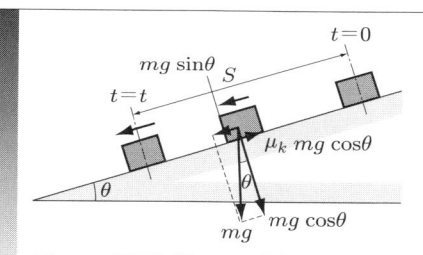

図 3.8 斜面を利用した動摩擦係数の測定法

$$ma = mg\sin\theta - \mu_k mg\cos\theta \tag{3.15}$$

式 (3.15) より加速度 a は，

$$a = g(\sin\theta - \mu_k \cos\theta) \tag{3.16}$$

と求められる．ここで，t 秒間に滑った距離を S とすれば，

$$S = \frac{1}{2}at^2 \tag{3.17}$$

となる．式 (3.16) を式 (3.17) へ代入し，μ_k について解くと，動摩擦係数の式として次式が得られる．

$$\mu_k = \tan\theta - \frac{2S}{gt^2\cos\theta} \tag{3.18}$$

動摩擦係数を測定するには，物体が斜面上を測定者があらかじめ定めた距離 S だけ滑った時間 t を測り，式 (3.18) により μ_k を算出すればよい*．■

> **ひとくちメモ**
> この斜面を利用して動摩擦係数を求める方法も，オイラーによって示されたものである．

3.3 摩擦の発生メカニズム

摩擦に関するアモントン–クーロンの摩擦法則は実用上きわめて有用である．しかし，この法則自身は摩擦を現象論的にとらえた経験則である．本節では，

摩擦がどのようなメカニズムによって発生するかを述べる．

3.3.1 摩擦の凹凸説

摩擦がどのようなメカニズムによって発生するかという問題に対しては，やはりレオナルド，アモントン，クーロンらが考察している．彼らは，摩擦の原因は接触二面間の表面粗さのひっかかり現象とする**凹凸説**を唱えた．図3.9は，凹凸説の基本的な考え方を示している．

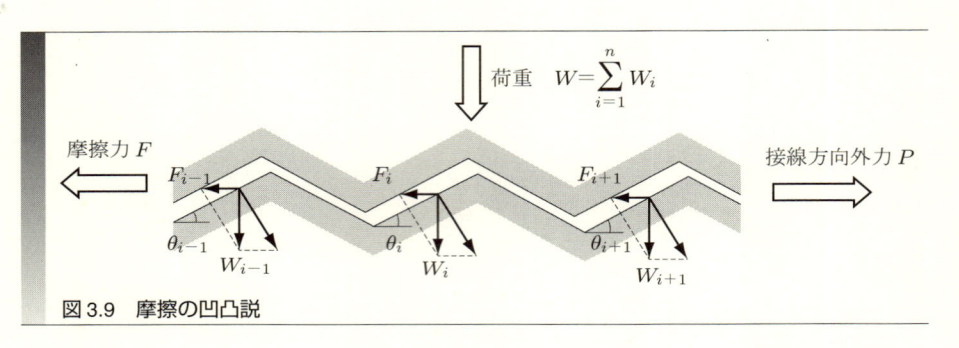

図 3.9 摩擦の凹凸説

表面粗さの突起形状を図のような山形と考え，i番目の突起の傾斜角をθ_i，突起1個あたりに作用する荷重をW_i，突起1個あたりの摩擦力をF_iとすると，静力学的な力のつり合いから，次式が得られる．

$$F_i = W_i \tan \theta_i \tag{3.19}$$

$$F = F_1 + F_2 + \cdots + F_n = \sum_{i=1}^{n} F_i \tag{3.20}$$

$$W = W_1 + W_2 + \cdots + W_n = \sum_{i=1}^{n} W_i \tag{3.21}$$

式 (3.19) を式 (3.20) へ代入すると次式が得られる．

$$F = \sum_{i=1}^{n} W_i \tan \theta_i \tag{3.22}$$

突起の形状は同一であると仮定すると，$\theta_1 = \theta_2 = \cdots = \theta_n = \theta$ であるから，式(3.21) を考慮すれば次式が得られる．

$$F = \left(\sum_{i=1}^{n} W_i \right) \tan \theta = W \tan \theta \tag{3.23}$$

したがって，摩擦係数 μ の定義式 (3.1) から次式が得られる．

$$\mu = \frac{F}{W} = \tan\theta = \text{一定} \tag{3.24}$$

式 (3.24) から摩擦力 F は垂直荷重 W に比例し，みかけの接触面積に無関係であることがわかる．すなわち，これはアモントン–クーロンの摩擦法則にほかならない．このように，式 (3.24) とアモントン–クーロンの摩擦法則との適合のため，凹凸説は 20 世紀に至るまで正しいとされてきた．しかし，凹凸説によれば，一方の突起が斜面を上り下りする過程で力学的エネルギーの保存則が成立することになり，摩擦がエネルギー損失を伴う現象である事実に反する．また，現在では，摩擦に及ぼす表面粗さのひっかかりの影響は小さいことが実験的に確認されている．

凹凸説に対してイギリスのディザギュリエは，第 1 章で述べたように，固体表面間の凝着が摩擦発生の主原因であるとする説を唱えた．しかし，彼はみかけの接触面積全体で凝着が起こると考えたため，摩擦力はみかけの接触面積に比例する結果となり，アモントン–クーロンの摩擦法則に反してしまった．その後 1920 年代に，ドイツのホルムによる真実接触の発見があり，20 世紀の中頃には，イギリスのバウデン（F.P. Bowden）とテーバー（D. Taber）によって真実接触の概念と凝着現象を結び付けた摩擦の凝着説が確立された．

3.3.2 摩擦の凝着説

第 2 章で述べたように，固体の二面間は表面粗さの突起どうしで接触し，その真実接触面積はみかけの接触面積に比べてはるかに小さい．したがって，接触面に作用する圧力はきわめて大きくなり，図 2.11 に示した固体表面を覆う皮膜が破壊されて直接に新生面が接触する可能性が高い．その結果，突起の接触部には強い結合力が生じ，二面間に**凝着**（adhesion）が起こると考えられる．この説を**凝着説**（adhesion theory）とよぶ．接触する二面の一方に接線方向外力が作用すると，外力が増すにつれて凝着部（adhesion junction）に**せん断力**（shear force）が働き，やがて引きはがされる．凝着部をせん断するのに必要な力が摩擦力である．この考えは，凹凸説で説明できない点も解決しているので，**凝着理論**（adhesion theory）ともよぶ．

図 3.10 は，凝着部に摩擦によるせん断応力が作用する様子を示している．いま，i 番目の突起の凝着部における**最大せん断強さ**（maximum shear strength）を s_i とすると，摩擦力 F_i は次式によって与えられる．

$$F_i = s_i A_{ri} \tag{3.25}$$

最大せん断強さはすべての突起で同じと考えてよいから，$s_i = s_o \ (i = 1, 2, \cdots, n)$

図 3.10 摩擦の凝着説

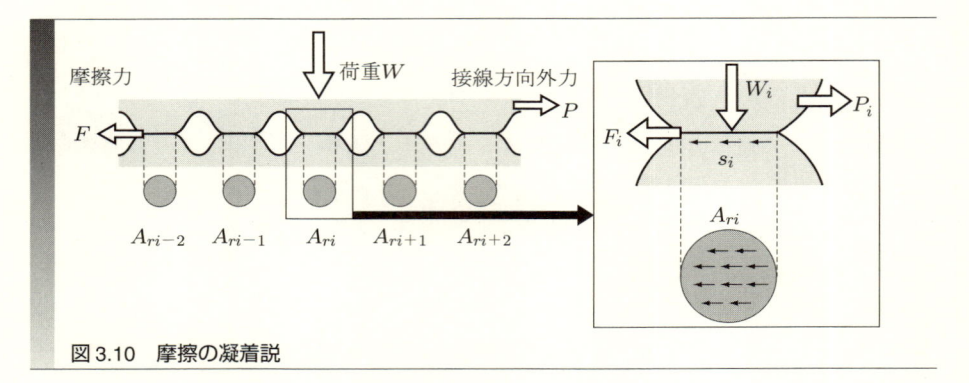

として式 (3.25) より全摩擦力を求めると次式が得られる．

$$F = \sum_{i=1}^{n} F_i = s_o \sum_{i=1}^{n} A_{ri} = s_o A_r \tag{3.26}$$

突起頂部の接触状態が塑性域に達しているとすると，真実接触面積 A_r は第 2 章の式 (2.10) あるいは式 (2.11) で求められるから，式 (2.10) あるいは式 (2.11) を式 (3.26) へ代入すると次式が得られる．

$$F = \frac{s_o}{p_o} W = \frac{s_o}{H} W \tag{3.27}$$

式 (3.27) より摩擦係数 μ は次式によって与えられることになる．

$$\mu = \frac{F}{W} = \frac{s_o}{p_o} = \frac{s_o}{H} \tag{3.28}$$

ここに，p_o と H は，それぞれ軟らかい方の材料の塑性流動圧力と押込み硬さである．

式 (3.28) から，摩擦係数 μ の値はみかけの接触面積にかかわらず一定である．したがって，摩擦力 F は荷重 W に比例するので，アモントン－クーロンの摩擦法則に適合する．

一般の金属材料では $p_o = H = (3 \sim 5)s_o$ とみなせるので，式 (3.28) による摩擦係数は $\mu = 0.2 \sim 0.33$ と見積もられる．しかし，この値は表 3.1 に示す摩擦係数の実測値（おおよそ 0.5 前後の値）に比べて小さく，定量的なずれがある．そこでテーバーは，定量的なずれを生じる理由が接線力による真実接触面積の増加にあると考え，凝着理論の修正を行っている．テーバーによって提示された修正理論は，**凝着部成長理論**（junction growth theory）とよばれている．

3.3.3 凝着部成長理論

凝着理論では，式 (3.28) を導く際に，最大せん断強さ s_o と塑性流動圧力 p_o は互いに独立として扱っている．しかし，図 3.11 のように，接触部が初期の状態から接線力の作用を受けて成長すると考えると，成長過程ではせん断強さ（shear strength）s と圧力 p が互いに組み合わさった応力状態となる．この状態を図 3.12 のモール円で示す．

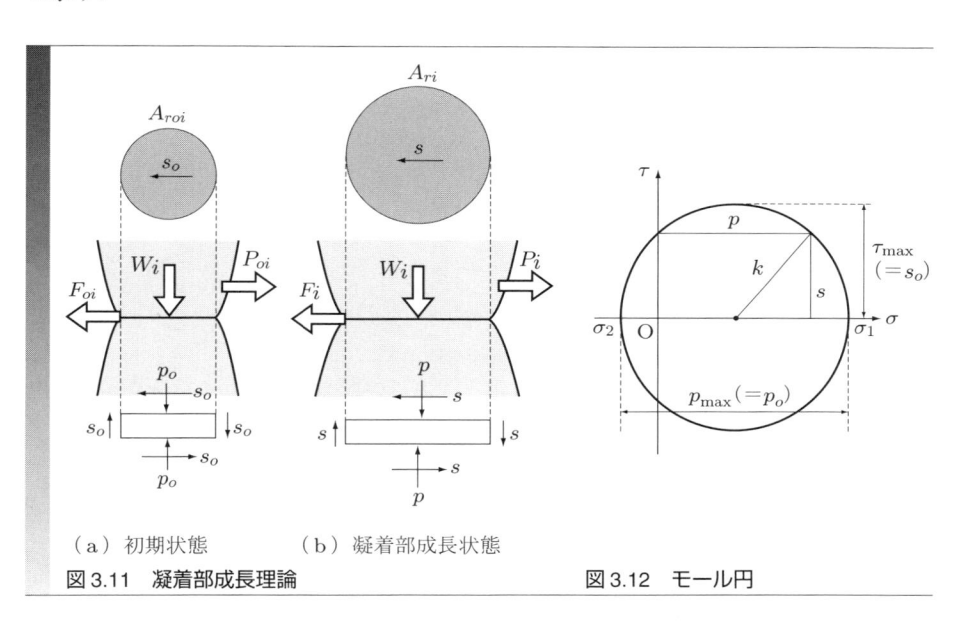

（a）初期状態　　（b）凝着部成長状態
図 3.11　凝着部成長理論

図 3.12　モール円

図 3.12 において，モール円半径 k は次式で与えられる．

$$k = \sqrt{\left(\frac{p}{2}\right)^2 + s^2} \tag{3.29}$$

これより，主応力 σ_1, σ_2 はつぎのように表される．

$$\sigma_1 = \frac{p}{2} + \sqrt{\left(\frac{p}{2}\right)^2 + s^2}, \quad \sigma_2 = \frac{p}{2} - \sqrt{\left(\frac{p}{2}\right)^2 + s^2} \tag{3.30}$$

凝着理論では，摩擦力は凝着部をせん断し，引きはがす力と考えるから，摩擦係数の定式化にあたっては，凝着部に**材料の降伏条件**（yield condition of material）を適用して解析を進める．その際，代表的な降伏条件式であるトレスカの条件とミーゼスの条件を適用し，両者による結果に補正を加えて一般的な降伏条件式を導く．

まず，最大せん断応力で凝着部が降伏し，せん断に至るとするトレスカの降伏条

件（Trescca's yield condition）を適用する．トレスカの降伏条件は次式によって与えられる．

$$\frac{\sigma_1 - \sigma_2}{2} = \tau_{\max} = s_o = \frac{p_o}{2} \tag{3.31}$$

式 (3.30) を式 (3.31) へ代入してまとめると，p と s に関して次式が得られる．

$$p^2 + 4s^2 = p_o{}^2 \tag{3.32}$$

一方，**最大ひずみエネルギー**（maximum strain energy）により凝着部が降伏し，せん断に至るとするミーゼスの降伏条件（Mises yield condition）は次式によって与えられる．

$$(\sigma_1 - \sigma_2)^2 + \sigma_1{}^2 + \sigma_2{}^2 = 2p_{\max}{}^2 = 2p_o{}^2 \tag{3.33}$$

式 (3.30) を式 (3.33) へ代入すると次式が得られる．

$$p^2 + 3s^2 = p_o{}^2 \tag{3.34}$$

式 (3.32) と式 (3.34) は s^2 の係数に 4 と 3 の違いはあるが，かなり近い形となっている．なお，式 (3.32)，式 (3.34) の導出にあたっては凝着部を 2 次元構造として扱っているが，実際の凝着部は 3 次元構造である．そのため，式 (3.32) と式 (3.34) を基に凝着部の 3 次元構造に対する修正を行って降伏条件をより一般的な形で表すと，つぎのようになる．

$$p^2 + \alpha s^2 = p_o{}^2 = \alpha s_o{}^2 \tag{3.35}$$

ただし，α は凝着部の 3 次元構造に対する修正係数で，$\alpha = 3 \sim 25$ である．

凝着部の応力状態（p と s の組み合わせ）が降伏条件式 (3.35) を満たしたとき，摩擦状態が最大静止摩擦状態となって凝着部が引きはがされ，滑りが生じる．このように，凝着部成長理論で扱う摩擦係数 μ は，基本的には静摩擦係数 μ_s に相当するが，動摩擦係数 μ_k についても同様に考えてよい．

つぎに，式 (3.35) を用いて摩擦係数を表す式を導く．まず，図 3.11 から荷重 W と摩擦力 F はそれぞれつぎのように表される．

$$W = \sum_{i=1}^{n} W_i = A_{ro} p_o = A_r p \tag{3.36}$$

$$F = \sum_{i=1}^{n} F_i = A_r s \tag{3.37}$$

式 (3.36), (3.37) から摩擦係数 μ に関して次式が得られる．

$$\mu = \frac{F}{W} = \frac{s}{p} \tag{3.38}$$

先に導いた降伏条件式 (3.35) の前半の等式から p_o/p を求め，さらに式 (3.38) を考慮すると次式が得られる．

$$\frac{p_o}{p} = \sqrt{1 + \alpha \left(\frac{s}{p}\right)^2} = \sqrt{1 + \alpha \mu^2} \tag{3.39}$$

また，降伏条件式 (3.35) の後半の等式から得られる $\alpha = p_o{}^2/s_o{}^2$ の関係を式 (3.39) へ代入し，p_o/p について解くと次式が得られる．

$$\frac{p_o}{p} = \frac{1}{\sqrt{1 - (s/s_o)^2}} \tag{3.40}$$

式 (3.39) と式 (3.40) を等置して摩擦係数 μ について解くと，つぎの結果が得られる．

$$\mu = \frac{k}{\sqrt{\alpha(1 - k^2)}} \tag{3.41}$$

ただし，k の定義は次式のとおりである．

$$k = \frac{s}{s_o} \quad (0 \leq k \leq 1) \tag{3.42}$$

3.3.4 材料の凝着部せん断強さと摩擦係数の関係

式 (3.42) で定義されるパラメータ k の物理的意味を考えてみる．

パラメータ k は，凝着部のせん断強さ s と最大せん断強さ s_o の比である．s_o は材料固有の値で一定であるが，せん断強さ s は固体表面の吸着膜の性質や被覆状況により大きく変化し，$0 \leq s \leq s_o$ とみなせる．したがって，k の変化は s に対応する．

$k = 0$（あるいは $s = 0$）は，凝着部にせん断が生じていない状態，言い換えれば，粗さ突起どうしの接触が起こっていない状態を表す．この状態は，二面間が油などの流体によって完全に満たされた流体潤滑状態に相当している．なお，流体潤滑については，第 5 章で詳しく述べる．

一方，$k = 1$（あるいは $s = s_o$）は，固体どうしが真空中で接触している場合に相当する．真空中では固体表面に分子やちりなどの皮膜が存在せず，固体の新生面どうしが直接接触した状態になる．したがって，粗さ突起どうしの凝着力（adhesion force）はきわめて強く，溶接されたのと同じ状態になり，摩擦係数はきわめて大きい．このことは真空中での摩擦実験により確認されている．

$0 < k < 1$ の範囲では，固体表面は何らかの皮膜に覆れた状態に相当し，摩擦係数の値は皮膜の程度や性質によって大きく変化する．第 6 章で扱う境界潤滑や第 7 章で扱う表面改質の問題は，$0 < k < 1$ の領域で摩擦係数が大きく変化することに深く関係している．

図 3.13 は，式 (3.41) を用いて摩擦係数 μ とパラメータ k の関係を求めた結果である．$k = 0$，すなわち流体潤滑状態では摩擦係数 μ の値は実質的にゼロとなる．これに対して，$k = 1$，すなわち真空中における摩擦状態では摩擦係数 μ の値は無限大となる．$0 < k < 1$ では摩擦係数 μ の値はゼロから無限大まで広範囲に変化する．したがって，k の値を適切に変えることにより摩擦係数の値を制御することができる．境界潤滑を良好に行うための添加剤や表面改質技術などは，この効果を狙ったものである．ただし，k の値を理論的に決定する方法はいまだ確立されておらず，摩擦係数の値を知るには実測する以外に手立てがない．このため，式 (3.41) はあくまでも摩擦の発生メカニズムを理解するためのものである．

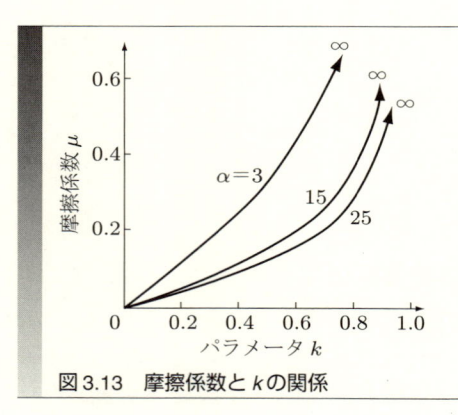

図 3.13 摩擦係数と k の関係

例題 3.3

凝着部の成長を考慮した場合の真実接触面積 A_r と，成長を考慮しない場合の真実接触面積 A_{r_o} の比 A_r/A_{r_o} をパラメータ k の関数として表し，結果を図示せよ．

解答

式 (3.36) の関係から，

$$\frac{A_r}{A_{r_o}} = \frac{p_o}{p} \tag{3.43}$$

となる．一方，式 (3.40) と式 (3.43) から，

$$\frac{A_r}{A_{r_o}} = \frac{1}{\sqrt{1-(s/s_o)^2}} \tag{3.44}$$

となり，さらに，式 (3.44) とパラメータ k の定義式 (3.42) から，

$$\frac{A_r}{A_{r_o}} = \frac{1}{\sqrt{1-k^2}} \tag{3.45}$$

を得る．

図 3.14 凝着部成長率と k の関係

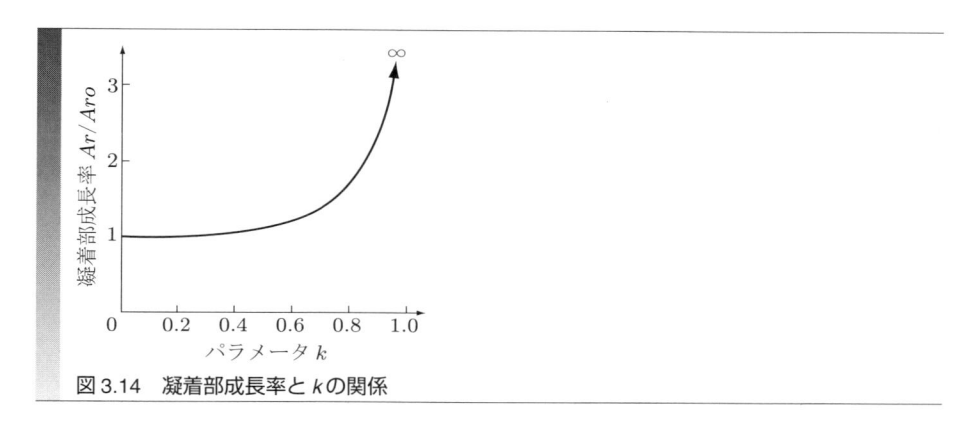

図 3.14 は，式 (3.45) を用いた A_r/A_{r_o} と k の関係である．$k=0$，すなわち流体潤滑状態では $A_r/A_{r_o}=1$ であるが，k の増加とともに凝着部はゆるやかに成長し，k が 1 に近づいて真空状態に近くなると急激に成長を始め，$k=1$ で無限大となる．■

例題 3.4

縦 40 [mm]，横 50 [mm] の二つの金属面が接触し，接線方向に外力を受けている．摩擦係数は 0.5 である．金属の塑性流動圧力を 2 [GPa]（HV2000），二面に作用する垂直荷重を 1000 [N] としたとき，真実接触面積 A_r をテーバーの凝着部成長理論により求めよ．なお，$\alpha = 15$ とする．

解答

テーバーの式 (3.41) をパラメータ k について解くと，

$$k = \mu\sqrt{\frac{\alpha}{1+\alpha\mu^2}} \tag{3.46}$$

となり，さらに，$\mu = 0.5$，$\alpha = 15$ を代入して $k = 0.89$ を得る．そして，式 (3.45) に代入すると，$A_r/A_{r_o} = 2.19$ を得る．ここで，式 (2.11) から成長前の真実接触面積を求めると，

$$A_{r_o} = \frac{W}{p_o} = \frac{1000\,[\mathrm{N}]}{2\times 10^9\,[\mathrm{Pa}]} = 5\times 10^{-7}\,[\mathrm{m}^2]$$

となる．したがって，求めるべき真実接触面積 A_r は，

$$A_r = 2.19 \times 5 \times 10^{-7} \text{ [m}^2\text{]} = 1.1 \times 10^{-6} \text{ [m}^2\text{]}$$

となる．

第2章で述べたように，大気中では金属表面は酸化膜で覆われた状態である．このような状態下での表面のせん断強さは，多くの金属材料の場合は酸化膜に覆われていない素地表面（新生面）のせん断強さよりも低下する．また，酸化膜の強度は金属の種類にかかわらずあまり変化しない．したがって，表 3.1 に示したように，乾燥状態下における静摩擦係数はいずれの金属についても 0.5 前後になる．■

凝着による摩擦に起因する現象として**スティック-スリップ現象**（stic-slip phenomina）がよく知られている．これは**自励振動**（self-exited vibration）の一種で，摩擦係数の値が低下する静摩擦状態から動摩擦状態に移る際などに発生することがある．なお，「動摩擦力は静摩擦力よりも小さい」というクーロンの摩擦法則〔3〕が成立するメカニズムは，今のところ十分な説明はされていない．二面の接触時間の短い動摩擦状態の方が静摩擦状態に比べて一般に凝着力が小さいことなどは理由として挙げられる．しかし，この問題に関しては今後も詳細な検討が必要である．

3.3.5 摩擦の掘り起こし説

摩擦の発生メカニズムとして広く認められている凝着説のほかに，摩擦の原因として，接触面の**掘り起こし**（ploughing）によるとする説と**弾性ヒステリシス損失**（elastic hysteresis loss）によるとする説がある．

軟らかい面と硬い面が接触し，硬い面に滑りが生じた状態を考えると，硬い面の表面粗さ突起は軟らかい面に食い込んで軟らかい面を掘り起こしていく．いま，図 3.15 に示すように，突起の形状は一様で円すい形状であり，その頂角は 2θ であるとする．このときの真実接触面積は図 3.15 (a)，(c) の濃い影の部分であるから，軟らかい材料の塑性流動圧力を p_o，突起総数を n とすると，荷重 W および掘り起こしによる摩擦力 F はそれぞれ次式のように与えられる．

$$W = n\frac{\pi}{2}a^2 p_o \tag{3.47}$$

$$F = nahp_o \tag{3.48}$$

ここで，$a = h\tan\theta$ であることに注意し，式 (3.1) の定義に基づいて摩擦係数を求めると，次式が得られる．

$$\mu = \frac{F}{W} = \frac{2}{\pi}\cot\theta \tag{3.49}$$

式 (3.49) より，掘り起こしに起因する摩擦係数 μ は突起形状のみに依存し，材

図3.15 摩擦の掘り起こし説

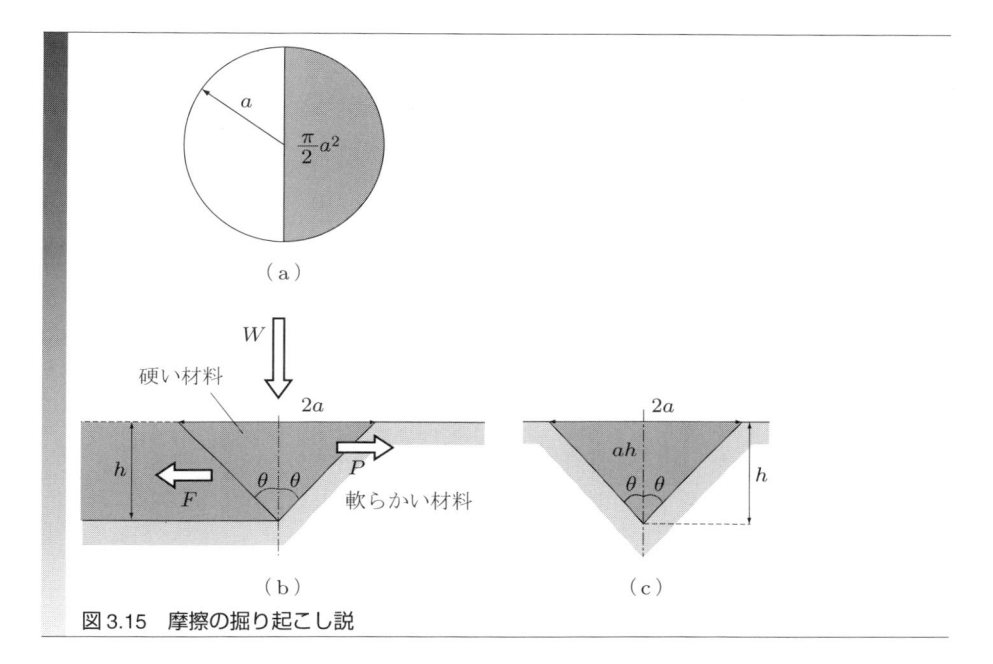

料の性質には関係しないことがわかる．さて，一般の表面粗さにおいては，角度 θ は $80 \sim 85\,[°]$ であるから，式 (3.49) によれば，掘り起こしによる摩擦係数は $0.056 \sim 0.112$ となり，前述の凝着による摩擦係数に比べてかなり小さい．

一方，固体がエラストマー（elastomer，ゴムのように弾性をもつ高分子物質）などのように変形しやすい場合には，表面粗さ突起は弾性限度内で変形し，変形が回復する際にヒステリシス損失が生じ，摩擦の原因となる．しかし，一般の金属材料におけるヒステリシス損失はきわめて小さいため，凝着や掘り起こしによる摩擦に比べて無視できる．

例題 3.5

図 3.15 に示した接触状態で粗さの頂角が $160\,[°]$ であるとして，掘り起こしによる摩擦係数を求め，その値が凝着による摩擦係数に比べてかなり小さくなることを確認せよ．また，掘り起こしによる摩擦係数は表面の被覆状態を示すパラメータ k に無関係となるのはなぜか．

解答

掘り起こしによる摩擦係数の式 (3.49) において，$\theta = 80\,[°]$（$2\theta = 160\,[°]$）とおくと，

$$\mu = \frac{2}{\pi} \cot 80\,[°] = 0.112$$

となる．乾燥状態における摩擦係数は，表 3.1 に示したように 0.5 前後であるから，掘り起こし摩擦係数はこれよりかなり小さいことがわかる．

掘り起こしの原因となる突起は硬質であるから，金属表面の酸化膜を簡単に破壊する．しかも，酸化膜の厚さは突起の押込み深さに比べて小さいため，多くの場合その掘り起こし効果は金属表面の掘り起こし効果に比べて無視できる．このため，掘り起こし摩擦係数はパラメータ k に無関係となる．■

3.3.6　摩擦の進展機構

凝着による摩擦と掘り起こしによる摩擦の関連については，スー（N.P. Suh）が興味深い説明を行っている．

図 3.16 は摩擦係数と**摩擦距離**（sliding distance，固体の表面が接触して滑った距離）の関係（あるいは摩擦の時間依存性）を示した図である．図中の記号 I〜VI は摩擦のパターンが推移する段階を表している．段階 I では，掘り起こしによる摩擦が支配的であり，摩擦係数は接触する固体の組み合わせに大きく依存する．段階 II では，凝着によって生じる粗さ突起の変形による摩耗粉が発生し，これが摩擦面に取り込まれるために摩擦係数が上昇し始める．段階 III では，摩耗粉の影響と凝着の相乗効果によって摩擦係数はさらに上昇する．そして，段階 IV では，凝着と摩耗粉の影響が安定化し，摩擦係数は一定となる．この摩擦係数は段階 V，VI で一定値を維持する場合（①）と，これから分離する場合（②）に分かれる．②は硬い面が滑り，軟らかい面が静止している場合に生じ，時間経過とともに硬い面の粗さが取り除かれ，表面が鏡面化していく．その結果，突起の変形と掘り起こしの影響が小さくなり，摩擦係数が減少し，やがて一定値に落ちつく．

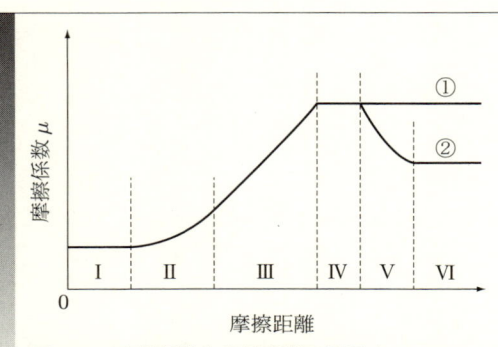

図 3.16　摩擦係数と摩擦距離の関係（Suh, N.P. Tribophysics (1986) より）

3.4 摩擦による発熱

摩擦による消費エネルギーの一部は大気中に放出されるが，大部分は摩擦面の温度上昇に費やされる．そのため，程度によっては表面強度が低下したり，**焼付き**（seizure）などを経て表面が破壊される可能性がある．摩擦に伴うこのような表面損傷を防ぐためには，摩擦面の発熱量を知ることが重要である．

3.4.1 摩擦発熱量

荷重を W，滑り速度を U とすると，摩擦面で生じる熱量（発熱量）Q は次式によって与えられる．

$$Q = FU = \mu WU \tag{3.50}$$

また，Q をみかけの接触面積 A_a で割った単位面積あたりの発熱量 q は，次式のように表される．

$$q = \mu \overline{p} U \tag{3.51}$$

ただし，$\overline{p}$ は平均接触面圧（$= W/A_a$）である．乾燥摩擦状態では，摩擦係数 μ は一定とみなせるので，単位面積あたりの発熱量 q は $\overline{p}U$ の値に比例する．この値は通常 **PV 値**（PV value，圧力（pressure）と速度（velocity）の積として定義されている）とよばれ，摩擦面の温度上昇の指標としてよく用いられる．

例題 3.6

縦 40 [mm]，横 50 [mm] の金属板が平板に接触し，速度 10 [m/s] で相対運動をしている．接触面への垂直荷重を 1000 [N]，摩擦係数を 0.5 としたときの PV 値と発熱量を求めよ．

解答

みかけの接触面積 A_a は，

$$A_a = a \times b = 2 \times 10^{-3} \ [\text{m}^2]$$

となり，平均面圧 $\overline{p}$ は，

$$\overline{p} = \frac{W}{A_a} = \frac{1000\ [\text{N}]}{2 \times 10^{-3}\ [\text{m}^2]} = 5 \times 10^5\ [\text{Pa}] = 5 \times 10^{-4}\ [\text{GPa}]$$

となる．これより，

$$\text{PV 値} = \overline{p} U = 5 \times 10^5\ [\text{Pa}] \times 10\ [\text{m/s}] = 5 \times 10^6\ [\text{N}/(\text{m} \cdot \text{s})] = 5 \times 10^6\ [\text{W/m}^2]$$

が得られる．一方，発熱量 Q は，

$$Q = \mu WU = 0.5 \times 1000 \text{ [N]} \times 10 \text{ [m/s]} = 5 \times 10^3 \text{ [J/s]} = 5 \times 10^3 \text{ [W]}$$

と求められる．■

3.4.2 本体温度と閃光温度

摩擦面での発熱は，摩擦面本体（バルク）の温度上昇と同様に突起接触部の局所的な温度上昇をもたらす．前者を**本体温度**（bulk temperature），後者を**閃光温度**（flash temperature）とよび，接触面全体の温度上昇は両者の和によって与えられる．

図 3.17 に示す接触状態を考える．固体 1 は平板，固体 2 は半径 a の円筒状の表面粗さの突起とし，滑り速度 U で相対運動していると仮定すると，定常時における本体温度 θ_b は，次式のように表される．

$$\theta_b = \theta + C\frac{d\theta}{dt} \tag{3.52}$$

ここに，θ は時間 t での本体温度，C は定数である．式 (3.52) より，本体温度の時間経過の測定値を用いて θ_b を推定することができる．

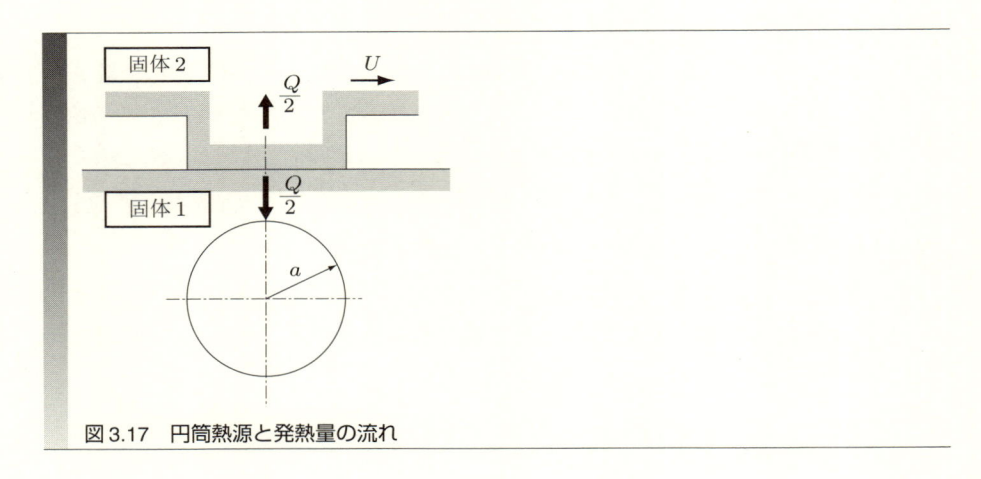

図 3.17 円筒熱源と発熱量の流れ

一方，閃光温度については，滑り速度 U が小さく，ペクレ数（Peclet number）N が $N < 0.1$ となる場合に対しては次式で推定される．

$$\theta_m = 0.849 \frac{qa}{\lambda_1 + \lambda_2} \tag{3.53}$$

また，滑り速度が大きく $N > 3$ となる場合に対しては，次式で推定される．

$$\theta_m = 0.849 \frac{qa}{\lambda_2 + 1.06\lambda_1 \sqrt{N_1}} \tag{3.54}$$

ここに，λ_1，λ_2 はそれぞれ固体 1，固体 2 の熱伝達率である．また単位面積あたりの発熱量 q は式 (3.51) によって与えられる．なお，ペクレ数 N の定義は，$N = Ua/\alpha$ （α：熱伝導率を密度と比熱の積で割った熱拡散係数）である．

閃光温度は本体温度に比べて著しく高く，おおむね 1000 [K] となる．しかし，その持続時間はきわめて短いため，摩擦面の損傷などに及ぼす影響は小さい．

摩擦による発熱はそれによる熱膨張を引き起こし，機械要素の精度を低下させ，焼付きなどによる損傷の原因となる．したがって，機械類の設計や運転に際してはその影響を十分に考慮する必要がある．

本書で扱っている摩擦は接触する固体面の相対運動に起因するので，**滑り摩擦** (sliding friction) とよばれる．これに対して，球，円筒などが表面上を転がるときに接触面に作用する摩擦を**転がり摩擦** (rolling friction) とよぶ．転がり軸受は転がり摩擦を利用したトライボ機器である．

第3章のポイント

1. 乾燥状態下における固体間の摩擦に関しては，以下の摩擦法則が成り立つ．
    （ⅰ）摩擦力は，接触する二面間に作用する垂直荷重に比例する．
    （ⅱ）摩擦力は，みかけの接触面積に無関係である．
    （ⅲ）動摩擦力は，滑り速度に無関係である．
    （ⅳ）動摩擦力は，静摩擦力よりも小さい．
    なお，法則 (ⅰ), (ⅱ) をアモントンの摩擦法則あるいはアモントン–クーロンの摩擦法則，法則 (ⅲ), (ⅳ) をクーロンの摩擦法則とよぶ．
2. 摩擦の発生メカニズムは，バウデン–テーバーの凝着説によって一応の説明が可能である．凝着部成長理論により，固体表面の皮膜の影響を考慮した摩擦特性を定性的に議論できる．
3. 掘り起こしによる摩擦は，凝着による摩擦に比べて小さい．また，金属材料などの固体材料においては弾性ヒステリシス損失による摩擦は無視できる．
4. 摩擦は発熱の原因となり，機械要素の精度を低下させ，焼付きなどの損傷を引き起こす可能性がある．摩擦発熱に伴う温度上昇は本体温度と閃光温度の和となるが，閃光温度が固体の表面損傷に及ぼす影響は本体温度に比べて小さい．

演習問題

3.1 ロープを円柱に巻き付けてボートをつなぎとめたい．入力側の張力を 100 [N] としたとき，200 [kN] の出力側張力を得るにはロープを円柱に何回巻き付ければよいか．ただし，ロープと円

柱間の摩擦係数を 0.4 とする．

3.2 図 3.18 に示す車の後輪駆動のタイヤと路面間の静摩擦係数を μ_s としたとき，車の最大加速度を与える式を導け．ただし，車の質量を m とする．

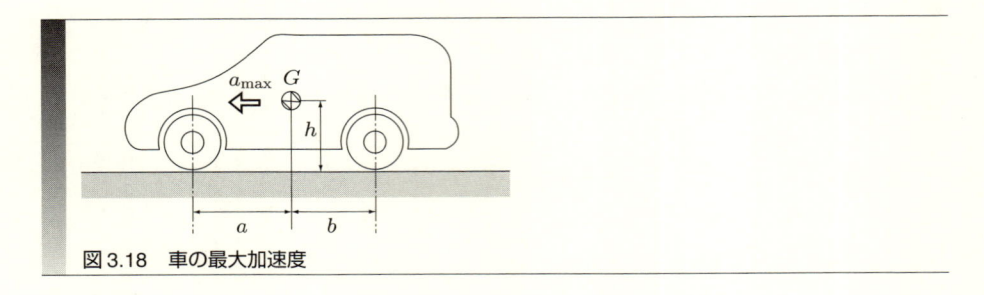

図 3.18 車の最大加速度

3.3 動摩擦係数の測定法として，例題 3.2 で示した斜面を利用する方法以外に，どのような方法が考えられるか．

3.4 スティック–スリップの発生メカニズムについて調べよ．

3.5 冬の寒い日に手のひらをこすり合わせると，手のひらが温かく感じられる．なぜか．

3.6 転がり摩擦と滑り摩擦との関連を調べよ．

第4章 固体表面の摩耗

　固体どうしが接触し，接線方向に互いに相対運動すると摩擦が生じる．摩擦に伴い固体の表面は逐次はがれて減量し，その結果，機械類などの性能に悪影響を及ぼす．摩擦による材料の減量現象を**摩耗**（wear）とよぶ．

　本章では，まず摩耗の定義と分類を行い，特に重要な凝着摩耗とアブレシブ摩耗について，それぞれの理論的取り扱いについて述べる．さらに，ウェアマップの考え方を説明し，最後に摩耗試験法についても触れる．

4.1 摩耗の定義と分類

　摩耗の原因としては複数考えられるが，摩耗の発生メカニズムにより，凝着摩耗，アブレシブ摩耗，腐食摩耗，疲労摩耗の主に4種類に分類される．

4.1.1 凝着摩耗

　凝着摩耗（adhesive wear）は，真実接触する粗さ突起の凝着部分が破壊されることによる摩耗で，滑り摩耗（sliding wear）ともよばれる．図4.1は，凝着摩耗における摩耗粉の移着成長過程を模式的に表している．硬質面が静止し，軟質面が滑りを生じている状態を考える．固体表面には粗さが存在するために両面の突起どうしは図4.1(a)のように真実接触をする．真実接触部は図4.1(b)のように凝着を生じ，凝着部分がせん断されて内部破壊を起こす．破壊された粒子は相手面に付着して図4.1(c)のような移着粒子（transfer particle）が生成される．このような過程が次々と繰り返されて図4.1(d)のように移着粒子が集合堆積していく．その結果，図4.1(e)のように移着粒子が形成され，さらに，図4.1(f)のように成長した粒子は，最後に固体面から脱落し，摩耗粉となって排出される．

　摩耗には，同一箇所が繰り返して接触・破壊を受ける繰り返し摩耗と，繰り返しがなく常に新しい箇所が接触・破壊される非繰り返し摩耗とがある．繰り返し摩耗

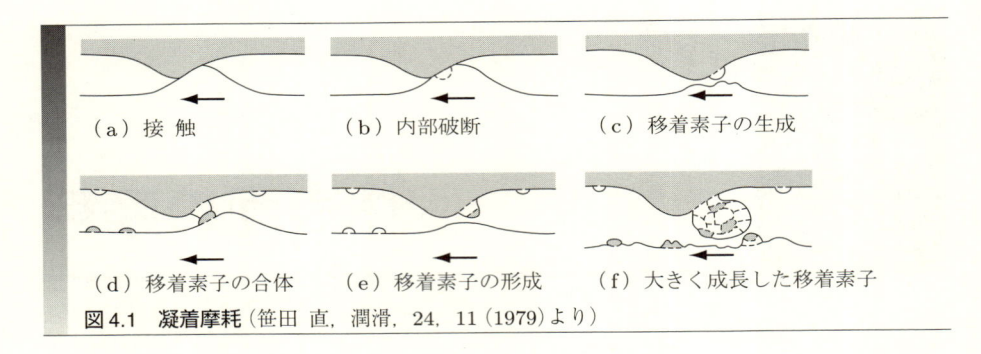

(a) 接触　(b) 内部破断　(c) 移着素子の生成
(d) 移着素子の合体　(e) 移着素子の形成　(f) 大きく成長した移着素子

図4.1　凝着摩耗（笹田 直．潤滑．24．11（1979）より）

は，工作機械の案内面や各種滑り軸受，ピストンリングなど一般の機械において広くみられる．非繰り返し摩耗は，バイトによる加工物の端面旋削などの際に工具においてみられることが多い．

　繰り返し摩耗は，摩擦距離の短い**初期摩耗**（initial wear）とその後定常状態になったときの**定常摩耗**（stationary wear）とに分けられる．初期摩耗においては摩耗の進行が早く，また粗さのサイズが大きいために摩耗粉の粒径も大きい．初期摩耗のような激しい摩耗の状態を**シビア摩耗**（severe wear）とよぶ．初期摩耗が定常状態に移行していくと，摩耗面は新生面に近い状態となるために空気中の酸素を吸着して酸化膜を形成し，この酸化膜が保護膜として機能する．固体表面は突起がこすれて滑らかになり，摩耗粉の粒径は微細化する．このような穏やかな摩耗状態を**マイルド摩耗**（mild wear）とよぶ．

　非繰り返し摩耗の状態においては，常に繰り返し摩耗の初期状態と同じ状態にあることから，シビア摩耗になる．

　なお，摩擦面の材料が同一の場合には，突起間の凝着力が大きいために互いに溶接された状態になり，もっとも激しい摩耗を生じる．同一材料の摩擦面の組み合わせは「ともがね」とよばれるが，ともがねの使用はできるだけ避けるのが望ましい．

　図4.2は，測定により得られた摩耗量とその時間的変化の関係を示している．異種金属である銅（Cu）と鉄（Fe）を繰り返し摩耗すると初期段階で激しく摩耗するが，やがて定常なマイルド摩耗となっている．これに対して，同じ銅と鉄を繰り返しなしで摩耗する場合には，シビア摩耗の状態が持続している．さらに，同種金属である鉄と鉄を繰り返し摩擦する場合には，顕著なシビア摩耗状態となっていることがわかる．これは，上述したともがねを避けなければならないことを示している．

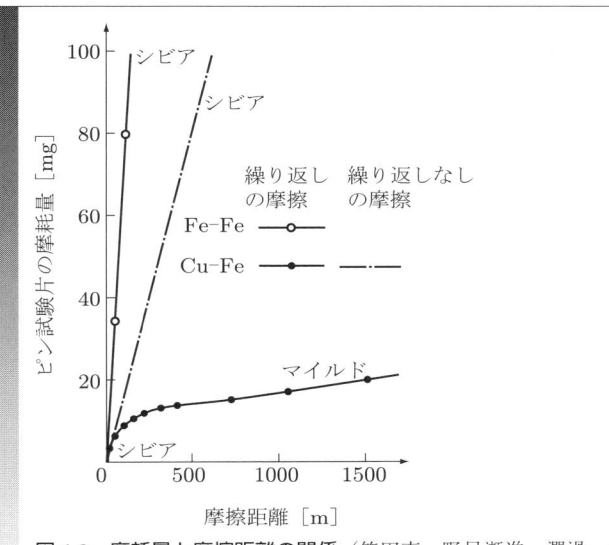

図4.2 摩耗量と摩擦距離の関係（笹田直，野呂瀬進，潤滑，16，689（1971）より）

4.1.2 アブレシブ摩耗

アブレシブ摩耗（abrasive wear）は，第3章で述べた掘り起こしによる摩擦現象に深く関連している．すなわち，硬い材料の粗さ突起あるいは摩擦面に介在する硬質粒子の切削作用によって起こる激しい摩耗である．前者を**二元アブレシブ摩耗**，後者を**三元アブレシブ摩耗**とよぶ．

図4.3は，二元アブレシブ摩耗と三元アブレシブ摩耗のメカニズムの違いを示した図である．図4.3(a)の二元アブレシブ摩耗は，硬い方の材料の硬質突起が軟らかい方の面に食い込み，硬質突起の切削作用によって軟らかい面を激しく摩耗する．これに対して，図4.3(b)の三元アブレシブ摩耗では，主として摩擦面間に介在する外来の硬質粒子が軟らかい面に食い込み，硬質外来粒子の切削作用により相手面を

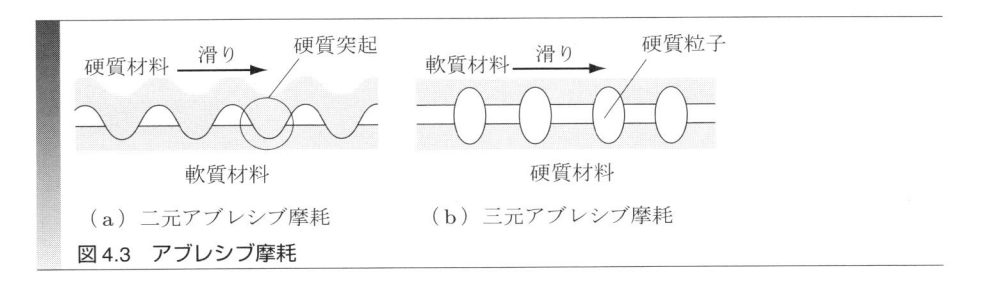

図4.3 アブレシブ摩耗
（a）二元アブレシブ摩耗
（b）三元アブレシブ摩耗

激しく摩耗する．三元アブレシブ摩耗の深刻なところは，耐摩耗性の高い硬質面にシビア摩耗が引き起こされる点にある．

図 4.4 は，摩擦中に硬質粒子を補給しつづけた場合と，はじめに粒子が入ってその後補給をしない場合の三元アブレシブ摩耗の時間的変化を示している．硬質粒子を補給しつづけた場合は，シビア摩耗が持続する．これに対して，粒子の補給を断った場合は，シビア摩耗からマイルド摩耗へ移行する．これより，シビア摩耗を防ぐには，フィルターなどで外来粒子を入り込ませなくすることが重要である．

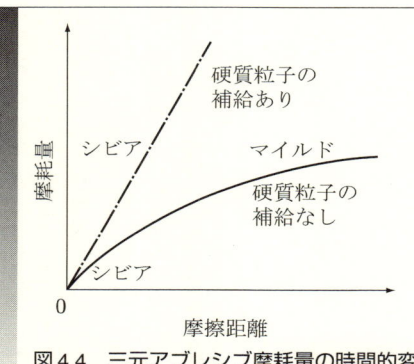

図 4.4　三元アブレシブ摩耗量の時間的変化

4.1.3　腐食摩耗と疲労摩耗

空気中あるいは液体中で水分，酸などにより摩擦面に化学反応が起こる．そして，機械的な強度の低い表面層が形成されて，この部分が摩擦により摩耗粉として脱落する．この現象が**腐食摩耗**（corrosive wear）である．特に，表面に酸化膜が形成され，酸化膜が摩擦により摩耗する場合は，**酸化摩耗**（oxidized wear）とよばれる．

疲労摩耗（fatigue wear）は，接触部の摩擦の繰り返しによって起こる疲労破壊で，転がり軸受などに多くみられる．表面からき裂が発生し，内部へ伝搬する場合と，逆に内部からき裂が発生し，表面に伝搬する場合がある．特に，歯車の疲労摩耗を**ピッチング**（pitting），転がり軸受の疲労摩耗を**フレーキング**（flaking）とよぶ．

凝着，アブレシブ，腐食，疲労の摩耗のほかにつぎの摩耗がある．

（i）**フレッチング**（fretting）：摩擦面が接線方向に微小振動したときに生じる摩耗．

（ii）**エロージョン**（erosion）：アブレシブ摩耗の一種で流体中に含まれる粉体の摩擦面への衝突により生じる摩耗．

> **ひとくちメモ**
> キャビテーション：減圧によって液体中に空洞が現れる相変化の現象．

（iii）**キャビテーションエロージョン**（cavitation erosion）：液体のキャビテーション*（cavitation）によって局所的に衝撃圧力が発生し，その繰り返しによって摩擦面が疲労破壊する摩耗．

4.1.4　摩耗の防止法

凝着摩耗は摩擦する二面間では避けられない現象で，すべての摩耗のうち 30％程度がこの摩耗である．したがって，凝着摩耗を防止するには，凝着が起こりにくくすることが重要である．具体的には，第 5 章，第 6 章に述べる潤滑技術，あるいは第 7 章で取り上げる表面改質技術などを有効に活用する必要がある．

しかし，摩耗による表面損傷の 50％程度は，アブレシブ摩耗が原因である．アブレシブ摩耗を防止するには，つぎの方法が効果的である．
（ⅰ）フィルターにより外来粒子を取り除き，粒子の供給を遮断する．
（ⅱ）表面改質技術を用いて摩擦面に硬質皮膜を形成する．

腐食摩耗は，周囲環境を改善することにより防止することができる．また，疲労摩耗は，摩擦面の非破壊検査や統計学的な寿命予測に基づき定期的に部品を交換するなどの処置が有効である．

4.2　摩耗の理論

もっともよくみられる凝着摩耗とアブレシブ摩耗の理論的な扱いを確立することは重要である．しかし，摩擦現象を理論的に理解しようとする試みはレオナルド以来の古い歴史があるが，これに比べて摩耗の理論的研究は歴史が浅い．

本節では，摩耗研究の先駆けであるアーチャード（J.F. Archard）の凝着摩耗理論と，アブレシブ摩耗理論を中心に取り上げる．

4.2.1　凝着摩耗理論

相対運動する二面の表面粗さ突起の形状はすべて等しく，半径 a の円筒状であると仮定する．このとき，突起 1 個あたりの真実接触部が凝着し，せん断される様子は図 4.5 のようにモデル化される．

図に示す摩擦の過程で，凝着部からはぎ取られる摩耗粉形状は，半径 a の半球である．すべての表面粗さ突起の凝着部で摩耗粉が発生するわけではないので，その発生確率を κ，突起の総数を n とすると，摩擦によって発生する摩耗粉の総体積（**摩耗体積**（wear volume））V は，次式のように与えられる．

図 4.5　凝着摩耗モデル

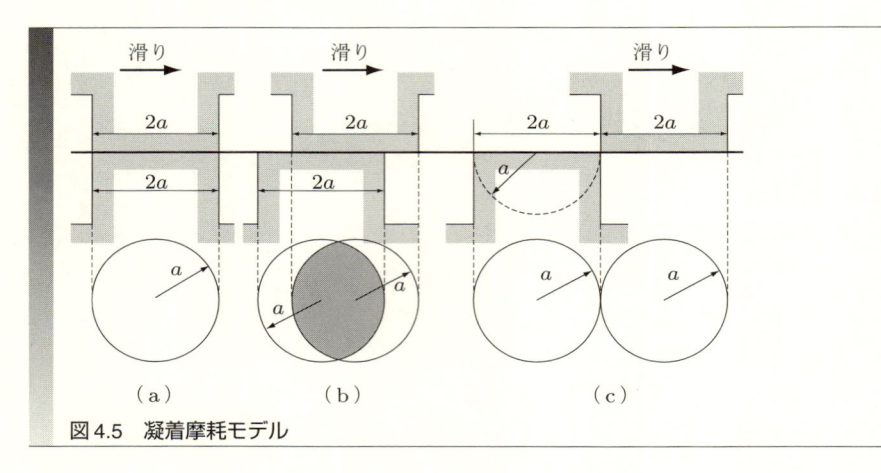

$$V = n\kappa \frac{2\pi a^3}{3} = \kappa \frac{2a}{3} A_r = KLA_r \tag{4.1}$$

ただし，$A_r = n\pi a^2$，$L = 2a$，$K = \kappa/3$ である．

　表面粗さ突起の変形状態が塑性域にあるときの真実接触面積は，式 (2.11) により $A_r = W/H$ と与えられるから，式 (4.1) はさらに次式のように表される．

$$V = K\frac{W}{H}L \tag{4.2}$$

式 (4.2) から $Q = V/L$ で定義される単位摩擦距離あたりの摩耗量，すなわち**摩耗率**（wear rate）は，次式のように与えられる．

$$Q = KA_r = K\frac{W}{H} \tag{4.3}$$

なお，K は**摩耗係数**（wear factor）とよばれる．

　式 (4.2) から，凝着摩耗に対するつぎの**アーチャードの法則**（Archard's law of adhesive wear）が導かれる．

　　法則〔1〕：摩耗体積は，荷重に比例する．
　　法則〔2〕：摩耗体積は，摩擦面のうち軟質材料の押込み硬さに逆比例する．
　　法則〔3〕：摩耗体積は，摩擦距離に比例する．

　図 4.6，4.7 は，アーチャードの法則を確認するために行われた実験の結果である．摩耗体積 V と摩擦距離 L の関係を示す図 4.6 は，ポリテトラフロロエチレン（PTFE），ベリリウム（Be），炭化タングステン（WC）などの多様な材料に対して法則〔3〕が成り立つことを示している．一方，図 4.7 は摩耗率 Q と荷重 W の関係である．この図から，黄銅については広範囲の荷重領域に対して，法則〔1〕が成

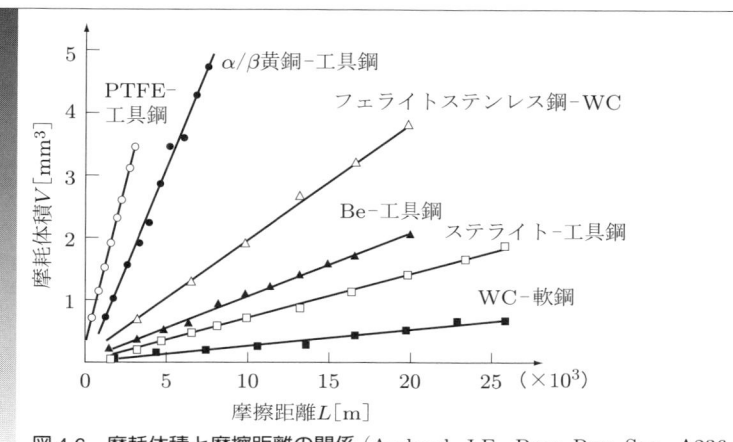

図 4.6　摩耗体積と摩擦距離の関係（Archard, J.F., Proc. Roy. Soc., A236（1956）より）

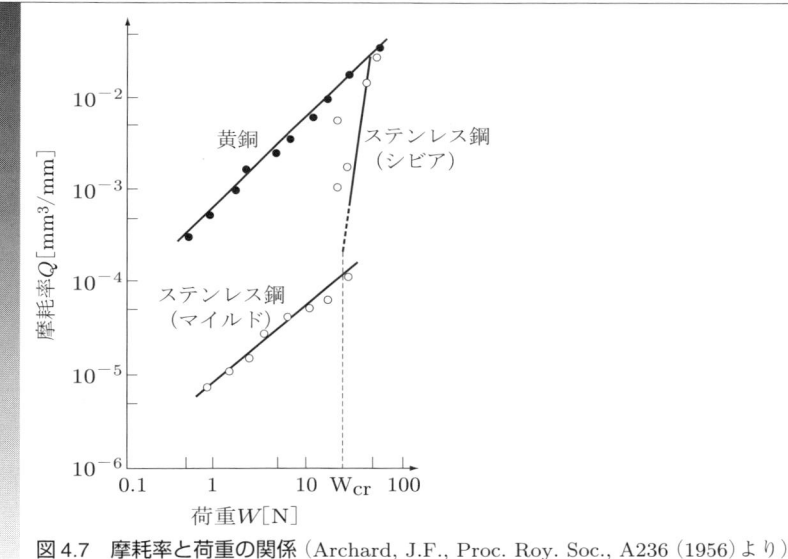

図 4.7　摩耗率と荷重の関係（Archard, J.F., Proc. Roy. Soc., A236（1956）より）

り立っていることがわかる．しかし，ステンレス鋼については，法則〔1〕が成り立つのは臨界荷重 W_{cr} までであり，荷重がこの値を越えると摩耗率は急激に上昇し，マイルド摩耗からシビア摩耗へ移行する．

　摩耗率 Q を荷重 W で割ったものを**比摩耗量**（specific wear）とよぶ．比摩耗量は，摩耗の程度を表すパラメータとしてよく用いられる．式 (4.3) より比摩耗量 w

は次式となる．

$$w = \frac{Q}{W} = \frac{K}{H} \tag{4.4}$$

また，比摩耗量 w を用いて摩耗体積 V を表すと，次式のようになる．

$$V = wWL \tag{4.5}$$

以上のような考えが，**凝着摩耗理論**（adhesive wear theory）である．

例題 4.1
二つの固体面が 1000 [N] の荷重を受けて接触し，滑っている．固体面の押込み硬さを 2 [GPa]（HV2000），摩耗係数を 10^{-3} とし，かつ二面間は乾燥状態にあるとしたとき，摩耗率と比摩耗量はそれぞれどのような値になるか．

解答
式 (4.3) より摩耗率 Q は，

$$Q = K\frac{W}{H} = 10^{-3} \times \frac{1000\,[\text{N}]}{2 \times 10^9\,[\text{Pa}]} = 5 \times 10^{-10}\,[\text{m}^3/\text{m}]$$

となる．また，式 (4.4) より比摩耗量 w は，

$$w = \frac{Q}{W} = \frac{5 \times 10^{-10}\,[\text{m}^3/\text{m}]}{1000\,[\text{N}]} = 5 \times 10^{-13}\,[\text{m}^3/(\text{N} \cdot \text{m})]$$

となる．あとに示す表 4.1 から，この比摩耗量の値は無潤滑下のシビア凝着摩耗に相当することがわかる．■

4.2.2 アブレシブ摩耗理論

硬質表面の粗さ突起あるいは硬質外来粒子の形状は同一で，頂角 2θ の円すいと仮定する．この硬質の粗さ突起あるいは硬質粒子が相手面に食い込み，滑り運動をすると，相手面は図 4.8 の影の付いた三角柱に相当する量だけ掘り起こされ，これが摩耗粉になると考えられる．滑り距離を L，硬質粒子あるいは粗さ突起の総数を n とすると，摩耗粉の総体積 V は次式によって与えられる．

$$V = n\kappa a^2 L \cot\theta = \frac{n\pi a^2}{\pi}\kappa L \cot\theta = \frac{2A_r}{\pi}\kappa L \cot\theta \tag{4.6}$$

ここで，$A_r = n\pi a^2/2$ であり，κ は摩耗粉が発生する確率である．
一方，真実接触面積 A_r は式 (2.11) より求められるので，式 (2.11) を式 (4.6) へ代入すれば，結局，摩耗体積 V は次式によって与えられる．

$$V = \frac{2\kappa WL}{\pi H}\cot\theta = K\frac{W}{H}L\cot\theta \tag{4.7}$$

図4.8 アブレシブ摩耗のモデル

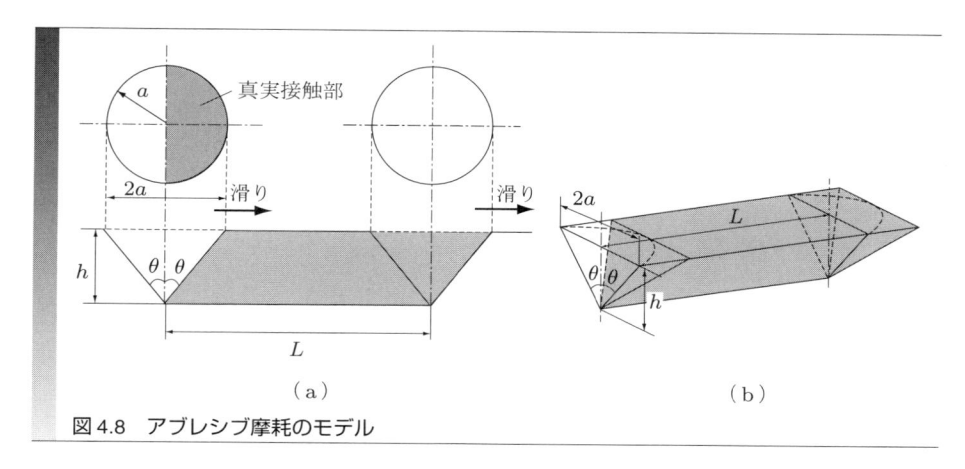

ただし，$K = 2\kappa/\pi$ である．

式 (4.7) より，摩耗率 Q はつぎのように表される．

$$Q = \frac{V}{L} = \frac{KW}{H}\cot\theta \tag{4.8}$$

さらに，比摩耗量 w は次式によって求められる．

$$w = \frac{Q}{W} = \frac{K}{H}\cot\theta \tag{4.9}$$

式 (4.7) からアブレシブ摩耗に対して，つぎの**摩耗法則**（law of abrasive wear）が導かれる．

　法則〔1〕：摩耗体積は，荷重に比例する．
　法則〔2〕：摩耗体積は，摩擦面のうち摩耗される側の押込み硬さに逆比例する．
　法則〔3〕：摩耗体積は，摩擦距離に比例する．
　法則〔4〕：摩耗体積は，突起の鋭さに比例する．

以上のような考え方が，**アブレシブ摩耗理論**（abrasive wear theory）である．

図 4.9 は，種々の状態下における摩耗係数 K の目安である．この図より，おおむね凝着摩耗よりもアブレシブ摩耗の方が摩耗係数の値が大きく，摩耗の程度が激しいこと，また，境界潤滑に比べて流体潤滑は摩耗係数がきわめて小さく，摩耗を防止するのに潤滑が有効であることがわかる．

一方，表 4.1 は，種々の条件下における比摩耗量 w の大まかな目安を示したものである．比摩耗量は，摩耗形態の違いによって大きく変化していることがわかる．そのため，摩耗の防止には適切な潤滑がきわめて有効である．

摩耗係数 K と比摩耗量 w は，摩耗を論じる際に必ず使用される指標である．特

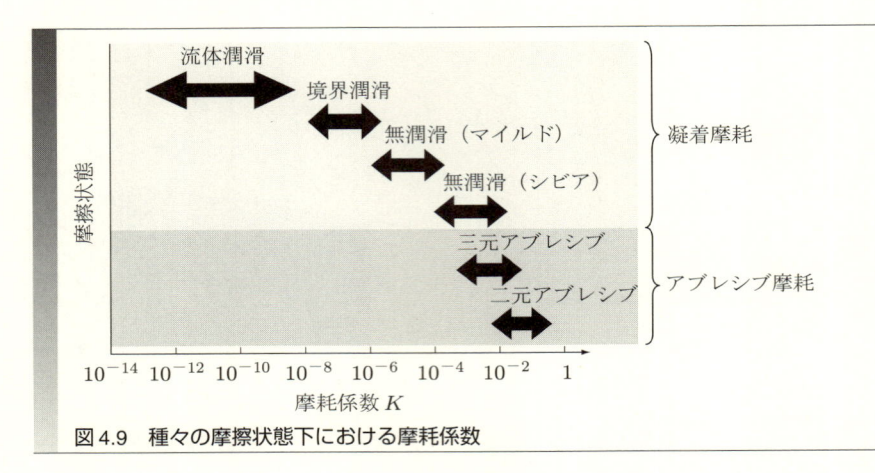

図 4.9 種々の摩擦状態下における摩耗係数

表 4.1 種々の条件下における比摩耗量

摩耗形態	比摩耗量 [m³/(N·m)]
アブレシブ摩耗	$10^{-11} \sim 10^{-13}$
無潤滑下のシビア凝着摩耗	$10^{-12} \sim 10^{-13}$
無潤滑下のマイルド凝着摩耗	$10^{-14} \sim 10^{-13}$
境界潤滑下の摩耗	$10^{-14} \sim 10^{-15}$
添加剤が有効に作用した境界潤滑下の摩耗	10^{-18} 以下

に，摩耗係数 K は摩耗の激しさの評価や摩耗発生のメカニズムの推定に活用されている．また，比摩耗量 w は異なる材料間における耐摩耗性の比較，摩耗の激しさの目安などにもっとも多く用いられている．これに対して，摩耗率 Q は摩耗が進展する程度を表すのに用いられている．

例題 4.2

二つの固体面が 1000 [N] の荷重を受けて接触し，滑っている．二面のうち軟らかい面の押込み硬さを 2 [GPa]（HV2000），硬い面の円すい状をした粗さ突起の頂角を 160 [°]，摩耗係数を 0.01 としたとき，摩擦率と比摩耗量はそれぞれどのような値になるか．

解答

式 (4.8) より摩耗率 Q は，

$$Q = K\frac{W}{H}\cot\theta = 0.01 \times \frac{1000\,[\text{N}]}{2 \times 10^9\,[\text{Pa}]} \times \cot 80\,[°] = 8.82 \times 10^{-10}\,[\text{m}^3/\text{m}]$$

となる．また，式 (4.10) より比摩耗量 w は，

$$w = \frac{Q}{W} = \frac{8.82 \times 10^{-10} \ [\text{m}^3/\text{m}]}{1000 \ [\text{N}]} = 8.82 \times 10^{-13} \ [\text{m}^3/(\text{N} \cdot \text{m})]$$

となる．表 4.1 から，この比摩耗量の値はアブレシブ摩耗，あるいは無潤滑下のシビア凝着摩耗に相当することがわかる．■

4.3 ウェアマップ

　先に述べたように摩耗の形態はいくつもあり，しかも同一形態でも摩耗係数や比摩耗量は広範囲に変化し，その実態を把握するのは容易ではない．そこで，摩耗形態が，さまざまな条件下でどのように分布しているかがわかる図を準備しておくと，実用上便利である．このような目的で作成される図が**ウェアマップ**（wear map）で，摩耗形態図あるいは摩耗機構図ともよばれる．

　図 4.10 はリム（S.C. Lim）らによって作成された代表的なウェアマップで，摩擦面の材料は鋼である．図中の縦軸と横軸は，それぞれ無次元圧力 $\bar{p}$ と無次元速度 $\bar{U}$ で，次式のように定義される．

$$\bar{p} = \frac{W}{A_a H}, \quad \bar{U} = \frac{Ua}{\alpha} \tag{4.10}$$

ただし，W は荷重，A_a はみかけの接触面積，H は軟らかい方の材料の押込み硬さ，U は滑り速度，α は熱拡散係数，a は接触円半径である．

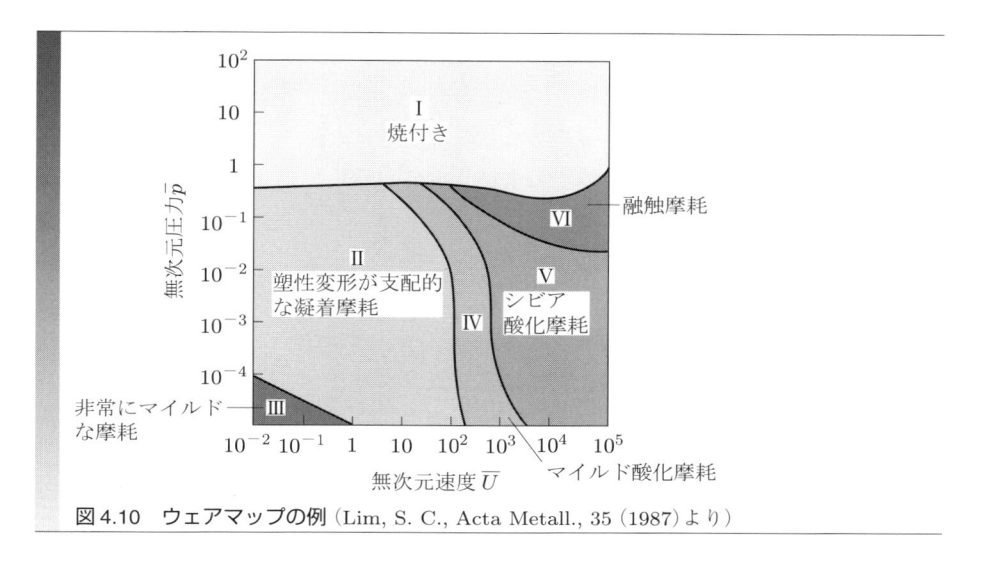

図 4.10 ウェアマップの例（Lim, S. C., Acta Metall., 35 (1987) より）

無次元圧力 $\bar{p}$ は，荷重あるいは硬さの影響を表すパラメータで，$\bar{p}$ が大きいほど高荷重あるいは摩擦面が軟質である．また，無次元速度 $\bar{U}$ は，滑り速度あるいは熱拡散の影響を表すパラメータで，$\bar{U}$ が大きいほど高速あるいは材料の熱拡散が小さく，局部的に高温になりやすい．

無次元圧力 $\bar{p}$ が大きいと，広範囲の無次元速度領域において摩耗形態は領域 I に属し，焼付きが生じる．この領域に移行する無次元圧力 $\bar{p}$ は，無次元速度 $\bar{U}$ にほぼ無関係である．$\bar{p}$ と $\bar{U}$ がともに小さい場合には，摩耗形態は領域 III に属し，非常にマイルドな摩耗状態となる．無次元圧力 $\bar{p}$ が領域 III の場合よりも大きくなると，無次元速度 $\bar{U}$ が小さい状態であっても摩耗形態は領域 II に属し，粗さ突起部の塑性変形が支配的な凝着摩耗が生じる．この状態から，無次元速度 $\bar{U}$ が増大すると，摩耗した新生面に酸素分子が吸着し，酸化膜を形成するために摩擦面が保護されたマイルドな摩耗となる（領域 IV）．さらに，無次元速度 $\bar{U}$ が増大すると摩耗の程度が激しくなり，シビア酸化摩耗領域 V へと移行する．この状態で無次元圧力 $\bar{p}$ が増大すると，より深刻な摩耗形態である**融触摩耗**（摩擦面が摩擦熱で溶融することにより生じる摩耗）領域 VI へと移行する．

この図のほかにもいくつかのウェアマップが作成されている．このように，ウェアマップは一つの図に多くの情報が含まれており，摩擦面の設計上重要である．

4.4 摩耗の試験法

4.3 節に述べたように，摩耗現象はさまざまな因子の影響を受けて大きく変化する．このような摩耗特性を調べる摩耗試験機は，ASTM（アメリカ材料試験協会規格）や JIS（日本工業規格）などの規格で定められており，試験目的に応じて試験機を選択する必要がある．図 4.11 は，これらの規格に定められた摩耗試験機の例である．

(a) **ブロックオンリング型試験機**

この試験機は，図 4.11 (a) に示すように，リング状試験片にブロック試験片を一定荷重で押し付け，リングを回転させて滑りを与え，ブロックとリング表面間に摩擦・摩耗を生じさせる．初期の状態では，ブロックとリングは線接触をしてみかけの接触面積は小さいので，接触圧力は高い状態にある．摩耗が進むとみかけの接触面積が拡大するため，接触圧力は低下する．

(b) **クロスシリンダ型試験機**

この試験機は，図 4.11 (b) に示すように，一方が回転し，もう一方が静止の交差

図4.11 摩耗試験法

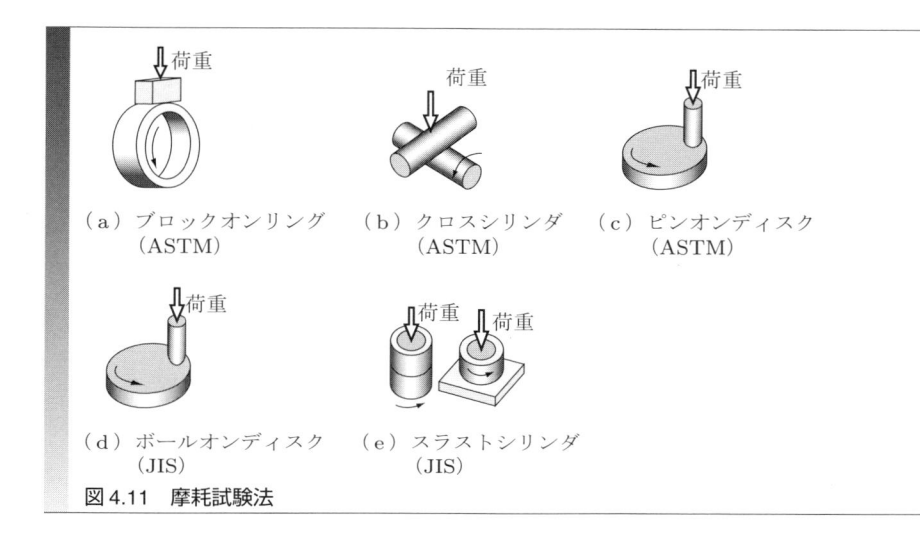

(a) ブロックオンリング (ASTM)
(b) クロスシリンダ (ASTM)
(c) ピンオンディスク (ASTM)
(d) ボールオンディスク (JIS)
(e) スラストシリンダ (JIS)

二円筒を一定荷重で押し付けて，二円筒表面間に摩擦・摩耗を生じさせる．初期の状態では，二円筒間は点接触をしており，接触圧力は高い状態にあるが，摩耗の進行とともに接触圧力は低下する．

(c) ピンオンディスク型試験機

この試験機は，図4.11(c)に示すように，回転ディスクに先端が平面の円筒状試験片を一定荷重で押し付けて，円筒端面とディスク表面間に摩擦・摩耗を生じさせる．みかけの接触面積は一定であるから，みかけの接触圧力も試験中は常に一定となる．

(d) ボールオンディスク型試験機

この試験機は，原理的にはピンオンディスク型と同じであるが，図4.11(d)に示すように，円筒状ピンの先端が球面となっている点が異なる．したがって，この試験機では初期状態では接触圧力は高いが，摩耗の進行とともに接触圧力は低下する．

(e) スラストシリンダ型試験機

この試験機は，図4.11(e)に示すように，回転円筒の端面を同一形状の円筒端面，あるいは平板面に一定荷重で押し付けて，両面間に摩擦・摩耗を生じさせる．みかけの接触面積は一定であるから，接触圧力も一定となる．

(a)～(e)で紹介した試験機のほかにも，4個の球面を接触させ，そのうち1個を回転させて摩擦・摩耗を生じさせる**四球式摩耗試験機**や，ピンオンプレート型往復式試験機などがある．なお，(a)，(c)の型のものは，取り付け誤差が試験結果に影響を及ぼしやすい．

試験により摩耗体積 V を求めるが，その方法として試験前と試験後の質量の変化を測る方法がもっともよく用いられる．また，第 2 章で述べた表面観察の分析法を活用して摩耗量を推定する方法も有効である．その際，摩耗粉の観察も合わせて行い，摩耗形態や摩耗メカニズムの解析に活用すると良質な情報が得られる．このようにして求めた摩耗体積から，4.2 節で定義した摩耗率 Q や比摩耗量 w を算出することができる．ただし，摩耗状態は周囲環境によって大きく変化するので，摩耗試験に際しては，試験目的に適合する環境設定を行うことが重要である．

第 4 章のポイント

1. 摩耗とは，固体面の摩擦に伴う材料の逐次減量現象で，その発生メカニズムにより凝着摩耗，アブレシブ摩耗，腐食摩耗，疲労摩耗の 4 種類に大別される．
2. アーチャードの摩耗理論によれば，凝着摩耗の摩耗率は式 (4.3) により，比摩耗量は式 (4.4) により与えられる．一方，アブレシブ摩耗の摩耗率は式 (4.8) により，比摩耗量は式 (4.9) により与えられる．
3. さまざまな条件下で摩耗形態がどのように分布しているかがわかる図をウェアマップとよび，これにより摩擦面の設計上重要な指針を得ることができる．
4. 摩耗特性を調べるには，ASTM や JIS で規定された試験機を用いる．その際，試験目的に応じて試験機を選択する必要がある．摩耗試験により求めた摩耗体積から摩耗率や比摩耗量を算出することができる．

演習問題

4.1 機械の摩擦面においては，ともがねは好ましくない理由を説明せよ．

4.2 二つの固体面が 1000 [N] の荷重を受けて接触し，滑っている．材料の押込み硬さが 2 [GPa]（HV2000），比摩耗量が 5.0×10^{-12} [m^3/(N·m)] であったとすると，真実接触面積 A_r，摩耗係数 K，摩耗率 Q はそれぞれどのような値になるか．

4.3 二つの固体面が 1000 [N] の荷重を受けて接触し，滑っている．二面のうち軟らかい面の押込み硬さが 2 [GPa]（HV2000），硬い面の円すい状をした粗さの突起の頂角が 120 [°]，比摩耗量が 5.0×10^{-12} [m^3/(N·m)] であったとすると，摩耗係数 K，摩耗率 Q はそれぞれどのような値になるか．

4.4 ウェアマップを摩擦面の設計に活用したい．どのような点に注意すればよいか．

4.5 摩耗粉の観察結果と摩耗形態の関係について調べよ．

第5章 流体潤滑

　第3章，第4章で，相対運動をする接触固体二面間の摩擦と摩耗について述べ，摩擦・摩耗の防止に**潤滑**（lubrication）が有効な手段であることにも触れた．本章では潤滑の中でもとくに重要な流体潤滑を考える．

　まず，流体潤滑の物理的意義について述べ，つぎに流体潤滑の原理について説明する．流体潤滑膜のくさび作用，ストレッチ作用，スクイズ作用，静圧作用についてのメカニズムを明らかにする．さらに，レイノルズの流体潤滑理論について詳しく述べ，その応用として流体膜軸受（滑り軸受）の圧力分布の解析例を示す．

5.1 流体潤滑の物理的意義

　図5.1に示す，相対的な滑りを伴う固体二面間に，流体の膜が介在しているとする．このとき**流体膜**（fluid film）の厚さ h が二面の表面粗さを上回っていたとすると，固体間に真実接触は存在せず，摩擦は極度に低下する．したがって，摩耗も生じにくい状態が実現する．このように固体間に表面粗さを上回る流体膜を介在させて摩擦・摩耗の著しい低減を図る潤滑方式を，**流体潤滑**（fluid film lubrication）あるいは厚膜潤滑（thick film lubrication）とよぶ．ただし，厚膜は表面粗さを上

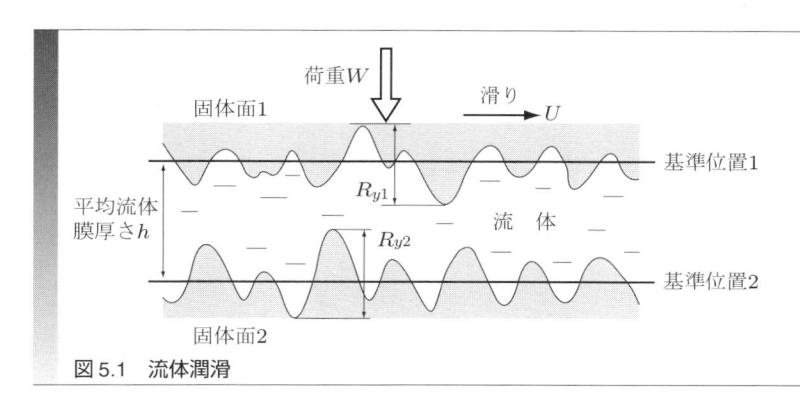

図5.1　流体潤滑

回るほどで，100 [μm] 程度である．紙 1 枚の厚みが約 50～70 [μm] であるから，紙約 2 枚分の流体膜厚さを想像すればよい．

5.1.1 流体の粘性法則

流体潤滑の原理を理解するためには，まず流体の重要な性質である**粘性**（viscosity）について知る必要がある．そこで，図 5.2 に示す微小距離 Δy だけ離れた平行平板を考える．ただし，以後表面粗さは流体膜厚さに比べて微小で，表面は近似的に滑らかであるとする．

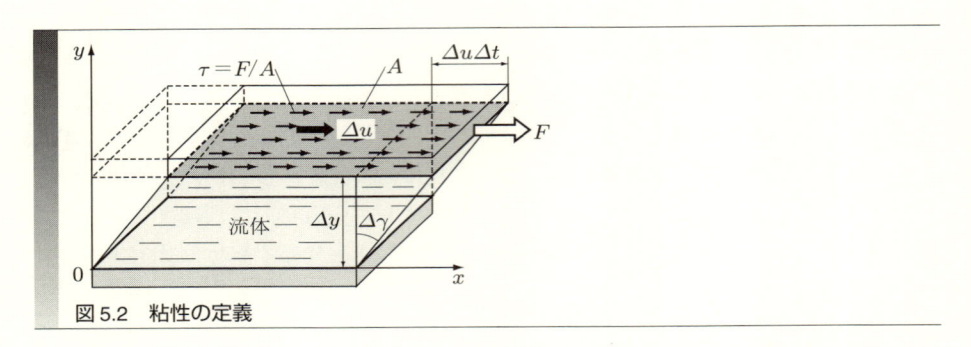

図 5.2 粘性の定義

平行平板間は流体で満たされ，$y = 0$ の面は静止し，$y = \Delta y$ の面は微小平均速度 Δu で Δt 秒の間 x 方向に滑った状態を考える．流体は図のように微小角 $\Delta \gamma$ だけ直線状にずれるとすると，微小角 $\Delta \gamma$ に関して式 (5.1) の近似が成り立つ．

$$\Delta \gamma \cong \tan(\Delta \gamma) = \frac{\Delta u \Delta t}{\Delta y} \tag{5.1}$$

式 (5.1) より，

$$\frac{\Delta \gamma}{\Delta t} = \frac{\Delta u}{\Delta y} \tag{5.2}$$

となり，式 (5.2) の両辺の無限小の極限をとると，微分の定義から次式が得られる．

$$\frac{d\gamma}{dt} = \dot{\gamma} = \frac{du}{dy} \tag{5.3}$$

式 (5.3) で与えられる $\dot{\gamma}$ を**せん断ひずみ速度**（shear strain rate）とよぶ．

ここで，$y = \Delta y$ 面を滑らせるのに必要な力を F，板の面積を A とすると，**壁面せん断応力**（wall shear stress）τ は，次式によって定義される．

$$\tau = \frac{F}{A} \tag{5.4}$$

5.1 流体潤滑の物理的意義

いま，壁面せん断応力 τ がせん断ひずみ速度 $\dot{\gamma}$ に比例すると仮定し，比例定数を η とおけば，式 (5.3) からつぎの関係式が得られる．

$$\tau = \eta\dot{\gamma} = \eta\frac{\mathrm{d}u}{\mathrm{d}y} \tag{5.5}$$

式 (5.5) で与えられる関係を**ニュートンの粘性法則**（Newton's viscous law），この法則に従う流体を**ニュートン流体**（Newtonian fluid）とよぶ．水，油，空気などの流体はニュートン流体として扱える．なお，式 (5.5) の係数 η を流体の**粘性係数**（coefficient of viscosity）あるいは絶対粘度（absolute viscosity）とよぶが，通常は単に**粘度**（viscosity）とよぶことが多い．本書では用語として粘度を用いる．トライボロジー関連の論文や著書では，粘度の記号としてギリシャ文字 η あるいは μ を用いる*．粘度の大きな流体は「ねばねば」して流れにくく，逆に粘度の低い流体は「さらさら」して流れやすい．粘度の物理的性質については，付録 B を参照されたい．

> **ひとくちメモ**
> 流体潤滑の研究者として有名なキャメロン（A.Cameron）は，粘度として η を用いる学者を「イータマン」，μ を用いる学者を「ミューマン」とよんでいる．
> 著者を含めて「イータマン」は，摩擦係数の記号として μ を用いることが多い．

5.1.2 ペトロフの法則

粘性流体（viscous fluid）で，狭いすきまを満たされた固体二面間の摩擦係数，すなわち流体潤滑下での摩擦係数は，いったいどの程度の値になるのか．この問題を本格的に考察した最初の人物は，おそらくロシアのペトロフ（N.P. Petroff）である．1883年に，彼は図 5.3 に示す**真円形ジャーナル滑り軸受**（full circular hydrodynamic journal bearing）の摩擦係数の算出を試みている．ただし，図のすきまは誇張して描いてある．実際のすきまは軸半径 R の 1000 分の 1 程度である．以後，説明のためにすきまを誇張して図を描く．

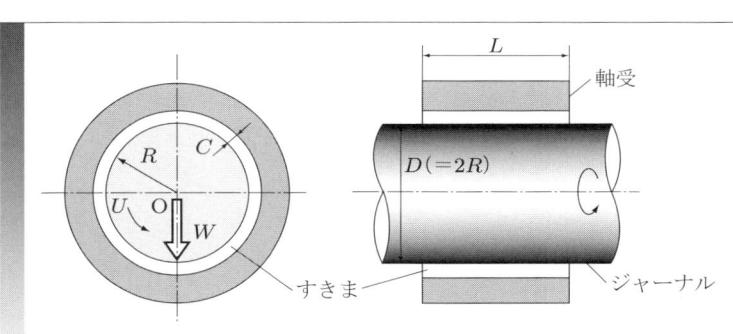

図 5.3 真円型ジャーナル滑り軸受

軸と軸受は同心状態にあると仮定すれば，軸受すきま内の流れの速度こう配は $du/dy = U/C$ となるので，ニュートンの粘性式 (5.5) から，ジャーナル面のせん断応力 τ は次式によって与えられる．

$$\tau = \eta \frac{U}{C} \tag{5.6}$$

一方，式 (5.4) からジャーナル面に働く力 F は，つぎのように表される．

$$F = \tau A \tag{5.7}$$

ここで，$A = \pi DL$ であるから，式 (5.6) と式 (5.7) の関係より力 F によってジャーナルに作用するトルク T は，次式のように与えられる．

$$T = F\frac{D}{2} = \frac{\pi \eta U D^2 L}{2C} \tag{5.8}$$

いま，ジャーナルに作用する荷重を W，ジャーナル面の摩擦係数を μ とすると，$F = \mu W$ の関係からトルク T はつぎのようにも表現できる．

$$T = \mu W \frac{D}{2} \tag{5.9}$$

式 (5.8) と式 (5.9) を等置し，さらに $U = \pi D N_s$ である*ことを考慮すると，摩擦係数 μ に関して次式が得られる．

$$\mu = 2\pi^2 \frac{C}{R} S \tag{5.10}$$

> **ひとくちメモ**
> N_s はジャーナルの 1[s] あたりの回転数．

ここに，S は無次元量であり，次式のように定義される．

$$S = \frac{\eta N_s DL}{W}\left(\frac{R}{C}\right)^2 = \frac{\eta N_s}{\bar{p}}\left(\frac{R}{C}\right)^2 \tag{5.11}$$

ただし，軸受平均面圧 $\bar{p}$ は次式によって与えられる．

$$\bar{p} = \frac{W}{DL} \tag{5.12}$$

式 (5.11) で定義される無次元量 S は，**ゾンマーフェルト数** (Sommerfeld number) とよばれる．また，式 (5.10) で与えられる関係は，**ペトロフの法則** (Petroff's law) とよばれる．

図 5.4 は，実際に軸受が運転されるゾンマーフェルト数領域における摩擦係数 μ（ただし $\mu \cdot (R/C)$ で表示してある）の変化を式 (5.10) により求め，示した図である．荷重 W，軸受直径 D，幅（軸受の長さ）L を一定とすると，ゾンマーフェルト数 S の変化は回転数 N_s（あるいはジャーナルの滑り速度 U）の変化と考えること

ができる．軸受の摩擦係数 μ は滑り速度 U に比例して増加し，通常 $R/C = O(10^3)$ 程度であることから，μ の大きさは $\mu = O(10^{-2})$ 程度であることがわかる．したがって，流体潤滑領域では，第 3 章で述べたクーロンの摩擦法則が成立しない．また，このときの摩擦係数の値は，無潤滑下における摩擦係数や後に詳しく述べる境界潤滑下における摩擦係数（$\mu = 0.1$ 程度）に比べて 1〜3 桁小さく，流体潤滑は摩擦の低減にきわめて有効であることがわかる．さらに，完全な流体潤滑下においては真実接触は存在しないので，第 4 章で述べた凝着摩耗や二元アブレシブ摩耗は生じない．

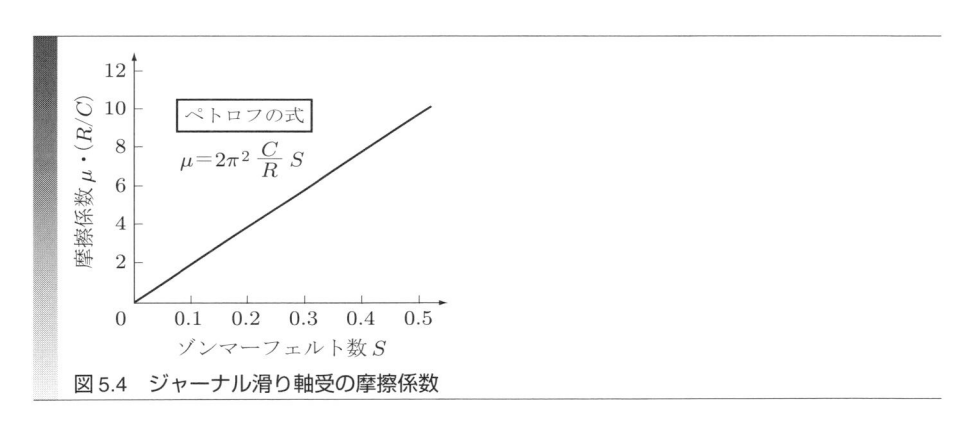

図 5.4 ジャーナル滑り軸受の摩擦係数

（グラフ：縦軸 摩擦係数 $\mu \cdot (R/C)$，横軸 ゾンマーフェルト数 S，ペトロフの式 $\mu = 2\pi^2 \dfrac{C}{R} S$）

　固体間に水や油などの流体を介在させて滑らせると摩擦が低下することは，第 1 章の石像の運搬例 * のように古くから経験的に知られていた．水や油でぬれた床を歩くと滑りやすい．一方で，スキーはさらに滑りやすい．実は，石像を運搬する場合とスキーやスケートで滑る場合の摩擦係数の値には 1 桁以上の違いがあり，前者は第 6 章で取り上げる境界潤滑下にあり，後者は本章で取り上げる流体潤滑下にある．ペトロフは，流体潤滑下における摩擦係数を理論的に解明した．しかし，表面粗さを上回る厚さの流体膜がどのようなメカニズムによって形成されるか，すなわち流体潤滑のメカニズムそのものに論及してはいない．このメカニズム解明のきっかけを作ったのは，ペトロフの論文が公表されたのと同じ 1883 年に発表されたタワーの実験（第 1 章参照）である．

> **ひとくちメモ**
> 推定によれば，石像の重量は 600 [kN]，牽引力は 138 [kN] で，石像と地面の間の摩擦係数は 0.23 となる．これに対してスキーの滑走時の摩擦係数は 0.01 以下である．

例題 5.1
粘度 η の物理単位をその定義から導け．

解答

式 (5.5) から粘度 η は，

$$\eta = \frac{\tau}{\mathrm{d}u/\mathrm{d}y}$$

となる．ここで，τ と $\mathrm{d}u/\mathrm{d}y$ の物理単位はそれぞれ

$$[\tau] = [\mathrm{Pa}], \quad [\mathrm{d}u/\mathrm{d}y] = [\mathrm{m/s/m}] = [\mathrm{s}^{-1}]$$

となり，したがって，粘度 η の物理単位は，

$$[\eta] = [\tau]/[\mathrm{d}u/\mathrm{d}y] = [\mathrm{Pa}]/[\mathrm{s}^{-1}] = [\mathrm{Pa \cdot s}]$$

である．なお，粘度の単位 $[\mathrm{Pa \cdot s}]$ はパスカル秒とよばれる．■

例題 5.2

$5\,[\mathrm{m/s}]$ の滑り速度で運動する平面と，静止した平面間のすきまが粘度 $0.1\,[\mathrm{Pa \cdot s}]$ の流体で満たされている．二平面間のすきまが $20\,[\mathrm{\mu m}]$ であるとすると，流体せん断応力 τ はどの程度の大きさになるか求めよ．

解答

$U = 5\,[\mathrm{m/s}]$, $h = 20\,[\mathrm{\mu m}] = 20 \times 10^{-6}\,[\mathrm{m}]$, $\eta = 0.1\,[\mathrm{Pa \cdot s}]$ より，

$$\frac{\mathrm{d}u}{\mathrm{d}y} = \frac{U}{h} = \frac{5\,[\mathrm{m/s}]}{20 \times 10^{-6}\,[\mathrm{m}]} = 2.5 \times 10^5\,[\mathrm{s}^{-1}]$$

これより，流体せん断応力 τ は，

$$\tau = \eta \frac{\mathrm{d}u}{\mathrm{d}y} = 0.1\,[\mathrm{Pa \cdot s}] \times 2.5 \times 10^5\,[\mathrm{s}^{-1}] = 0.25 \times 10^5\,[\mathrm{Pa}] = 2.5 \times 10^{-2}\,[\mathrm{MPa}]$$

となる．■

5.2 流体潤滑の原理

　タワーの実験に触発されて流体潤滑のメカニズムを完全に解き明かしたのは，イギリスの物理学者オズボーン・レイノルズ（O. Reynolds）である．

　本節では，レイノルズによって確立された**流体潤滑理論**（fluid film lubrication theory）について学ぶ前段階として，この理論の背景を直感的に理解するために，まず，数式を用いず定性的な説明から始める．

5.2.1　くさび作用

　図 5.5 に示す傾斜した二平面を考える．二平面のすきまには常に流体が介在し，簡単のために流体は非圧縮であり，平板は紙面の垂直方向に無限に長いとする．すな

5.2 流体潤滑の原理

わち，垂直方向に流れはない．このとき平板の一方が速度 U で滑ると，二面間のせん断により流体は図 5.5(a) のように流れるはずである．これは，式 (5.5) で示された流体の粘性作用である．一方，流体の流れに関する重要な性質として，**流れの連続性**（continuity of fluid flow）がある．図 5.5(a) の流れの流量は図示された三角形状の面積に等価であるが，二面が図のように傾斜しているときの面積は，滑り方向に逐次減少し，このままでは流れの連続性が成立しないことになる．

流れの連続性が成立するには，面積の大きな流れの流量を減少させ，かつ面積の小さな流れの流量を増加させる新たな流れが必要である．このような性質の流れは，図 5.5(b) に示す**圧力こう配**（pressure gradient）による流れである．圧力こう配

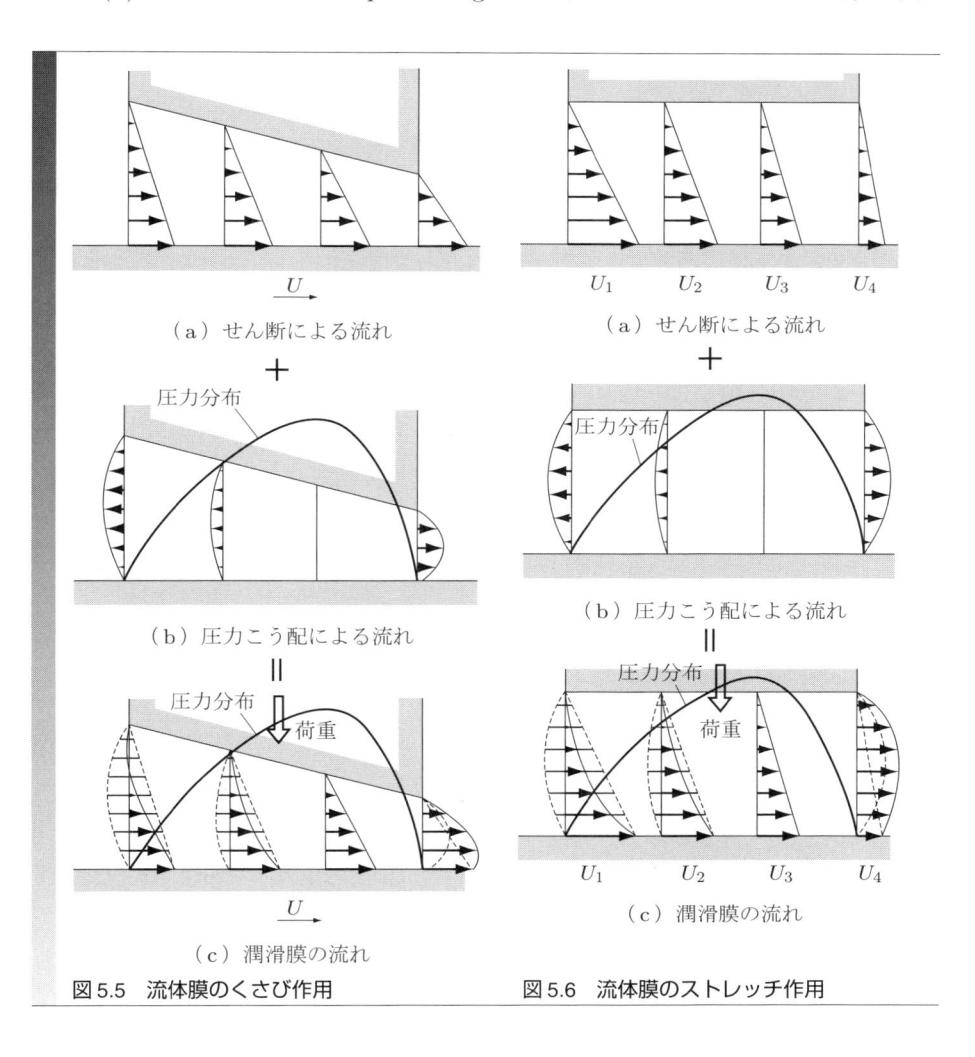

（a）せん断による流れ

＋

（b）圧力こう配による流れ

＝

（c）潤滑膜の流れ

図5.5　流体膜のくさび作用

（a）せん断による流れ

＋

（b）圧力こう配による流れ

＝

（c）潤滑膜の流れ

図5.6　流体膜のストレッチ作用

による流れがすきま内に発生することにより，結局，潤滑膜の流れは図 5.5 (c) となり，粘性の法則と流れの連続性を同時に満たす．このとき，すきま内には図のような**圧力分布**（pressure distribution）が発生し，この圧力分布が荷重とつり合って片方の面を浮上させる．一方の面が浮上することによって，形成される流体膜の厚さが表面粗さを上回っていれば，二面間に真実接触は起こらず，摩擦は劇的に減少する．二面間のすきま形状がくさびの形をしていることから，このような流体圧力の発生メカニズムを流体膜の**くさび作用**（wedge action）とよぶ．タワーの実験で軸受すきま内に大きな圧力が発生して油の漏れ出す原因となったのは，流体膜のくさび作用によるものである．

5.2.2 ストレッチ作用

圧力の発生メカニズムとして，図 5.6 に示す平行二面のうちの片方の速度が滑り方向に減少していく場合が考えられる．この現象は通常の金属材料では起こらないが，ゴムのような軟らかい材料では起こる．二面間のせん断による流れは図 5.6 (a) のようになり，このままでは，前述の図 5.5 (a) と同様の理由により流れの連続性は成立しない．したがって，流れの連続性を満たすためには，図 5.6 (b) のような圧力こう配による流れの存在が必要である．すきま内の流れが図 5.6 (c) のようになれば，流体の粘性法則と流れの連続性を同時に満たし，かつすきま内に発生する圧力分布によって非接触で荷重を支えることが可能となる．このような圧力発生メカニズムを流体膜の**ストレッチ作用**（stretch action）とよぶ．

5.2.3 スクイズ作用

図 5.7 は，流体膜の**スクイズ作用**（squeeze action）とよばれる圧力発生メカニズムを示している．二面が相対的に近接すると，二面間に介在する流体は面外に絞り出されるが，流体の粘性作用のために流出抵抗が生じる．この流出抵抗が圧力発生の原因になる．

図 5.5 〜 図 5.7 に示した三つの圧力発生メカニズムは，二面が相対運動することで流体圧力が発生するため，これらの流体潤滑形態を総称して**動圧流体潤滑**（hydrodynamic lubrication）とよぶ．

5.2.4 静圧作用

動圧流体潤滑のほかに，図 5.8 に示す圧力発生メカニズムがある．ただし，この場合には，外部からすきま内に加圧流体（pressurized fluid）を強制的に供給する必要がある．加圧流体圧力と周囲圧力との差圧に起因する圧力こう配により，すき

5.2 流体潤滑の原理

図 5.7 流体膜のスクイズ作用

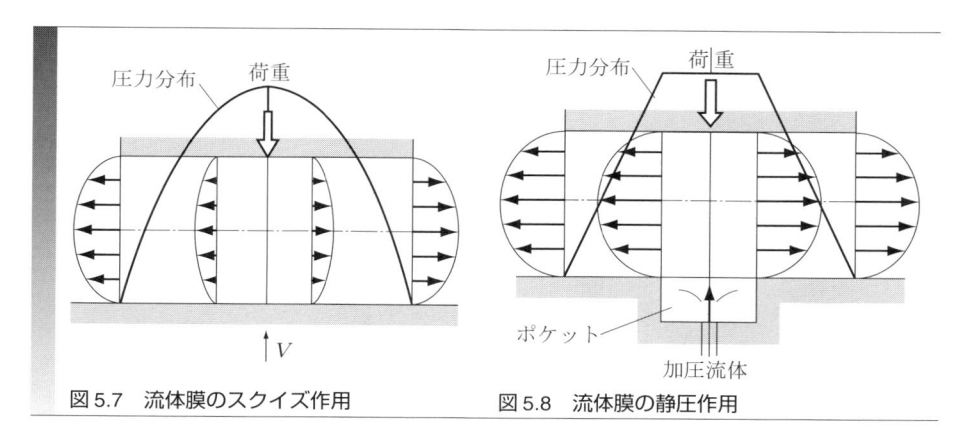

図 5.8 流体膜の静圧作用

ま内の流体は面外に流出するが，その流出抵抗によりすきま内に圧力分布が発生し，非接触で荷重を支えることが可能になる．このような圧力発生メカニズムを流体の**静圧作用**（hydrostatic action）とよぶ．また，静圧作用による潤滑形態を動圧流体潤滑に対して**静圧流体潤滑**（hydrostatic lubrication）とよぶ．

実際の流体潤滑状態では，くさび作用，ストレッチ作用，スクイズ作用，静圧作用の四つの圧力発生メカニズムが単独に機能する場合もあれば，これらが複合して機能する場合もある．

例題 5.3

二面間のすきまの形状が図 5.9 に示すステップ形状の場合について，流体潤滑膜の流れと圧力分布の関係を考察せよ．ただし，紙面に垂直な方向の流れはないとする．

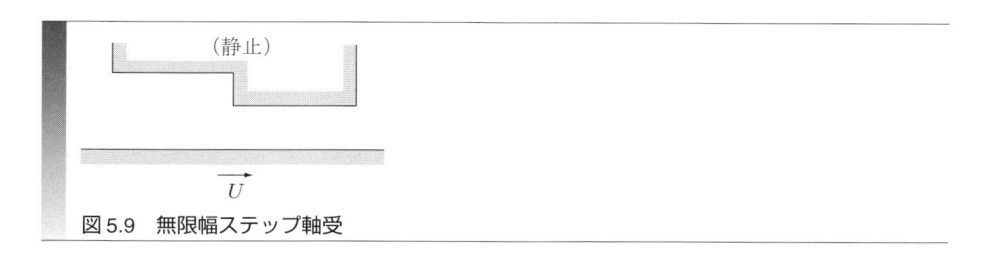

図 5.9 無限幅ステップ軸受

解答

流体の粘性と流量の連続性から，流体潤滑膜の流れと圧力分布の関係は図 5.10 のようになる．二面は平行であるから，流れの連続性が成り立つためには，すきまの入口側領域では正で，一定の大きさの圧力こう配による流れが存在し，すきまの出口側領域では負で，一定の大きさの圧力こう配による流れが存在する必要がある．したがって，圧力分布は図のような直線状の山形となる．ス

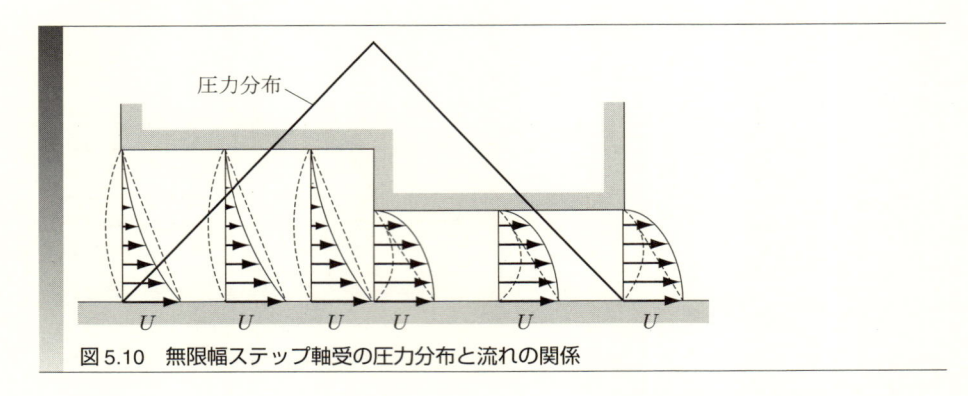

図 5.10　無限幅ステップ軸受の圧力分布と流れの関係

テップがすきまの中央にある場合には，圧力分布はステップ位置を中心に対称となる．■

例題 5.4

二面間のすきま形状が図 5.11 に示す逆くさび形状の場合について，流体潤滑膜の流れと圧力分布の関係を考察せよ．ただし，紙面に垂直な方向の流れはないとする．

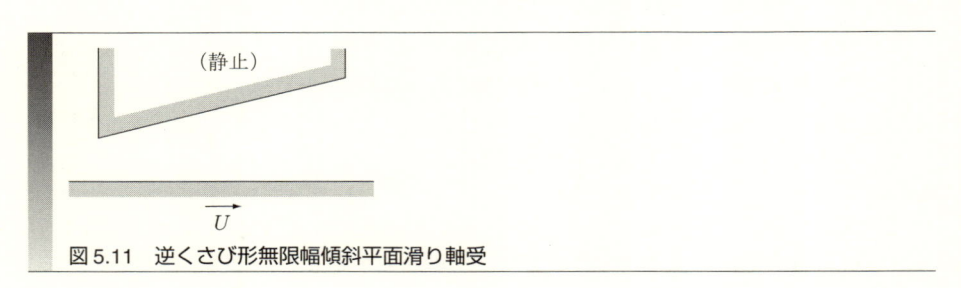

図 5.11　逆くさび形無限幅傾斜平面滑り軸受

解答

流体の粘性と流量の連続性から，流体潤滑膜の流れと圧力分布の関係は図 5.12 のようになる．

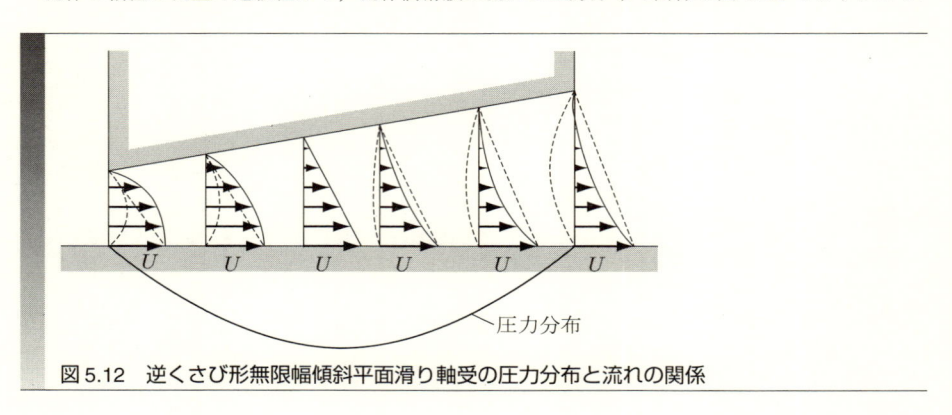

図 5.12　逆くさび形無限幅傾斜平面滑り軸受の圧力分布と流れの関係

二面間のすきま形状が逆くさびの場合には，図のように発生圧力は常に負となる．しかし，流体が液体の場合には，負圧の大きさがあるレベルを越えるとキャビテーションが発生し，負圧発生領域における流体潤滑膜は破断して，そこでの圧力は大気圧にほぼ等しくなる．■

5.3 レイノルズの流体潤滑理論

5.2 節で述べた流体潤滑のメカニズムを，レイノルズは流体力学を駆使して見事に理論化した．以下に，1886 年に提示されたレイノルズの流体潤滑理論について述べる．

5.3.1 流体潤滑理論の前提となる仮定

レイノルズは流体潤滑理論の定式化を行う際，流体膜の厚さがきわめて薄いことを前提としたつぎのような多くの仮定を設けている．

（ⅰ）　流体膜厚さは，固体面の代表寸法に比べて微小であるので，膜厚さ方向の圧力の変化はないとする．
（ⅱ）　（ⅰ）に関連して，膜厚さ方向の流れの**速度こう配**（velocity gradient）に比べて，ほかの方向の速度こう配は無視できるとする．
（ⅲ）　（ⅰ）に関連して，固体面の曲率は無視できるとする．
（ⅳ）　流体膜の流れは，**層流**（laminar flow，流線が互いに交わることなく層状に流れる状態）とする．
（ⅴ）　流体は，ニュートンの粘性法則に従うとする．
（ⅵ）　流体の**慣性効果**（fluid inertia effect）は，粘性効果に比べて無視できるとする．
（ⅶ）　重力などの体積力は，無視できるとする．
（ⅷ）　流体の粘度は，膜厚さ方向に変化しないとする．
（ⅸ）　流体と固体面との境界において，滑りは生じないものとする．

5.3.2 流れの速度分布とせん断応力分布

図 5.13 に示す相対運動する固体二面間の微小すきま内の流れを考える．なお，座標 z は右手座標系とは逆の方向にとっている．（ⅰ）〜（ⅸ）の仮定のうち（ⅰ），（ⅵ），（ⅶ）から，流れの中に任意にとった検査体積（control volume）に作用する力は，図 5.14 のように表される．

図中の x 方向（滑り方向）の力のつり合いから，

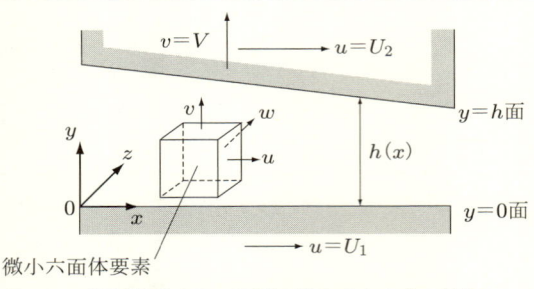

図 5.13 相対運動する二面間の微小すきま内の流れ

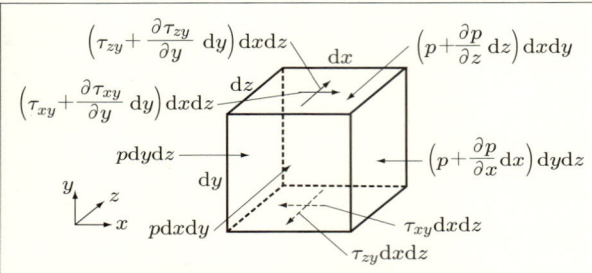

図 5.14 微小六面体要素に作用する力のつり合い

$$\left(\tau_{xy} + \frac{\partial \tau_{xy}}{\partial y}\mathrm{d}y\right)\mathrm{d}x\mathrm{d}z + p\mathrm{d}y\mathrm{d}z = \tau_{xy}\mathrm{d}x\mathrm{d}z + \left(p + \frac{\partial p}{\partial x}\mathrm{d}x\right)\mathrm{d}y\mathrm{d}z$$

となり，これよりつぎの関係が得られる．

$$\frac{\partial \tau_{xy}}{\partial y} = \frac{\partial p}{\partial x} \tag{5.13}$$

同様にして，z 方向（滑り方向に直角な方向）の力のつり合いから次式が得られる．

$$\frac{\partial \tau_{zy}}{\partial y} = \frac{\partial p}{\partial z} \tag{5.14}$$

一方，仮定 (ii)，(v) から，流体せん断応力 τ_{xy}，τ_{zy} は，ニュートンの粘性法則の式 (5.5) を用いてそれぞれ次式のように表される．

$$\tau_{xy} = \eta \frac{\partial u}{\partial y} \tag{5.15}$$

$$\tau_{zy} = \eta \frac{\partial w}{\partial y} \tag{5.16}$$

式 (5.15) を式 (5.13) へ，また式 (5.16) を式 (5.14) へそれぞれ代入することにより

次式が得られる.

$$\frac{\partial}{\partial y}\left(\eta \frac{\partial u}{\partial y}\right) = \frac{\partial p}{\partial x} \tag{5.17}$$

$$\frac{\partial}{\partial y}\left(\eta \frac{\partial w}{\partial y}\right) = \frac{\partial p}{\partial z} \tag{5.18}$$

ここで,仮定(ix)から速度境界条件はつぎのように設定される.

$$y = 0 : u = U_1, \quad y = h : u = U_2 \tag{5.19}$$

$$y = 0 : v = 0, \quad y = h : v = V \tag{5.20}$$

$$y = 0 : w = 0, \quad y = h : w = 0 \tag{5.21}$$

仮定(i),(viii)を考慮して速度境界条件式(5.19)の下に式(5.17)を膜厚さ方向座標 y に関して2回積分すると,**速度分布** u(velocity distribution)が次式のように決定される.

$$u = \frac{1}{2\eta} \cdot \frac{\partial p}{\partial x} y(y-h) + (U_2 - U_1)\frac{y}{h} + U_1 \tag{5.22}$$

同様にして,式(5.18),(5.21)から速度分布 w が次式のように決定される.

$$w = \frac{1}{2\eta} \cdot \frac{\partial p}{\partial z} y(y-h) \tag{5.23}$$

式(5.22)を式(5.15)へ代入すると,**せん断応力分布**(shear stress distribution)τ_{xy} が次式のように求められる.

$$\tau_{xy} = \frac{1}{2} \cdot \frac{\partial p}{\partial x}(2y-h) + \frac{\eta(U_2 - U_1)}{h} \tag{5.24}$$

同様にして,式(5.16),(5.23)からせん断応力分布 τ_{zy} が次式のように求められる.

$$\tau_{zy} = \frac{1}{2} \cdot \frac{\partial p}{\partial z}(2y-h) \tag{5.25}$$

図5.15は,式(5.22)と式(5.24)によって与えられる潤滑膜流れの速度分布とせん断応力分布を示した図である.図5.15(A)は圧力こう配が負の場合を,図5.15(B)は圧力こう配が正の場合を,それぞれ表している.式(5.22)の右辺第1項は圧力こう配による流れの速度分布であり,図5.15(A),(B)の(a)に示すように,y 方向に $y = h/2$ の位置を中心にして放物形に分布し,圧力こう配の正・負によって流れの向きが逆転する.このような流れは管内流れと同形であり,**ポアズイユ流れ**(Poiseuille flow)あるいは**圧力流れ**(pressure flow)とよぶ.

式 (5.22) の右辺第 2 項と第 3 項は，せん断による流れの速度分布であり，$y = 0$，h 面で境界速度 U_1, U_2 に一致し，図 5.15 (A)，(B) の (b) に示すように y 方向に直線状に分布する．このような流れを**クエット流れ**（Couette flow），あるいは**せん断流れ**（shear flow）とよぶ．潤滑膜流れの速度分布は，図 5.15 (A)，(B) の (c) に示すように圧力流れとせん断流れを足し合わせた形，すなわち両者の線形和となる．この速度分布は図 5.5 で考察した圧力発生メカニズムと整合する．なお，滑り方向に直角な方向の流れは式 (5.23) に示す圧力流れのみである．

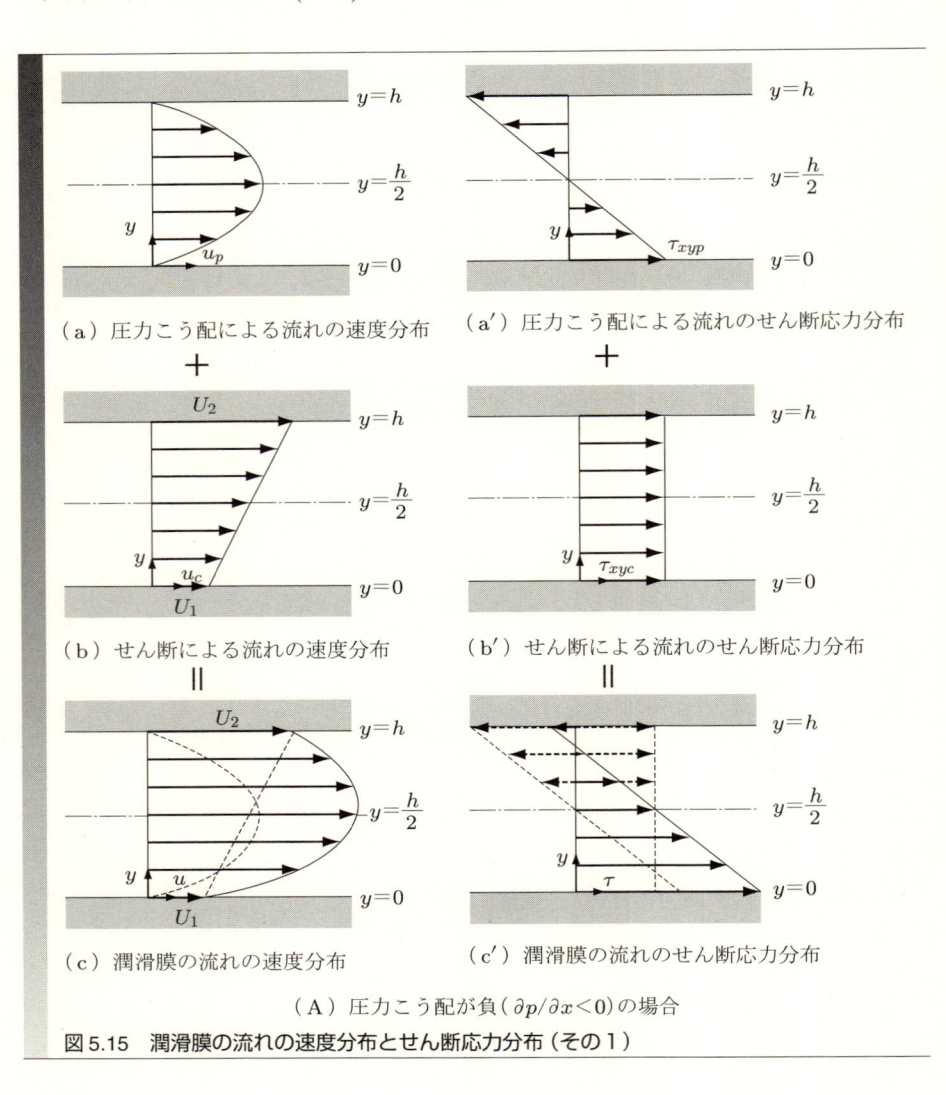

（a）圧力こう配による流れの速度分布　　　（a'）圧力こう配による流れのせん断応力分布

＋

（b）せん断による流れの速度分布　　　　　（b'）せん断による流れのせん断応力分布

＝

（c）潤滑膜の流れの速度分布　　　　　　　（c'）潤滑膜の流れのせん断応力分布

（A）圧力こう配が負（$\partial p/\partial x < 0$）の場合

図 5.15 潤滑膜の流れの速度分布とせん断応力分布（その 1）

5.3 レイノルズの流体潤滑理論　77

一方，式 (5.24) の右辺第 1 項は圧力流れによるせん断応力分布を，第 2 項はせん断流れによるせん断応力分布を表す．圧力流れによるせん断応力は，図 5.15 (A)，(B) の (a′) に示すように膜厚さ方向に直線的に変化するのに対して，せん断流れによるせん断応力は，図 5.15 (A)，(B) の (c′) に示すように膜厚さ方向に一定である．潤滑膜流れのせん断応力分布は，図 5.15 (A)，(B) の (c′) に示すように圧力流れとせん断流れの線形和となる．また，滑り方向に直角な流れは圧力流れのみであるため，膜厚さ方向に直線的に分布する．

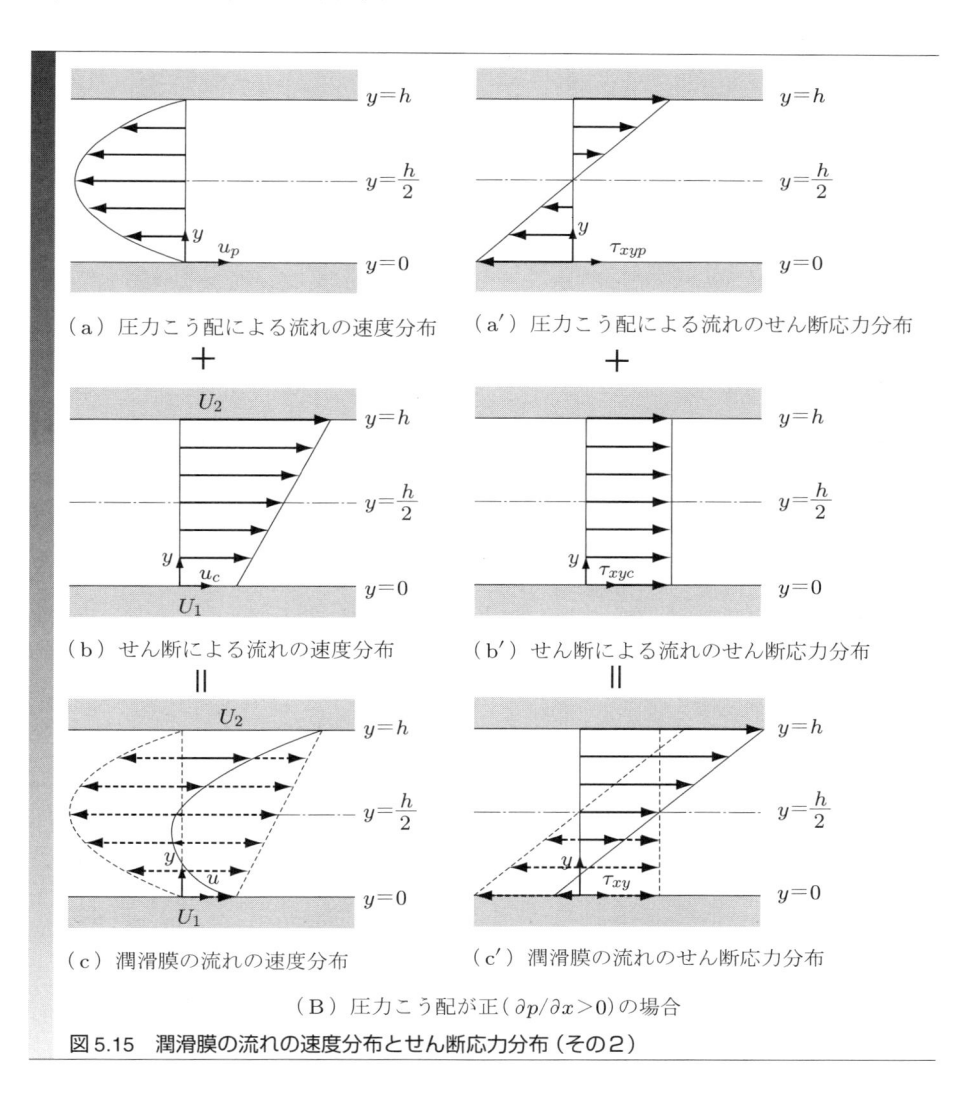

(a) 圧力こう配による流れの速度分布　　(a′) 圧力こう配による流れのせん断応力分布

＋

(b) せん断による流れの速度分布　　(b′) せん断による流れのせん断応力分布

＝

(c) 潤滑膜の流れの速度分布　　(c′) 潤滑膜の流れのせん断応力分布

(B) 圧力こう配が正 ($\partial p/\partial x > 0$) の場合

図 5.15　潤滑膜の流れの速度分布とせん断応力分布 (その 2)

5.3.3 レイノルズ方程式

固体二面間の微小すきま内の流れの連続性は次式によって表される.

$$\frac{\partial \rho}{\partial t} + \frac{\partial (\rho u)}{\partial x} + \frac{\partial (\rho v)}{\partial y} + \frac{\partial (\rho w)}{\partial z} = 0 \tag{5.26}$$

ただし, ρ は流体の密度である.

ここで, 膜厚さ方向の速度成分 v に関する速度境界条件式 (5.20) におけるスクイズ速度 V は, 次式のように表される.

$$V = \frac{dh}{dt} = \frac{\partial h}{\partial t} + \frac{\partial h}{\partial x} \cdot \frac{\partial x}{\partial t} = \frac{\partial h}{\partial t} + U_2 \frac{\partial h}{\partial x} \tag{5.27}$$

式 (5.22), (5.23) を式 (5.26) へ代入し, さらに式 (5.27) を利用して積分を実行すると, 圧力 p に関する偏微分方程式が次式のように与えられる.

$$\frac{\partial}{\partial x}\left(\frac{\rho h^3}{\eta} \cdot \frac{\partial p}{\partial x}\right) + \frac{\partial}{\partial z}\left(\frac{\rho h^3}{\eta} \cdot \frac{\partial p}{\partial z}\right)$$
$$= 6(U_1 + U_2)\frac{\partial (\rho h)}{\partial x} + 6\rho\frac{\partial (U_1 + U_2)}{\partial x} + 12\frac{\partial (\rho h)}{\partial t} \tag{5.28}$$

式 (5.28) を**レイノルズ方程式** (Reynolds equation) とよぶ. レイノルズ方程式を適切な圧力境界条件下で解くことにより, 狭いすきま内に発生する流体圧力分布を理論的に決定することができる. レイノルズ方程式は, 物理的には狭いすきま内における粘性流体の流れの単位長さあたりの流量連続性を表している.

潤滑流体が水や油のような**非圧縮性流体** (incompressible fluid) の場合は, 密度は一定とみなせる. そこで, 式 (5.28) において密度 ρ を一定とすれば, 次式が得られる.

$$\frac{\partial}{\partial x}\left(\frac{h^3}{\eta} \cdot \frac{\partial p}{\partial x}\right) + \frac{\partial}{\partial z}\left(\frac{h^3}{\eta} \cdot \frac{\partial p}{\partial z}\right)$$
$$= 6(U_1 + U_2)\frac{\partial h}{\partial x} + 6h\frac{\partial (U_1 + U_2)}{\partial x} + 12\frac{\partial h}{\partial t} \tag{5.29}$$

ここで, 式 (5.27) から次式を得る.

$$\frac{\partial h}{\partial t} = V - U_2 \frac{\partial h}{\partial x} \tag{5.30}$$

式 (5.30) を式 (5.29) へ代入すると, レイノルズ方程式のもう一つの表現式として次式を得る.

$$\frac{\partial}{\partial x}\left(\frac{h^3}{\eta} \cdot \frac{\partial p}{\partial x}\right) + \frac{\partial}{\partial z}\left(\frac{h^3}{\eta} \cdot \frac{\partial p}{\partial z}\right)$$

$$= 6(U_1 - U_2)\frac{\partial h}{\partial x} + 6h\frac{\partial (U_1 + U_2)}{\partial x} + 12V \tag{5.31}$$

式 (5.29) あるいは式 (5.31) を特に**非圧縮性レイノルズ方程式**（incompressible Reynolds equation）とよぶことがある．この方程式は，油のような非圧縮性流体を潤滑剤とする滑り軸受やシール，ピストンリングをはじめ，多くのトライボ要素（tribo-elements）の解析や設計に広く用いられる．流体潤滑の問題では，二面間の摩擦係数を知ることよりも，表面粗さを上回る十分な厚さの流体膜を形成できる圧力分布をレイノルズ方程式から求めることの方が重要である．圧力分布が得られれば，これを用いて軸受の負荷容量や潤滑面の摩擦係数などを計算することができる．

例題 5.5

式 (5.28) において，流体が等温変化する気体であるとしたときのレイノルズ方程式を導け．

解答

潤滑流体が空気のような**圧縮性流体**（compressible fluid）の場合には，密度は当然変化する．そこで，密度変化を次式に示す等温変化と考える．

$$\rho = Cp \tag{5.32}$$

ここに，C は定数とする．

式 (5.32) を式 (5.28) へ代入し，定数 C を削除すると，次式が得られる．

$$\frac{\partial}{\partial x}\left(\frac{ph^3}{\eta}\cdot\frac{\partial p}{\partial x}\right) + \frac{\partial}{\partial z}\left(\frac{ph^3}{\eta}\cdot\frac{\partial p}{\partial z}\right)$$
$$= 6(U_1 + U_2)\frac{\partial (ph)}{\partial x} + 6ph\frac{\partial (U_1 + U_2)}{\partial x} + 12\frac{\partial (ph)}{\partial t} \tag{5.33}$$

式 (5.33) は**圧縮性レイノルズ方程式**（compressible Reynolds equation），あるいは**気体膜レイノルズ方程式**（gas film Reynolds equation）とよばれ，空気軸受などの解析や設計に広く用いられる．■

潤滑流体の粘度が温度によって変化する場合や潤滑膜の流れが層流から**乱流**（turbulent flow，流線が交じり合って不規則に流れる状態）へ遷移する場合，流体が**非ニュートン流体**（non-Newtonian fluid）の場合にはレイノルズ方程式 (5.28) を修正する必要がある．このような方程式を**修正レイノルズ方程式**（modified Reynolds equation）とよぶ．

5.3.4 流体潤滑のメカニズムとレイノルズ方程式

5.2 節で述べた流体潤滑のメカニズムが，レイノルズの流体潤滑理論により完全に説明できることを示す．

固体面が z 方向（紙面に垂直な方向）に無限に長いとすると，z 方向の流れは存在しないから，非圧縮性レイノルズ方程式 (5.29) あるいは (5.31) は次式のように簡略化できる．ただし，$U_1 = U$，$U_2 = 0$ とする．

$$\frac{\mathrm{d}}{\mathrm{d}x}\left(\frac{h^3}{\eta}\cdot\frac{\mathrm{d}p}{\mathrm{d}x}\right) = 6U\frac{\mathrm{d}h}{\mathrm{d}x} + 6h\frac{\mathrm{d}U}{\mathrm{d}x} + 12V \tag{5.34}$$

(1) くさび作用

式 (5.34) から，図 5.5 に示すくさび作用に相当するレイノルズ方程式は，

$$\frac{\mathrm{d}}{\mathrm{d}x}\left(\frac{h^3}{\eta}\cdot\frac{\mathrm{d}p}{\mathrm{d}x}\right) = 6U\frac{\mathrm{d}h}{\mathrm{d}x} \tag{5.35}$$

となる．ここで，$\mathrm{d}h/\mathrm{d}x < 0$ のとき，すきま内に正の圧力が発生する．これは，すきまがくさび形状であることを示すので，式 (5.35) の右辺の項を**くさび項**（wedge term）とよぶ．この項が圧力発生の原因を表す．

(2) ストレッチ作用

式 (5.34) から，図 5.6 に示すストレッチ作用に相当するレイノルズ方程式は，

$$\frac{\mathrm{d}}{\mathrm{d}x}\left(\frac{h^3}{\eta}\cdot\frac{\mathrm{d}p}{\mathrm{d}x}\right) = 6h\frac{\mathrm{d}U}{\mathrm{d}x} \tag{5.36}$$

となる．ここで，$\mathrm{d}U/\mathrm{d}x < 0$ のとき，すきま内に正の圧力が発生する．式 (5.36) の右辺を**ストレッチ項**（stretch term）とよび，くさび作用とは別の圧力発生原因を表す．しかし，固体面が金属の場合は $\mathrm{d}U/\mathrm{d}x = 0$ であり，この項は省略できる．

(3) スクイズ作用

式 (5.34) から，図 5.7 に示すスクイズ作用に相当するレイノルズ方程式は，

$$\frac{\mathrm{d}}{\mathrm{d}x}\left(\frac{h^3}{\eta}\cdot\frac{\mathrm{d}p}{\mathrm{d}x}\right) = 12V \tag{5.37}$$

となる．ここで，膜厚さ h を一定とすると，式 (5.37) はさらに簡略化されて

$$\frac{\mathrm{d}^2 p}{\mathrm{d}x^2} = \frac{12\eta V}{h^3} \tag{5.38}$$

となる．スクイズ速度 V は，x に依存しないとき，式 (5.38) から図 5.7 に示すような放物形の圧力分布となる．式 (5.37) の右辺を**スクイズ項**（squeeze term）とよぶ．

(4) 静圧作用

式 (5.34) から，図 5.8 に示す静圧作用に相当するレイノルズ方程式は次式のように簡略化される．

$$\frac{\mathrm{d}^2 p}{\mathrm{d}x^2} = 0 \tag{5.39}$$

式 (5.39) より，加圧流体を供給したときすきま内には図 5.8 に示す直線状の圧力分布が発生する．

一般の流体潤滑状態では，くさび作用，ストレッチ作用，スクイズ作用，静圧作用の圧力発生メカニズムが複合している場合もある．その場合の支配レイノルズ方程式は式 (5.34) となり，右辺第 1 項がくさび項，第 2 項がストレッチ項，第 3 項がスクイズ項で，発生圧力はこれらの項に起因する圧力の線形和となる．これは，先に述べた 2 次元のレイノルズ方程式についても同じであり，式 (5.28)，(5.29)，(5.31)，(5.33) の右辺第 1 項がくさび項，第 2 項がストレッチ項，第 3 項がスクイズ項にそれぞれ相当する．また，これらの 3 項の和が負のとき，圧力は正となる．なお，静圧作用のみの場合には，レイノルズ方程式の右辺は常にゼロである．

5.4 軸受の圧力分布の解析

レイノルズ方程式を**有限差分法**（finite difference method）や**有限要素法**（finite element method）により数値解析すれば，回転機械の支持要素としてきわめて重要な役割を果たす各種**流体膜軸受**（fluid film bearing）の圧力分布を具体的に計算できる．また，軸受の幅が無限に長いとみなせる場合（このような軸受を**無限幅軸受**（infinitely wide width bearing）とよぶ）については，圧力分布の解析解を求めることができる．そこで，以下に無限幅軸受の圧力分布についての解析解を示す．

5.4.1 動圧軸受

図 5.16 に示す，先細りのすきま形状 $h(x)$ をもつ**動圧軸受**（hydrodynamic bearing）の圧力分布は，流体のくさび作用に対するレイノルズ方程式 (5.35) により以下のように求められる．

式 (5.35) を座標 x に関して 2 回積分すると，圧力分布の一般解が次式のように求められる．

$$p(x) = 6\eta U \{I_2(x) - h_m I_3(x)\} + C \tag{5.40}$$

ただし，h_m，C は積分定数である．また $I_2(x)$，$I_3(x)$ は，それぞれ次式で定義される不定積分である．

図 5.16 無限幅動圧軸受

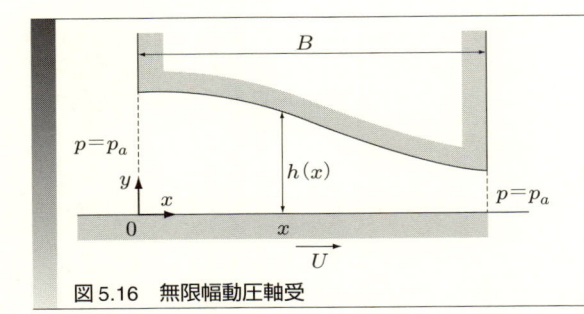

$$I_2(x) = \int_0^x \frac{\mathrm{d}x}{h^2}, \quad I_3(x) = \int_0^x \frac{\mathrm{d}x}{h^3} \tag{5.41}$$

軸受すきまの入口端と出口端の圧力は，大気圧に等しいとすると，圧力境界条件はつぎのように設定される．

$$p(0) = p_a, \quad p(B) = p_a \tag{5.42}$$

式 (5.42) を一般解 (5.40) に適用すると，積分定数 h_m, C はつぎのようになる．

$$h_m = \frac{I_2(B)}{I_3(B)}, \quad C = p_a \tag{5.43}$$

最後に，式 (5.43) を式 (5.40) へ代入すれば，圧力分布は次式のように決定される．

$$p(x) = 6\eta U \left\{ I_2(x) - \frac{I_2(B)}{I_3(B)} I_3(x) \right\} + p_a \tag{5.44}$$

軸受のすきま形状 $h(x)$ が与えられれば，式 (5.44) により圧力分布を具体的に求めることができる．

例題 5.6

図 5.17 に示す，**無限幅傾斜平面滑り軸受**（infinitely wide inclined plane slider bearing）の圧力分布を決定せよ．

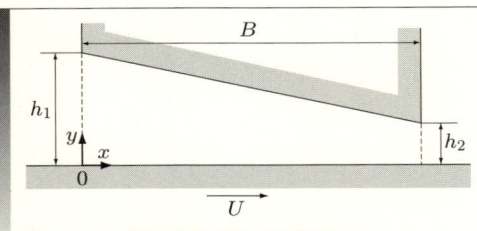

図 5.17 無限幅傾斜平面滑り軸受

解答

軸受すきまの入口と出口の膜厚さを h_1, h_2 とすると，軸受すきま形状 $h(x)$ は次式で表される．

$$h(x) = h_1 - (h_1 - h_2)\frac{x}{B} = h_2\{a - (a-1)\overline{x}\} \tag{5.45}$$

ただし，

$$a = \frac{h_1}{h_2}, \quad \overline{x} = \frac{x}{B} \tag{5.46}$$

である．a は**膜厚比**（film thickness ratio）とよぶ．

式 (5.45) より，

$$dx = -\frac{B\,dh}{h_2(a-1)} \tag{5.47}$$

となり，式 (5.45)，(5.47) を式 (5.41) へ代入すると，$I_2(x)$, $I_3(x)$ は，

$$\left.\begin{array}{l} I_2(x) = \dfrac{B}{h_2(a-1)}\left(\dfrac{1}{h} - \dfrac{1}{h_1}\right) \\[6pt] I_3(x) = \dfrac{B}{2h_2(a-1)}\left(\dfrac{1}{h^2} - \dfrac{1}{h_1{}^2}\right) \end{array}\right\} \tag{5.48}$$

となる．また，積分定数 h_m は式 (5.43)，(5.48) より，

$$h_m = \frac{2h_1 h_2}{h_1 + h_2} \tag{5.49}$$

となり，これらを式 (5.44) へ代入すると，圧力分布が次式のように決定される．

$$p = \frac{6\eta UB}{h_2{}^2}\frac{1}{a-1}\left\{\frac{1}{\overline{h}} - \frac{1}{a} - \frac{a}{1+a}\left(\frac{1}{\overline{h}^2} - \frac{1}{a^2}\right)\right\} + p_a \tag{5.50}$$

ただし，

$$\overline{h} = \frac{h}{h_2} = a - (a-1)\overline{x} \tag{5.51}$$

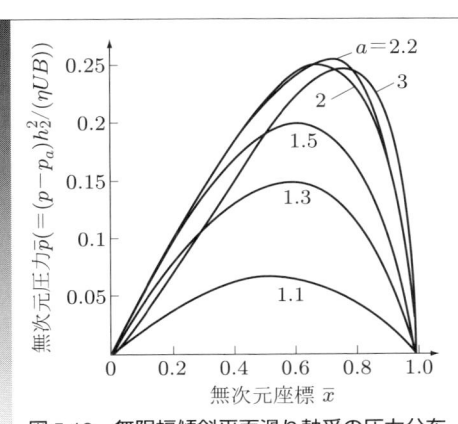

図 5.18　無限幅傾斜平面滑り軸受の圧力分布

である．

図 5.18 に式 (5.50) を用いて計算した圧力分布を示す．パラメータ a により圧力分布が大きく異なる．a が 1 に近づく（すなわち二面が平行状態に近づく）につれて流体のくさび作用が薄れ，圧力はゼロ（大気圧）に近づく．■

例題 5.7

図 5.19 に示す，**無限幅ジャーナル滑り軸受**（infinitely wide hydrodynamic journal bearing）の圧力分布を決定せよ．

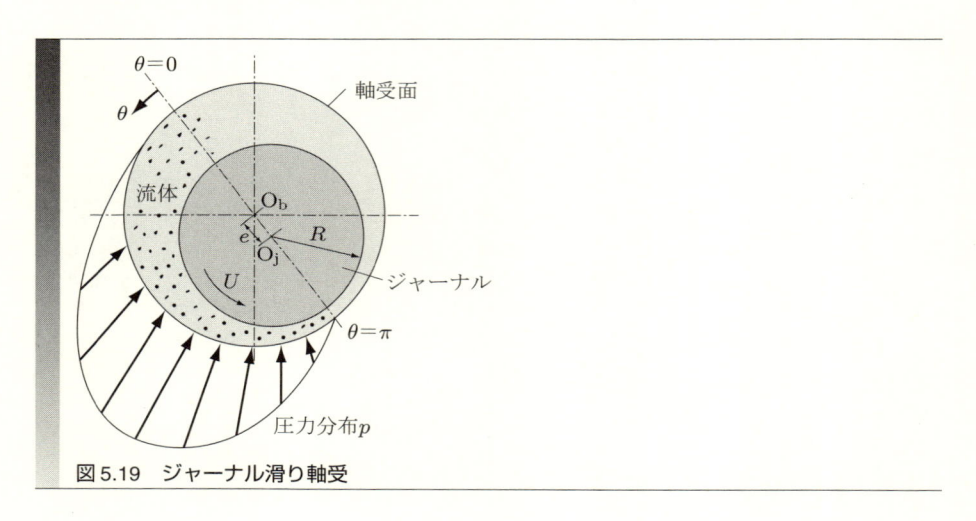

図 5.19 ジャーナル滑り軸受

解答

ジャーナル軸受のすきま形状は，図 5.3 に示したような同心の一様なすきまではなく，実際には荷重と軸の回転の影響により図 5.20 のような偏心したすきま形状となる．したがって，圧力分布を求めるには，まず軸受すきま形状 h を表す式を求めておく必要がある．そこで，図において

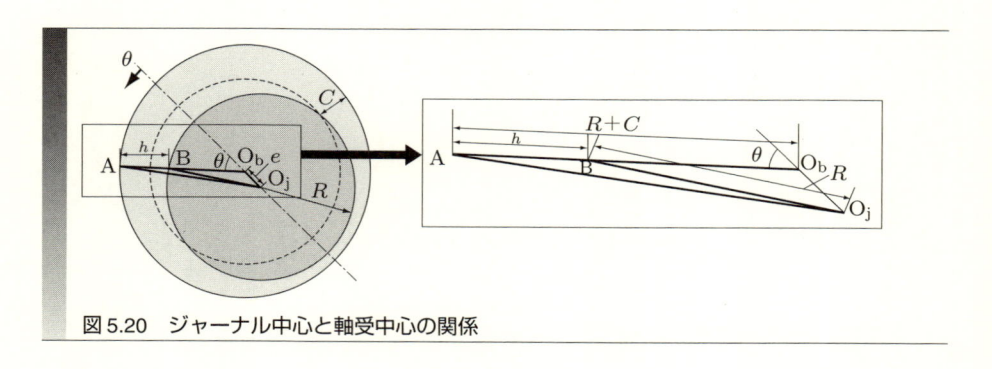

図 5.20 ジャーナル中心と軸受中心の関係

5.4 軸受の圧力分布の解析

$\Delta O_b O_j B$ に余弦定理を適用すると，

$$R^2 = \overline{O_b B}^2 + e^2 - 2\overline{O_b B}e\cos(\pi - \theta)$$

となり，これより，

$$\overline{O_b B} = -e\cos\theta + \sqrt{e^2\cos^2\theta + R^2 - e^2} = -e\cos\theta + R\sqrt{1 - \left(\frac{e}{R}\right)^2\sin^2\theta}$$

となる．ここで，$e/R \ll 1$ とみなせることから，次式となる．

$$\overline{O_b B} \cong -e\cos\theta + R$$

一方，軸受すきま形状 h は，

$$h = \overline{O_b A} - \overline{O_b B} = R + C - \overline{O_b B}$$

となる．したがって，h はつぎのように求められる．

$$h = C + e\cos\theta = C(1 + \varepsilon\cos\theta) \ ; \ \varepsilon = \frac{e}{C} \quad \text{(偏心率：eccentricity ratio)} \tag{5.52}$$

また，レイノルズ方程式 (5.35) において $x = R\theta$ とおいて座標を x から θ に変換すると，

$$\frac{d}{d\theta}\left(\frac{h^3}{\eta}\frac{dp}{d\theta}\right) = 6UR\frac{dh}{d\theta} \tag{5.53}$$

となる．式 (5.53) は式 (5.35) の x を θ に，U を UR に置き換えただけであるので，式 (5.44) より圧力分布は次式のように表せる．

$$p(\theta) = 6\eta UR\left\{I_2(\theta) - \frac{I_2(2\pi)}{I_3(2\pi)}I_3(\theta)\right\} + p_a \tag{5.54}$$

ここに，

$$I_2(\theta) = \int_0^\theta \frac{d\theta}{h^2}, \quad I_3(\theta) = \int_0^\theta \frac{d\theta}{h^3} \tag{5.55}$$

である．式 (5.55) に式 (5.52) を代入すると，

$$I_2(\theta) = \frac{1}{C^2}\int_0^\theta \frac{d\theta'}{(1+\varepsilon\cos\theta')^2}, \quad I_3(\theta) = \frac{1}{C^3}\int_0^\theta \frac{d\theta'}{(1+\varepsilon\cos\theta')^3} \tag{5.56}$$

となり，式 (5.56) の積分は，つぎに示す**ゾンマーフェルト変換**（Sommerfeld substution）を導入することにより，比較的容易に行うことができる．

$$1 + \varepsilon\cos\theta = \frac{1 - \varepsilon^2}{1 - \varepsilon\cos\psi} \tag{5.57}$$

ここで，式 (5.57) の変換を用いると，

$$\int \frac{d\theta}{(1+\varepsilon\cos\theta)^2} = \frac{1}{(1-\varepsilon^2)^{3/2}}(\psi - \varepsilon\sin\psi) \tag{5.58}$$

$$\int \frac{d\theta}{(1+\varepsilon\cos\theta)^3} = \frac{1}{(1-\varepsilon^2)^{5/2}}\left(\psi + \frac{\varepsilon^2}{2}\psi - 2\varepsilon\sin\psi + \frac{\varepsilon^2}{4}\sin 2\psi\right) \tag{5.59}$$

$$\frac{I_2(2\pi)}{I_3(2\pi)} = \frac{C\int_0^{2\pi}\dfrac{d\theta}{(1+\varepsilon\cos\theta)^2}}{\int_0^{2\pi}\dfrac{d\theta}{(1+\varepsilon\cos\theta)^3}} = \frac{2C(1-\varepsilon^2)}{2+\varepsilon^2} \tag{5.60}$$

となり，これらの結果を式 (5.54) へ代入すると，次式となる．

$$p(\psi) = \frac{6\eta UR}{C^2(1-\varepsilon^2)^{3/2}}$$
$$\times \left\{\psi - \varepsilon\sin\psi - \frac{2}{2+\varepsilon^2}\left(\psi + \frac{\varepsilon^2}{2}\psi - 2\varepsilon\sin\psi + \frac{\varepsilon^2}{4}\sin 2\psi\right)\right\} + p_a \tag{5.61}$$

最後に，再び式 (5.57) の関係を用いて座標を ψ から θ に逆変換すると，圧力分布が次式のように決定される．

$$p(\theta) = \frac{6\eta UR}{C^2}\frac{\varepsilon(2+\varepsilon\cos\theta)\sin\theta}{(2+\varepsilon^2)(1+\varepsilon\cos\theta)^2} + p_a \tag{5.62}$$

偏心率 ε をパラメータとして式 (5.62) により圧力分布を計算し，負圧部分 ($\pi \leqq \theta \leqq 2\pi$) のキャビテーションを考慮して示すと，図 5.21 のようになる．偏心率 ε が増すと，軸受すきまが先細り形状となる $0 \leqq \theta \leqq \pi$ の領域において，流体のくさび作用が大きく現れて圧力が上昇する様子がわかる．また偏心率 ε がゼロに近づき，軸と軸受が同心状態となると圧力は消失し，大気圧に等しくなる*．

ゾンマーフェルトの変換公式 (5.57) を用いないで式 (5.58), (5.59) の結果を得ることは，きわめて難しい．問題を解く天才といわれたドイツの物理学者ゾンマーフェルト (A. Sommerfeld)* は，この問題に興味をもち，式 (5.57) の変換を思いついて 1904 年に発表した論文で式 (5.62) の

ひとくちメモ
理論の創設者であるレイノルズ自身は，これらの積分を求められず，厳密解を得ていない．

ひとくちメモ
ゾンマーフェルトは，量子力学を確立したハイゼンベルクとパウリの2名のノーベル物理学賞受賞者の指導教授であった．

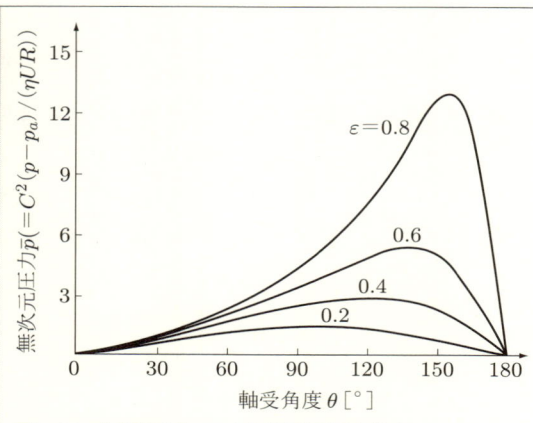

図 5.21 無限幅ジャーナル軸受の圧力分布

解析解を示した.式 (5.11) で示したゾンマーフェルト数や,ゾンマーフェルト変換の名称は,彼のこのような業績を称えて付けられた.■

5.4.2 スクイズ軸受

図 5.22 に示す**スクイズ軸受**(squeeze bearing)において,寸法 L が寸法 B に比べて大きく $L \gg B$ とみなせるとき,軸受すきま内に発生する圧力分布は,流体のスクイズ作用に対するレイノルズ方程式 (5.37) を用いて以下のように決定される.

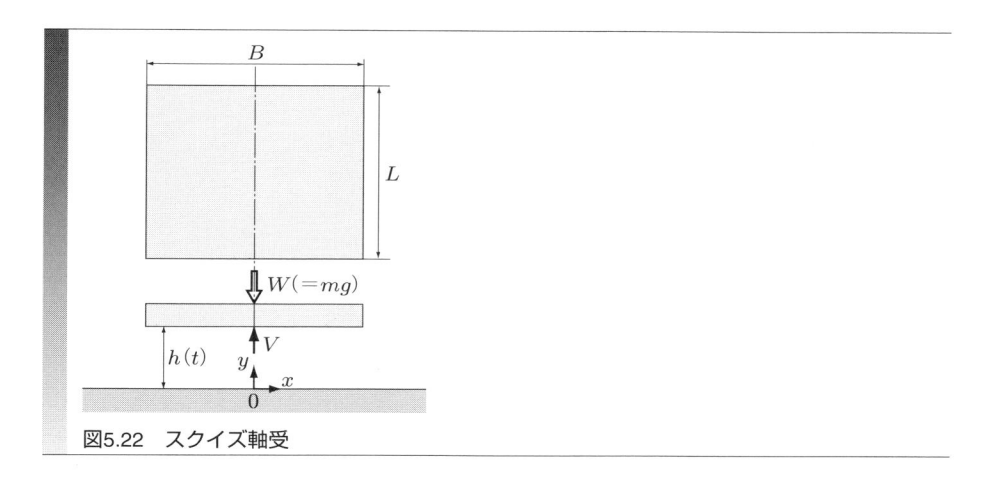

図5.22 スクイズ軸受

軸受すきま h は時間 t のみの関数で,座標 x には無関係とすると,

$$h = h(t) \tag{5.63}$$

となる.レイノルズ方程式 (5.37) を x に関して順次積分すると,

$$\frac{dp}{dx} = \frac{12\eta}{h^3} V(x + C_1) \tag{5.64}$$

$$p = \frac{12\eta}{h^3} V \left(\frac{x^2}{2} + C_1 x + C_2 \right) \tag{5.65}$$

となり,ここで,現象の対称性から圧力境界条件は,つぎのように与えられる.

$$\left. \begin{array}{l} x = 0 \;\; : \dfrac{dp}{dx} = 0 \\[2mm] x = \dfrac{B}{2} : p = p_a \end{array} \right\} \tag{5.66}$$

式 (5.66) を式 (5.64),(5.65) へ適用して積分定数 C_1,C_2 を求めると,最終的に

圧力分布が次式のように決定される．

$$p = \frac{6\eta}{h^3} V \left(x^2 - \frac{B^2}{4} \right) + p_a \tag{5.67}$$

例題 5.8

図 5.22 に示すスクイズ軸受において，軸受への負荷荷重を $W(=mg)$ としたとき，流体膜厚さと時間の関係を求めよ．

解答

スクイズ速度 V と膜厚さ h の時間変化の関係から，

$$V = \frac{dh}{dt} \tag{5.68}$$

となる．式 (5.68) の関係を考慮して式 (5.67) によって与えられる圧力分布を積分すると，スクイズ軸受の負荷容量 W が次式のように求められる．

$$W = \int_0^L \int_{-B/2}^{B/2} (p - p_a) dx dz = -\frac{\eta L B^3}{h^3} \frac{dh}{dt} \tag{5.69}$$

一方，荷重 mg と負荷容量のつり合いから，

$$W = mg \tag{5.70}$$

となり，式 (5.69), (5.70) より次式が得られる．

$$dt = -\frac{\eta L B^3}{mg} \frac{dh}{h^3} \tag{5.71}$$

ここで，式 (5.71) の初期条件は，つぎのように与える．

$$t = 0 : h = h_0 \tag{5.72}$$

初期条件 (5.72) の下に式 (5.71) を積分し，その結果を h についてまとめると，最終的に次式が得られる．

$$h = \left(\frac{1}{h_0^2} + \frac{2mg}{\eta L B^3} t \right)^{-\frac{1}{2}} \tag{5.73}$$

■

図 5.23 は，式 (5.73) より得られるスクイズ軸受の膜厚さ h と時間 t の関係を，荷重 mg をパラメータとして示した図である．荷重が大きいほど膜厚さの減少は著しいが，時間経過とともに一定値に漸近する傾向にあり，膜厚さが容易にゼロにはならない．スクイズ膜現象は，スクイズ膜ダンパ* などの機械要素のほかに，第 8 章で述べる関節の潤滑機構など，自然界にもよくみられる興味深い現象である．

> **ひとくちメモ**
> **スクイズ膜ダンパ：**
> 流体のスクイズ作用を利用して転がり軸受などに減衰機能を付加するダンパ．

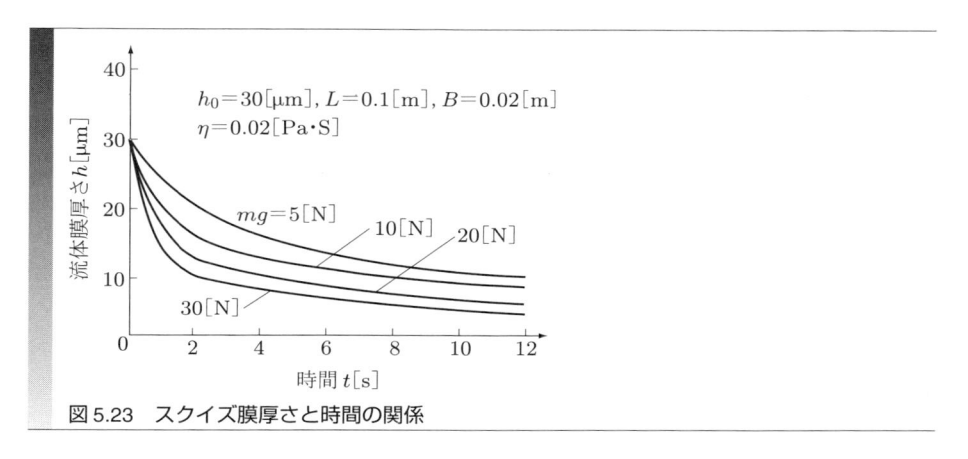

図 5.23 スクイズ膜厚さと時間の関係

5.4.3 静圧スラスト軸受

図 5.24 に示す円板型の**静圧スラスト軸受**（hydrostatic thrust bearing）のレイノルズ方程式は，現象が完全軸対称であることを考慮して，流体膜の静圧作用に対するレイノルズ方程式 (5.39) の座標を $x = r\cos\theta$ により極座標 r に置き換えて次式のように与えられる．

$$\frac{\mathrm{d}}{\mathrm{d}r}\left(r\frac{\mathrm{d}p}{\mathrm{d}r}\right) = 0 \tag{5.74}$$

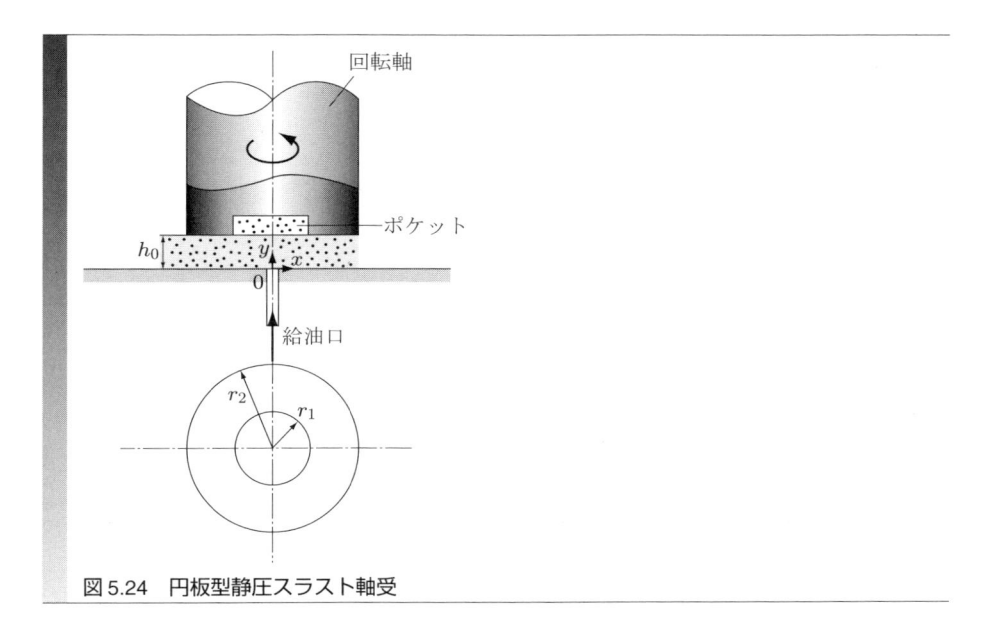

図 5.24 円板型静圧スラスト軸受

また，圧力境界条件はつぎのように設定される．

$$\left. \begin{array}{l} r = r_1 : p = p_s \\ r = r_2 : p = p_a \end{array} \right\} \quad (5.75)$$

ただし，p_s は軸受すきまへの潤滑流体の**供給圧力**（supply pressure）である．なお，加圧部には軸受の剛性を高めるために**絞り**（restrictor）を設ける．

境界条件式 (5.75) の下にレイノルズ方程式 (5.74) を順次積分すると，圧力分布が次式のように決定される．

$$p = \frac{\ln(r_2/r)}{\ln(r_2/r_1)}(p_s - p_a) + p_a \quad (5.76)$$

これより，軸受の負荷容量 W はつぎのように求められる．

$$W = (p_s - p_a)\pi r_1^2 + \int_{r_1}^{r_2}(p - p_a)2\pi r \mathrm{d}x$$

$$= \frac{\pi}{2}(p_s - p_a)\frac{r_2^2 - r_1^2}{\ln(r_2/r_1)} \quad (5.77)$$

一方，式 (5.22) より，軸受すきま内の潤滑膜流れの半径方向速度分布がつぎのように与えられる．

$$u = \frac{1}{2\eta}\frac{\mathrm{d}p}{\mathrm{d}r}y(y - h) \quad (5.78)$$

したがって，単位幅あたりの流量 q は，

$$q = \int_0^h u \mathrm{d}y = -\frac{h^3}{12\eta}\frac{\mathrm{d}p}{\mathrm{d}r} \quad (5.79)$$

となり，座標位置 r を通過する全流量 Q は，つぎのように与えられる．

$$Q = 2\pi r q = -\frac{\pi h^3}{6\eta}r\frac{\mathrm{d}p}{\mathrm{d}r} \quad (5.80)$$

式 (8.76) を式 (8.80) に代入すると，最終的に流量 Q がつぎのように求められる．

$$Q = \frac{\pi h^3(p_s - p_a)}{6\eta \ln(r_2/r_1)} \quad (5.81)$$

動圧軸受（hydrodynamic bearing）は，流体のくさび作用やスクイズ作用などの動圧潤滑作用を利用して自ら圧力を発生させるので，英語では"self-acting bearing"とよばれる．これに対して，**静圧軸受**（hydrostatic bearing）は外部より加圧流体を供給する必要があり，英語では"externally pressurized bearing"とよばれる．動

圧軸受は外部加圧装置を必要とする静圧軸受に比べて構造が簡単で，コストも低いので，これらの点では静圧軸受よりも有利である．しかし，静圧軸受は浮上すきまを容易に確保でき，かつ軸受の剛性も大きい．そのため，高い精度を必要とする超精密工作機械などの主軸の支持軸受として多く用いられる．

例題 5.9

つぎの仕様をもつ円板型静圧スラスト軸受の負荷容量，流量と供給圧力の関係を求め，結果を図示せよ．ただし，流体膜厚さは $h = 50\,[\mu\mathrm{m}]$，外半径は $r_2 = 0.03\,[\mathrm{m}]$，内半径は $r_1 = 0.015\,[\mathrm{m}]$，粘度は $\eta = 0.02\,[\mathrm{Pa\cdot s}]$ とする．

解答

与えられた仕様を式 (5.77) と式 (5.81) へ代入すると，つぎの関係が得られる．

$$W = 1.53 \times 10^{-3} \cdot (p_s - p_a), \quad Q = 4.72 \times 10^{-12} \cdot (p_s - p_a)$$

これらの関係を図示すると図 5.25 が得られる．■

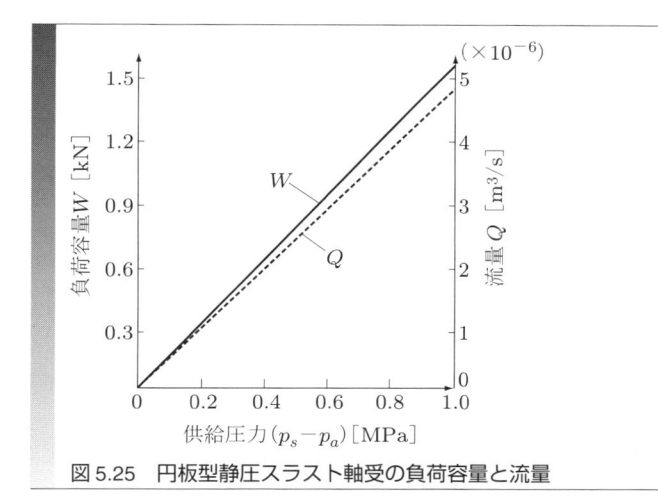

図 5.25 円板型静圧スラスト軸受の負荷容量と流量

第 5 章のポイント

1. 相対的な滑りを伴う固体二面間に流体膜が介在し，その膜厚さが二面の表面粗さを上回ると，事実上真実接触は存在せず，摩擦・摩耗特性が劇的に改善される．このような潤滑形態を流体潤滑とよぶ．

2. 流体潤滑の原理として，流体膜のくさび作用，ストレッチ作用，スクイズ作用，静圧作用の四つのメカニズムが考えられる．これらのメカニズムは，基本的に流体の粘性作用

と流れの連続性から説明できる.
3. 流体潤滑特性は，レイノルズによって提示された流体潤滑理論により予測可能である．具体的には，レイノルズ方程式を数値解析し，圧力分布を求めることができる．
4. レイノルズ方程式を用いて各種流体膜軸受の圧力分布を決定できる．特に，無限幅近似の成り立つ軸受については，多くの場合，圧力分布の厳密解を求めることが可能である．

演習問題

5.1 流体膜が介在する二面が平行の場合，すきま内には圧力が発生しないことを定性的に説明せよ．

5.2 ジャーナル軸受の軸受すきま内全周にわたる潤滑膜の流れと圧力分布の関係を定性的に説明せよ．

5.3 スクイズ軸受において二面のうち上面が静止，下面が正弦波状に微小振動しているとしたとき，潤滑膜の流れと圧力分布の関係を定性的に説明せよ．

5.4 潤滑流体が液体の場合，粘度は図 5.26 に示す例のように温度上昇に伴って低下する．このことを考慮して修正レイノルズ方程式を導け．

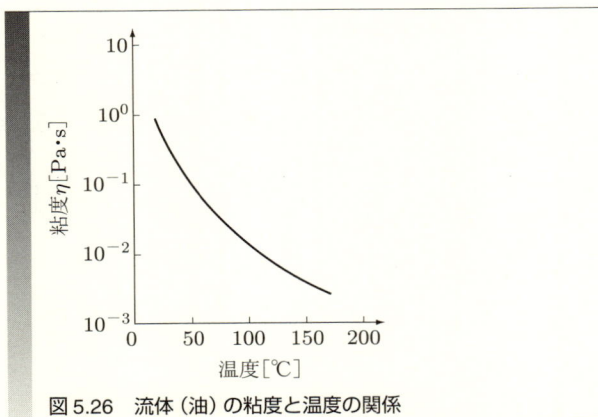

図 5.26 流体（油）の粘度と温度の関係

5.5 潤滑膜の流れが層流から乱流へ遷移する場合の修正レイノルズ方程式について調べよ．

5.6 潤滑流体が非ニュートン特性を示すとしたときの修正レイノルズ方程式について調べよ．

5.7 例題 5.3 で扱った無限幅ステップ軸受の圧力分布をレイノルズ方程式によって決定せよ．

5.8 例題 5.4 で扱った逆くさび形無限幅傾斜平面軸受の圧力分布をレイノルズ方程式によって決定せよ．

5.9 円板型静圧スラスト軸受の加圧流体供給部における絞りの機能について調べよ．

第6章 境界潤滑と混合潤滑

　第5章で述べた流体潤滑下では，固体表面間に満たされた流体膜に発生する圧力分布によって負荷が支持され，流体膜厚さが二面の表面粗さ以上となって固体接触を生じない．しかし，固体面の滑り速度が小さい場合，潤滑流体の粘度が小さい場合，元々の粘度は大きくても滑り速度の増加に伴う流体膜の温度上昇によって粘度が低下する場合，あるいは荷重が大きい場合には，流体膜厚さは表面粗さ以下となる．その結果流体膜が破れて固体どうしの直接接触，すなわち凝着を生じる可能性が高い．本章では，このような状況下における潤滑問題を考える．

6.1 境界潤滑と混合潤滑の概念

　固体表面間に流体が介在する場合の潤滑特性は，流体膜の厚さと表面粗さ高さの大小関係によって大きく変化する．本節では，このような場合の潤滑の概念について詳しく述べる．

6.1.1 ストライベック曲線

　摩擦係数 μ の測定は，固体表面間に粘度 η の流体膜を形成し，滑り速度 U と荷重 W を広範囲に変化させて行う．図 6.1 は，その特徴的な結果で**ストライベック曲線**（Stribeck curve）とよばれる．なお，図の縦軸は摩擦係数 μ を表し，横軸は無次元数である**軸受特性数**（bearing characteristic number）$\eta U/(L\bar{p})$ を表している．ただし，$\bar{p}$ は平均面圧 W/A_a（A_a：みかけの接触面積）を，L は固体面の代表寸法（たとえば，接触面の長さ）を示す．軸受特性数は，滑り速度 U と粘度 η の増加，あるいは荷重 W の減少とともに増大し，固体二面間の膜厚比 $\Lambda(=h/\sigma)$ の変化に対応して変化する．ここに，σ は $\sigma=(\sigma_1^2+\sigma_2^2)^{1/2}$ によって定義される二面の合成自乗平均平方根粗さ，σ_1, σ_2 はそれぞれ二面の自乗平均平方根粗さである．なお，軸受特性数は式 (5.11) で定義したゾンマーフェルト数と基本的に同じ意味の無

図6.1 ストライベック曲線

(図中ラベル: 清浄面, 境界潤滑, 混合潤滑, 流体潤滑, 摩擦係数 μ, 膜厚比 $\Lambda(=h/\sigma)$, 軸受特性数 $(=\eta U/(L\overline{p}))$, I, II, III, IV, Λ, μ)

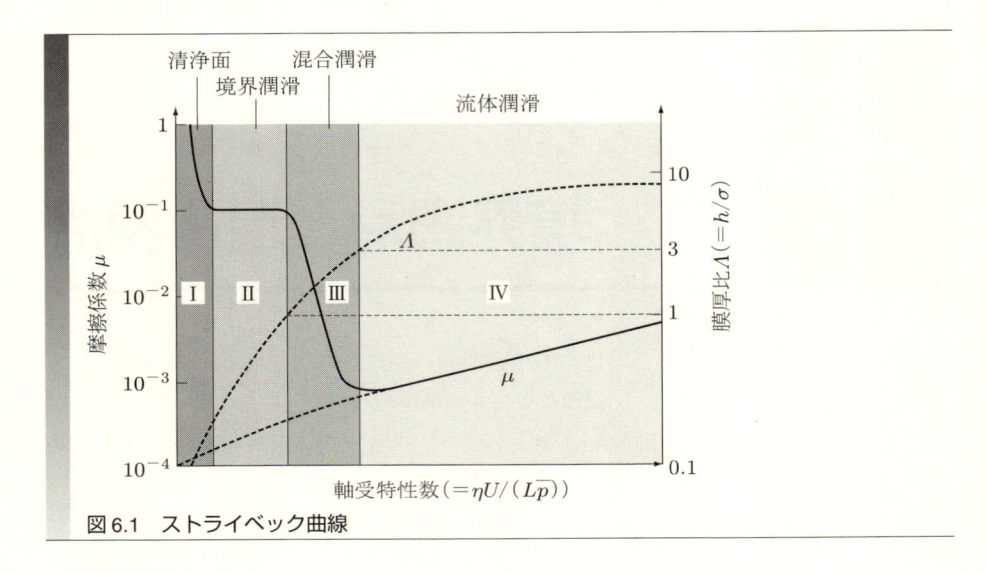

次元量である.

第2章で述べたように，固体表面には必ず粗さが存在し，多くの場合，粗さの突起高さは正規分布をする．したがって，二面間に介在する流体膜厚さ h が二面の合成自乗平均平方根粗さ σ の3倍を越えた場合には，確率的に粗さどうしの接触は起こらず，完全な流体潤滑状態となる．図6.1において軸受特性数が増加し，膜厚比が $\Lambda > 3$ となる領域IVが流体潤滑状態に相当する．摩擦係数 μ の値は軸受特性数とともに直線的に増加する．しかし，この場合の摩擦の原因は流体の粘性せん断応力であるから，摩擦係数は固体が直接接触する場合に比べてかなり小さな値になる．この傾向は，ペトロフの法則による流体摩擦係数の計算結果を示した図5.4からも明らかなように，流体潤滑理論により求められる摩擦係数の示す傾向と完全に一致する．したがって，ストライベック曲線の領域IVにおける摩擦特性を流体潤滑理論により十分に予測できる.

滑り速度 U か粘度 η の低下，あるいは荷重 W の増加で軸受特性数の値が減少すると，やがて膜厚比 Λ は3を下回り，固体表面の一部に接触を生じて摩擦係数の値が上昇し始める．軸受特性数の値がさらに減少し，膜厚比 Λ が1を下回ると，表面粗さ突起の大半が接触し，摩擦係数の値は一定値に落ち着く．このとき固体表面は分子レベルの皮膜で覆われた状態となり，摩擦係数の値は0.1程度となる．固体表面を覆う分子レベルの皮膜を**境界膜**（boundary film），このときの潤滑状態を**境界潤滑**（boundary lubrication）とよぶ．境界潤滑という名称はトライボロジーの初学者にとってはその意味を理解しにくい面はあるが，境界膜の作用による潤滑と解

釈すればよい．図 6.1 の領域 II が境界潤滑状態に相当する．境界潤滑状態では第 3 章で述べたアモントン-クーロンの摩擦法則が成立するが，摩擦係数を理論的に求めることは現在のところ困難であり，実験に頼らざるを得ない．第 1 章でトライボロジーが学問的にいまだ発展途上にあると述べた理由は主にこの点にある．

　潤滑状態が流体潤滑状態から境界潤滑状態へ移行する遷移領域においては，流体潤滑状態と境界潤滑状態が混在しており，摩擦係数の値は軸受特性数の減少とともに急激に増加する．図 6.1 の領域 III に相当するこのような潤滑状態を**混合潤滑**（mixed lubrication）あるいは薄膜潤滑（thin film lubrication）とよぶ．なお，軸受特性数がきわめて小さくなると，境界膜が破断して固体表面は清浄な状態になり，固体の新生面どうしの直接接触（凝着）が生じる．このとき，摩擦係数は急激に上昇する．図 6.1 の領域 I がこの状態に相当する．このような状態では，流体膜の影響が消失することから，**乾燥摩擦**（dry friction）とよばれることが多い．

　機械の性能は，その摩擦部分の特性に大きく依存する．したがって，図 6.1 に示すストライベック曲線の示す特性を改善して，できるだけ流体潤滑の領域が広がるように摩擦特性を制御し，機械設計に活用することが重要である．流体潤滑領域における摩擦特性の予測は，第 5 章で述べた流体潤滑理論により可能である．一方，混合潤滑，境界潤滑領域においては，今のところ摩擦特性の予測が可能な理論は完備されていない．しかし，これから述べる添加剤による境界膜の形成や，第 7 章で扱う表面改質技術の導入による摩擦・摩耗特性の改善が試みられている．

6.1.2　境界潤滑と混合潤滑のモデル

　固体表面に境界膜が形成されている場合，境界膜によって固体面が保護されて固体どうしの直接接触，すなわち凝着が妨げられるために摩擦係数はかなり低下する．たとえば，第 3 章で述べた乾燥摩擦状態における金属材料どうしの摩擦係数は 0.5 程度であった．しかし，金属表面が境界膜で覆われた境界潤滑下での摩擦係数は 0.1 程度になる．乾燥状態下といっても固体表面は高いレベルの活性化エネルギーをもっているため，酸素分子などの物質を吸着し，図 2.11 に示したように，表面は酸化膜などの皮膜で覆われている．したがって，この場合も広義の意味では境界潤滑状態といえる．真空中のように吸着物質が存在せず，金属の新生面が直接接触する場合の凝着はきわめて大きく，摩擦係数は桁違いに増加する．図 6.2 は，真空に近い状態から徐々に酸素を供給していったときに，固体表面で酸化膜が形成され，摩擦係数が低下していく様子を調べた結果である．時間が十分に経過した後の摩擦係数はさらに低下し，最終的に乾燥下での摩擦係数である 0.5 前後に落ち着く．

　バウデンとテーバーは，境界潤滑状態と混合潤滑状態を説明するモデルとして図

図 6.2　摩擦係数と酸化膜形成との関連
(Bowden, F.P., Annals of NY Academy of Sciences, 54, 4 (1951) より)

図 6.3　バウデン-テーバーのモデル

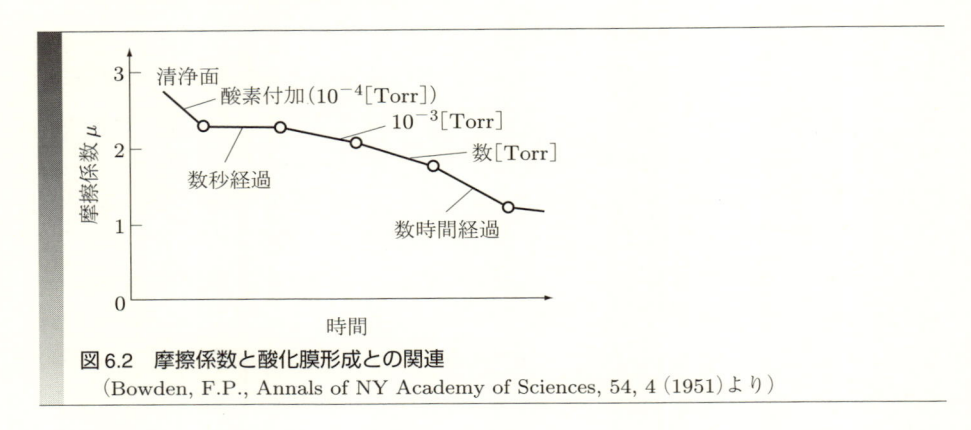

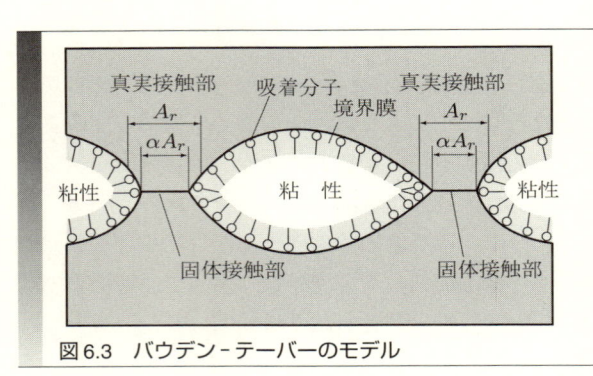

6.3 に示すモデルを提案している．図中の A_r は境界膜を介した接触を含めた真実接触面積を表し，α はそのうちの固体どうしの接触部（凝着部）の占める割合である．粘性流体で占められたすきま内に流体圧力が発生し，流体圧力と真実接触部の接触圧力の両者によって荷重を支える場合には，混合潤滑となる．しかし，流体膜厚さがきわめて薄い場合には粘性作用による流体圧力は消失し，荷重はすべて凝着部を含めた真実接触部により支持される．この状態が境界潤滑となる．

6.1.3　境界潤滑と混合潤滑における摩擦係数

いま固体の直接接触部（凝着部）のせん断強さを s_s，境界膜のせん断強さを s_f とすると，境界潤滑下における摩擦力 F は次式のように表される．

$$F = A_r\{\alpha s_s + (1-\alpha)s_f\} \tag{6.1}$$

ここに，係数 α は良好な潤滑状態ほど小さく，凝着のない理想的な境界潤滑状態では

$\alpha = 0$ である*. なお，ここで用いた記号 α は式 (3.35) で用いた修正係数 α とは物理的意味が異なる．

> **ひとくちメモ**
> 金属せっけんでは，$\alpha = 0.02$，流体膜では $\alpha = 0.15 \sim 0.2$ 程度である．

第 2 章の式 (2.10)，(2.11) に示したように，接触が完全に塑性域で生じるとしたときの真実接触面積 A_r は次式によって求められる．

$$A_r = \frac{W}{p_o} = \frac{W}{H} \tag{6.2}$$

ただし，p_o, H はそれぞれ二面のうち軟らかい方の面の塑性流動圧力と押込み硬さである．

式 (6.1)，(6.2) より境界潤滑下における摩擦係数 μ は，次式のように表される．

$$\mu = \frac{F}{W} = \alpha \frac{s_s}{p_o} + (1-\alpha)\frac{s_f}{p_o} = \alpha \frac{s_s}{H} + (1-\alpha)\frac{s_f}{H} \tag{6.3}$$

α の値がきわめて小さい理想的な境界潤滑状態では，式 (6.3) で $\alpha \cong 0$ として，

$$\mu \cong \frac{s_f}{p_o} = \frac{s_f}{H} \tag{6.4}$$

となる．式 (6.3)，(6.4) から，境界潤滑特性を大幅に改善するには，高圧・高せん断下でも境界膜の被覆率を大きくする．すなわち α の値を小さくし，かつ境界膜のせん断強さ s_f もできるだけ小さくする必要がある．しかし，バウデン–テーバーのモデルは境界潤滑特性を改善する大まかな指針を与えてはくれるが，その具体的方法を提示していない．境界膜の物理的・化学的性質を考慮した摩擦係数の定量的な予測モデル（すなわち式 (6.3) あるいは式 (6.4) の s_f の大きさを評価する方法）は，残念ながら現在のところ存在していない．このため，モデルの定式化はトライボロジーの今後の大きな課題である．なお，バウデン–テーバーのモデルは，摩擦係数の定量的な見積りには利用されないが，境界膜の性質を考察するには大変便利であるから，利用価値の高いモデルである．

つぎに，式 (6.1) 〜 (6.4) の考え方を混合潤滑問題に拡張してみる．全荷重 W のうち凝着部を含めた真実接触部での分担荷重を W_b，摩擦力を F_b，流体圧力による分担荷重を W_{fl}，粘性摩擦力を F_{fl} とすると，接触面に対する法線方向および接線方向の力のつり合い条件から，次式が得られる．

$$W = W_b + W_{fl} \tag{6.5}$$

$$F = F_b + F_{fl} \tag{6.6}$$

さらに，混合摩擦係数を μ，境界摩擦係数を μ_b，流体摩擦係数を μ_{fl} とすると，摩擦係数の定義から次式が得られる．

$$\mu = \frac{F}{W}, \quad \mu_b = \frac{F_b}{W_b}, \quad \mu_{fl} = \frac{F_{fl}}{W_{fl}} \tag{6.7}$$

ここで，全荷重 W のうち，真実接触部が分担する荷重の割合を x_b，流体部分が分担する荷重の割合を x_{fl} とすると，x_b, x_{fl} はそれぞれ次式によって与えられる．

$$x_b = \frac{W_b}{W}, \quad x_{fl} = \frac{W_{fl}}{W} \tag{6.8}$$

式 (6.5)，(6.8) より，

$$x_b + x_{fl} = 1 \tag{6.9}$$

となる．

一方，式 (6.6)～(6.8) より，摩擦係数 μ は次式のように表される．

$$\mu = x_b \mu_b + x_{fl} \mu_{fl} \tag{6.10}$$

式 (6.9) の関係を用いると次式が得られる．

$$\mu = x_b \mu_b + (1 - x_b) \mu_{fl} \tag{6.11}$$

ここで，接触が完全に塑性域で生じるとしたときの境界摩擦係数 μ_b は，式 (6.3) のように表されるので，式 (6.3) を式 (6.11) へ代入すれば，次式が得られる．

$$\begin{aligned}
\mu &= x_b \left\{ \alpha \frac{s_s}{p_o} + (1 - \alpha) \frac{s_f}{p_o} \right\} + (1 - x_b) \mu_{fl} \\
&= x_b \left\{ \alpha \frac{s_s}{H} + (1 - \alpha) \frac{s_f}{H} \right\} + (1 - x_b) \mu_{fl}
\end{aligned} \tag{6.12}$$

さらに，固体どうしの直接接触（凝着）が無視できる $\alpha = 0$ の状態では，次式となる．

$$\mu = x_b \frac{s_f}{p_o} + (1 - x_b) \mu_{fl} = x_b \frac{s_f}{H} + (1 - x_b) \mu_{fl} \cong x_b \frac{s_f}{H} \tag{6.13}$$

なお，流体摩擦係数 μ_{fl} は，第 5 章で述べた流体潤滑理論により求めることができるが，その値は境界摩擦係数の値に比べて小さいことから，μ_{fl} の値を無視した式 (6.13) の最後の近似式が適用できる．また，荷重分担割合 x_b は，たとえば，付録 A に示す固体表面の確率論的取り扱いによる接触理論，流体潤滑理論，荷重のつり合い式を組み合わせることにより推定できる．

式 (6.11) あるいは式 (6.13) において，$x_b = 1$ とすれば $\mu = \mu_b$ となり，完全な境界潤滑状態に帰着する．一方，$x_b = 0$ とすれば $\mu = \mu_{fl}$ となり，完全な流体潤滑状態に帰着する．ただし，境界摩擦係数 μ_b や境界膜のせん断強さ s_f を理論的に求めることは困難である．このため，実測に頼らざるを得ない．実測値が与えられれば，式 (6.11) あるいは式 (6.13) により混合摩擦係数の値 μ を求めることは可能になる．

例題 6.1

混合摩擦の例を参考にして，式 (6.1) を導け．

解答

固体接触部のうち固体どうしが直接接触する部分（凝着部）の面積を A_{rs}，せん断強さを s_s，摩擦力を F_s とすると，第 3 章の式 (3.12) から，

$$F_s = A_{rs} s_s$$

となる．つぎに，境界膜を介して接触する部分の面積を A_{rf}，せん断強さを s_f，摩擦力を F_f とすると，同じく式 (3.12) から，

$$F_f = A_{rf} s_f$$

となる．これより，接触部全体の摩擦力 F は，

$$F = F_s + F_f = A_{rs} s_s + A_{rf} s_f \tag{6.14}$$

となる．一方，全荷重 W のうち固体の直接接触によって支持される荷重を W_s，その分担割合を α，境界膜を介した接触によって支持される荷重を W_f，その分担割合を β とすると，

$$W = W_s + W_f \tag{6.15}$$

$$\alpha = \frac{W_s}{W}, \quad \beta = \frac{W_f}{W} \tag{6.16}$$

となり，これより，

$$\alpha + \beta = 1 \tag{6.17}$$

となる．ここで，第 2 章の式 (2.10) に示す真実接触面積と荷重の関係から，

$$A_{rs} = \frac{W_s}{p_o}, \quad A_{rf} = \frac{W_f}{p_o}, \quad A_r = \frac{W}{p_o} \tag{6.18}$$

となる．ただし，p_o は軟らかい方の固体の塑性流動圧力である．

式 (6.14)，(6.15)，(6.16)，(6.18) より，

$$F = \frac{W_s}{p_o} s_s + \frac{W_f}{p_o} s_f = \frac{W_s}{W} A_r s_s + \frac{W_f}{W} A_r s_f = A_r (\alpha s_s + \beta s_f) \tag{6.19}$$

となり，さらに，式 (6.17) の関係を考慮すると，

$$F = A_r \{\alpha s_s + (1 - \alpha) s_f\}$$

となり，式 (6.1) が得られる．■

6.2 境界膜の潤滑特性と添加剤

6.1 節で述べたように，境界潤滑特性の良否は固体表面における境界膜の被覆率とせん断強さ s_f に依存する．すなわち固体表面の広い範囲にわたって，せん断強さの低い膜が強固に吸着しているか否かである．6.2 節では固体表面に境界膜が形成されるメカニズムと，添加剤による境界潤滑特性の改善を取り上げる．

6.2.1　境界膜形成のメカニズム

潤滑流体として広く用いられ，通常，われわれが潤滑油と称している油の多くは鉱油系潤滑油である．鉱油系潤滑油の成分には，図 6.4 に示すパラフィン系炭化水素，ナフテン系炭化水素，芳香族炭化水素などがある．パラフィン系炭化水素は，炭素原子が鎖状に連なった構造であるのに対して，ナフテン系および芳香族炭化水素は，炭素原子が環状に連鎖した構造になっている．鉱油系のほかに不純物を含まない合成潤滑油があるが，潤滑油の全使用量のうち鉱油系が 90 %以上を占めている．

潤滑油中に**極性基**（polar substance）をもつ直鎖性分子（このような物質を極性物質とよぶ）が混ざっていると，極性物質が固体表面に吸着し，図 6.3 に示す境界膜を容易に形成する．しかし，上に述べた鉱油系潤滑油自身には極性物質は含まれていない，あるいは含まれていてもごくわずかである．そのため，境界膜が形成さ

（a）パラフィン系炭化水素

（b）ナフテン系炭化水素

（c）芳香族炭化水素

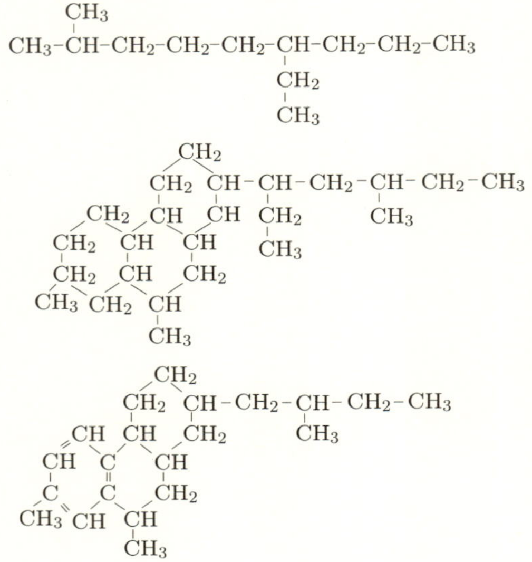

図 6.4　鉱油系潤滑油

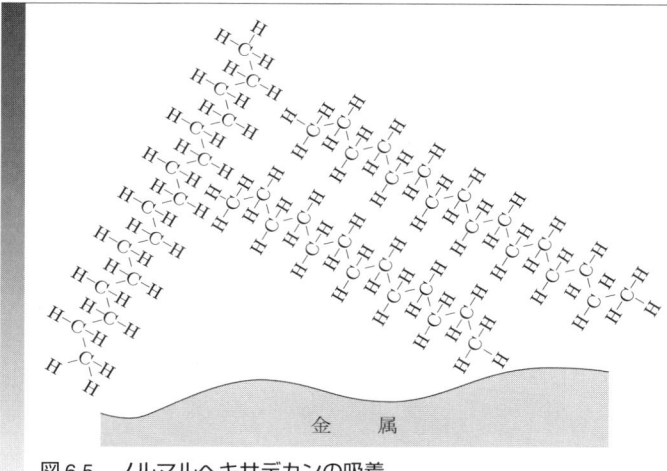

図 6.5 ノルマルヘキサデカンの吸着

れにくく，境界潤滑能力は低い．図 6.5 は，パラフィン系の一種であるノルマルヘキサデカンの金属表面への吸着の様子を示している．この図からノルマルヘキサデカン分子の金属表面への吸着は認められず，境界膜が形成されにくいことがわかる．

潤滑油の境界潤滑能力を高めるために，鉱油系潤滑油に微量（0.1〜1％）の極性物質を添加して用いることが多い．このときベースとなる鉱油系潤滑油を**基油**（base oil），添加される極性物質を**添加剤**（additives）とよぶ．基油は粘性による流体潤滑作用を受けもつ油であり，添加剤は境界潤滑作用を受けもつ物質である．なお，このような添加剤は**油性向上剤**（oilness agent）あるいは**油性剤**とよばれる．

油性向上剤としては，基油に溶けやすく，固体表面への吸着力の強い物質が望ましい．このような要件を満たす物質として，アルコール（$C_nH_{2n+1}-OH$），脂肪酸（$C_nH_{2n+1}-COOH$），アミン（$C_nH_{2n+1}-NH_2$）などがよく用いられる．なお，化学記号の末端の $-OH$，$-COOH$，$-NH_2$ などが極性基で，この部分で固体表面との間に電子のやりとりを行い，結合する．

潤滑油中の油性向上剤の濃度が増加すると，吸着量が増加したのち，やがて平衡状態に落ち着いて境界膜が形成される．油性向上剤の固体表面への吸着が表面との電子のやりとりによる**化学吸着**（chemisorption）の場合は，単分子層（monomolecular layer）が形成される．一方，**ファン・デル・ワールス力**（Van der Waals force）による**物理吸着**（physisorption）の場合は，多分子層（multimolecular layers）が形成される．油性向上剤の固体表面への吸着力の強さは極性基の極性が強いほど大きいが，吸着力の強さの尺度としては吸着熱が用いられる．化学吸着における吸着熱

は 4×10^4 [J/mol] 以上と大きい．そのため，固体面と強固に吸着して金属せっけん膜を生成し，温度が上昇してもはがれにくい．

これに対して，物理吸着における吸着熱は，2×10^4 [J/mol] 以下で化学吸着に比べてかなり小さく，固体表面への吸着力が弱い．また，温度上昇に伴ってはがれやすくなる．なお，油性向上剤が固体表面に化学吸着するか物理吸着するかは，油性向上剤と固体の組み合わせによって異なる．たとえば，脂肪酸は不活性金属である金（Au），銀（Ag），白金（Pt）などに対しては物理吸着するが，多くの活性金属に対しては化学吸着することが知られている．

図 6.6 は化学吸着の例である．鉄の酸化膜の表面に厚さ 3 [nm] のステアリン酸（$CH_3(CH_2)_{10}COOH$）の単分子膜が強固に吸着し，金属せっけんであるステアリン酸鉄の皮膜を形成している．図 6.7 は，鉄の表面にヘキサデカノールが物理吸着している様子を示している．

境界膜の形成メカニズムとして，このほかに，すでに述べた固体表面における酸化膜の形成がある．酸化膜は固体と酸素の**化学反応**（chemical reaction）により形成される．図 6.8 は，鉄と硫黄の化学反応により境界膜が形成される様子を示している．境界膜の吸着力は，物理吸着，化学吸着，化学反応の順に大きくなる．

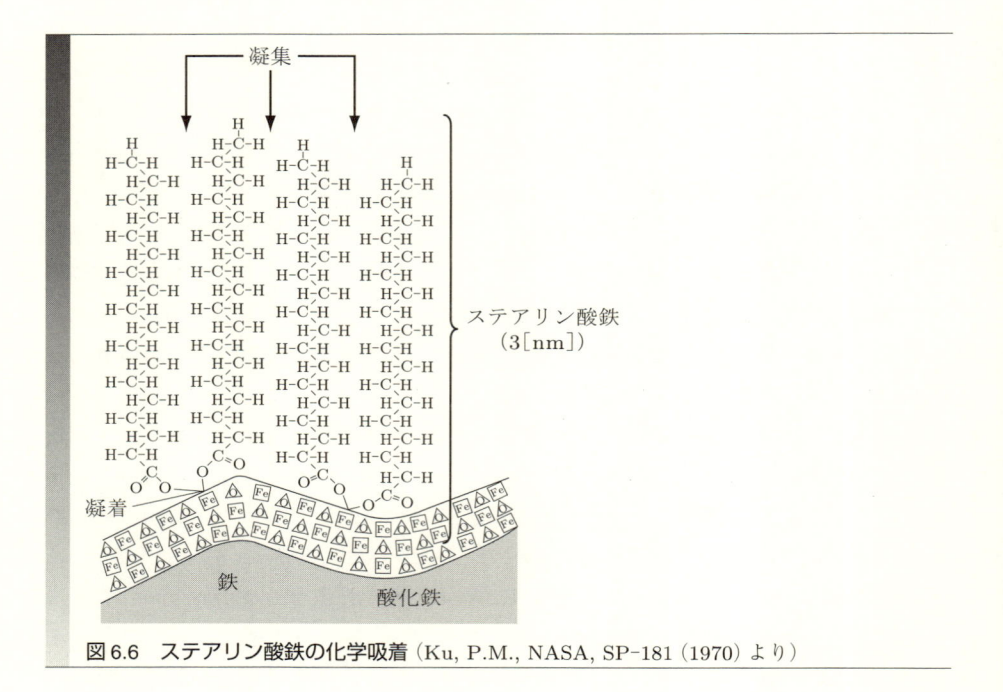

図 6.6 ステアリン酸鉄の化学吸着（Ku, P.M., NASA, SP-181 (1970) より）

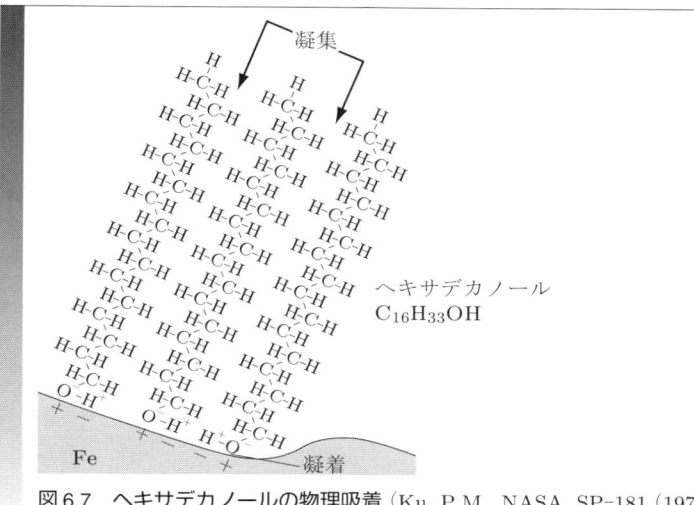

図 6.7　ヘキサデカノールの物理吸着（Ku, P.M., NASA, SP-181 (1970) より）

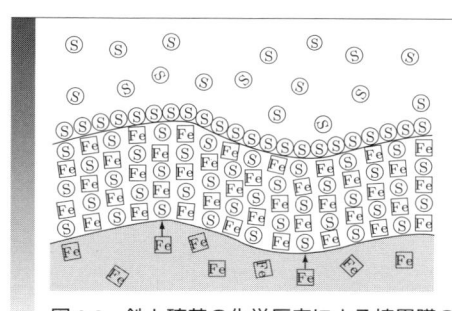

図 6.8　鉄と硫黄の化学反応による境界膜の形成（Ku, P.M., NASA, SP-181 (1970) より）

6.2.2　境界膜が潤滑特性に及ぼす影響

表 6.1 は，パラフィン系鉱油に脂肪酸の一種であるラウリン酸（$CH_3(CH_2)_{10}COOH$）を 1% 添加したときの，各種金属における境界摩擦係数の測定結果である．活性金属である亜鉛（Zn），カドミウム（Cd），銅（Cu），マグネシウム（Mg），鉄（Fe）はラウリン酸が化学吸着する．このため，基油のみの場合に比べて摩擦係数が大きく減少し，境界潤滑特性が大幅に向上する．しかし，不活性金属である白金（Pt），銀（Ag），ニッケル（Ni），クロム（Cr），あるいはガラスは，ラウリン酸が物理吸着をする．このため，摩擦係数は基油のみの場合と同じか，若干低下する程度であり，境界潤滑特性の大幅な改善は認められない．

図 6.9 は，油性向上剤の分子鎖の長さ（炭素原子数と考えてよい）が摩擦係数に及

表 6.1 境界膜が摩擦係数に及ぼす影響

	金属	清浄	パラフィン油	1％ラウリン酸
活性	亜鉛（Zn）	0.6	0.2	0.04
	カドミウム（Cd）	0.5	0.45	0.05
	銅（Cu）	1.4	0.3	0.08
	マグネシウム（Mg）	0.6	0.5	0.08
	鉄（Fe）	1.0	0.5	0.2
不活性	白金（Pt）	1.2	0.28	0.25
	銀（Ag）	1.4	0.8	0.7
	ニッケル（Ni）	0.7	0.3	0.28
	クロム（Cu）	0.4	0.3	0.3
	ガラス	0.9	0.4	0.3

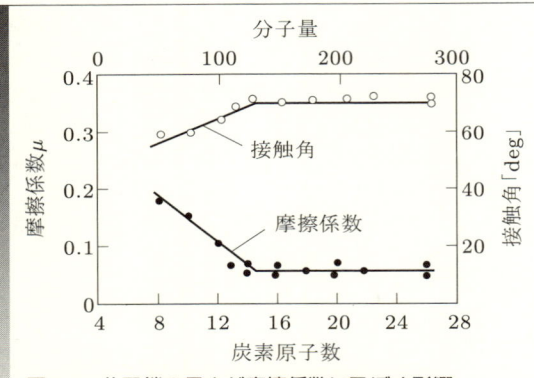

図 6.9 分子鎖の長さが摩擦係数に及ぼす影響
（Zisman, W.A., Friction and Wear, Elsevier（1959）より）

ぼす影響を実験的に調べた結果である．ガラス表面とステンレス鋼間に，パラフィン系鉱油に脂肪酸を添加した潤滑油を介在させて境界膜を形成している．炭素原子数が増えるに従い摩擦係数が低下し，原子数が14のとき0.05程度となり，その後は原子数が増えてもほぼ一定値となる．摩擦係数の低下に伴い，**接触角**＊（contact angle）は増加し，原子数が14で一定となる．このように，炭素原子数に上限はあるものの，一般に分子鎖の長い方が境界潤滑特性はよい．

図6.10に，境界膜が多分子層で構成される様子を模式的に示した．多分子層が形成される場合，分子層の数が境界潤滑特性に及ぼす影響はどの程度か．表 6.2 は，雲母（mica）にオクタメチルサイクロテトラシロキサン（OMCTS）の分子膜と，サイクロヘキサンの分子膜を

> **ひとくちメモ**
> 接触角：
> 気体，液体，固体の接触点で固体表面と液体表面の接線がなす角．

図 6.10　多分子層の形成

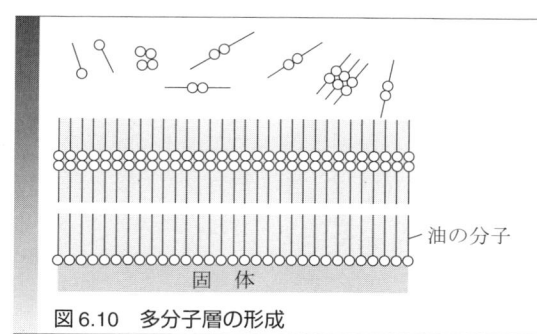

表 6.2　境界膜の分子層がせん断強さに及ぼす影響 ([MPa])

分子層の数	OMCTS	サイクロヘキサン
1	8.0 ± 0.5	$(2.3 \pm 0.6) \times 10$
2	6.0 ± 1.0	1.0 ± 0.2
3	3.0 ± 1.0	$(4.3 \pm 1.5) \times 10^{-1}$
4	———	$(2.0 \pm 1.0) \times 10^{-2}$

それぞれ吸着させて雲母を摺動させたときの，分子膜のせん断強さ s_f に及ぼす分子層の数の影響を調べた結果である．いずれの分子膜についても分子層の数が増えるにつれてせん断強さ，すなわち摩擦力が低下している．

一方，図 6.11 は，基油にステアリン酸を添加したときのステンレス鋼における摩擦係数と摩擦の繰り返し数（摩擦距離あるいは摩擦時間に相当）の関係を示してい

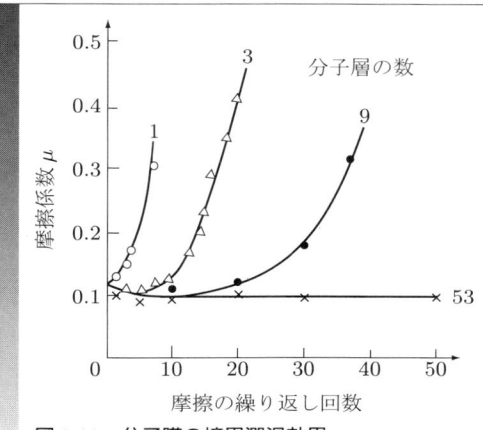

図 6.11　分子膜の境界潤滑効果
（Bowden, F.P., Tabor, D, Proc. Roy. Soc., 208 (1950) より）

る．単分子膜の場合には，境界潤滑効果は繰り返し数の増加とともに急速に失われ，摩擦係数が増加する．しかし，分子層の数が増えるに従って，境界潤滑の効果がより長い時間にわたり持続していることがわかる．

以上に示したように，境界膜を形成する油性向上剤は固体表面に化学吸着し，分子鎖が直鎖状で長いほど，また，分子層の数が多いほど境界潤滑特性がよいといえる．このような働きをする油性向上剤は吸着エネルギー（吸着力）が大きく，吸着量も多い．また，分子鎖が規則的に配向し，吸着分子間の凝集力（稠密度）が大きいため，式 (6.3) におけるせん断強さ s_f が低く，α の値も小さい．つまり，境界膜の被覆率が大きくなる．したがって，摩擦力が低下し，境界潤滑特性が向上する．

例題 6.2
油性向上剤の一つである，ステアリン酸の分子鎖と極性基の機能について考察せよ．

解答
ステアリン酸の分子鎖の部分 $C_{17}H_{35}$ は，一般に C_nH_{2n+1} の形をしたアルキル基で，分子構造は長い直鎖状である．このように長い直鎖状分子どうしは凝集力が強く配向性がよい．一方，ステアリン酸の極性基 –COOH はカルボキシル基とよばれ，その極性によって固体面に強く貼り付く（吸着する）機能をもっている．すなわち，アルキル基は潤滑剤，カルボキシル基は接着剤と考えればよい．両者の機能がうまくマッチングすることにより，高い境界潤滑特性を示す．■

6.2.3 境界潤滑能力と温度の関係

不活性金属である白金（Pt）どうし，活性金属である銅（Cu）どうしの接触面に，ステアリン酸を添加した潤滑油を介在させたときの，摩擦係数と表面温度の関係を図 6.12 に示す．すでに述べたように，ステアリン酸は白金表面には物理吸着する．

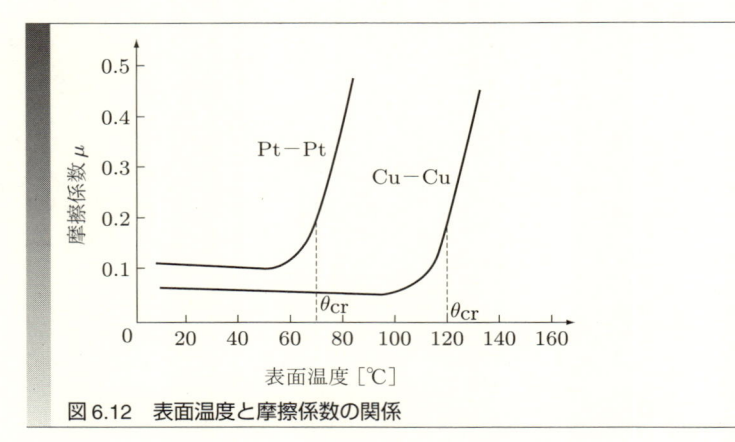

図 6.12 表面温度と摩擦係数の関係

一方，銅表面には化学吸着し，金属せっけんの一種であるステアリン酸銅の強固な境界膜を形成する．したがって，境界潤滑特性は銅表面に化学吸着した方が優れており，摩擦係数は白金表面に物理吸着する場合に比べて低い．しかし，摩擦面の温度が上昇し，ある温度 θ_{cr}（この温度を**転位温度**（transition temperature）とよぶ）を越えると急速に摩擦係数が上昇し，境界潤滑能力が失われる．このような転位温度は境界膜の**融点**（melting temperature）と考えられる．したがって，白金との物理吸着では転位温度は吸着物質であるステアリン酸の融点に等しく，$\theta_{cr} = 69\,[°\mathrm{C}]$ である．一方，銅との化学吸着では，転位温度は金属せっけんの一種であるステアリン酸銅の融点に等しく，$\theta_{cr} = 120\,[°\mathrm{C}]$ 程度であり，物理吸着の場合に比べて高い温度となる．

図 6.13 は，各種金属に脂肪酸を吸着させたときの，境界膜の転位温度と脂肪酸の分子鎖の長さ（炭素原子の数）との関係を示した図である．なお，破線は脂肪酸の融点である．不活性金属である白金（Pt）との組み合わせでは，転位温度は脂肪酸の融点にほぼ等しくなる．一方，反応性に富む活性金属である亜鉛（Zn），カドミウム（Cd），鉄（Fe）との組み合わせでは，金属せっけん膜の融点にほぼ等しくなる．このため，転位温度は物理吸着膜に比べてかなり高くなる．しかし，境界膜は百数十度程度で潤滑能力を失うことから，一般的には熱に弱い．

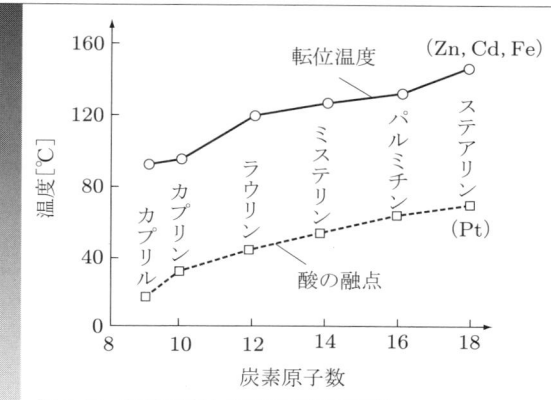

図 6.13 転位温度と炭素原子数の関係
（Bowden, F.P., Tabor, D, Proc. Roy. Soc., 208（1950）より）

6.2.4 境界膜の温度特性の改善

固体どうしの摩擦面において滑り速度や摩擦面の平均面圧（荷重と考えてもよい）が大きくなると，3.4 節で述べたように PV 値が大きくなり，摩擦面の温度が上昇す

る．摩擦面の温度が境界膜の転位温度を越えると，境界潤滑能力が失われる．そして，広範囲にわたって凝着を生じ，最終的に焼付きを起こす可能性が高くなる．これを防止するため，摩擦面が転位温度を上回る高温になったときに，固体表面と反応して強固な無機固体膜を形成する新たな物質を添加する方法がある．このような添加剤は，**極圧添加剤**（extreme pressure additives）あるいは **EP 剤**（EP additives）とよばれる．

図 6.14 は，基油に油性向上剤と EP 剤を添加したときの摩擦係数の変化の様子を示した図である．油性向上剤を添加すると，低温領域においては固体面との間に化学吸着による金属せっけんの強固な境界膜が形成される．そして，境界膜の潤滑作用により摩擦係数が低下する．しかし，摩擦面温度が上昇して転位温度を越えると，境界膜が破壊されて潤滑能力が失われるため，摩擦係数が増大する．

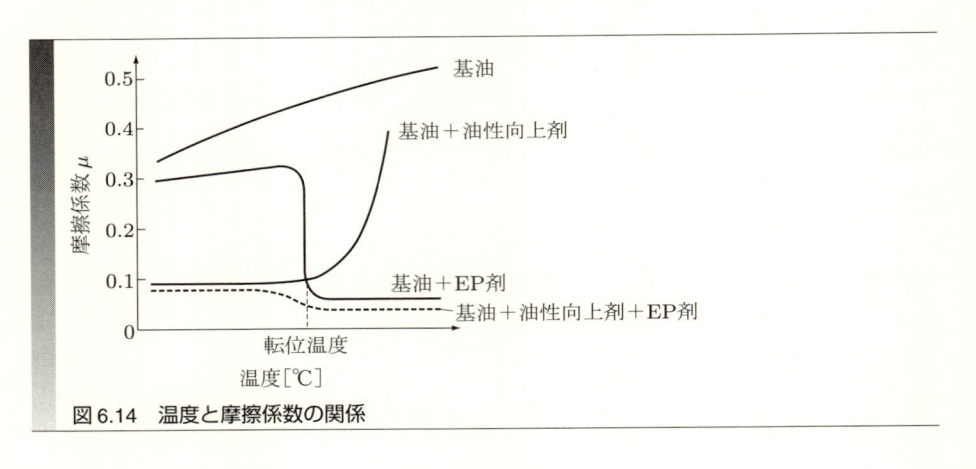

図 6.14 温度と摩擦係数の関係

一方，基油に EP 剤を添加すると，転位温度を越える高温領域では，固体表面にせん断強さ s_f の小さい無機の固体皮膜が形成され，摩擦係数が低下する．低温領域での摩擦係数はさほど低下しない．基油に油性向上剤と EP 剤をともに添加すると両方の効果が現れ，摩擦係数を転移温度を越える広範囲の温度領域にわたって低減させることができる．しかし，添加剤の組み合わせによっては，腐食などによる固体面の機械的強度の低下や潤滑油の熱的安定性の低下を引き起こすことがある．

EP 剤としては硫黄（S），リン（P），塩素（Cl）などを含む有機化合物が適している．図 6.15 は，硫黄系化合物の一つである二硫化ジベンジル（DBDS）の化学構造である．たとえば，固体材料が鉄の場合，高温下で DBDS と鉄が反応して鉄硫化物（FeS）の皮膜を形成し，高い極圧性を示す．一方で鉄メルカプチド（$Fe(SR)_2$；R はアルキル基（C_nH_{2n+1}）を示す）を生成し，耐摩耗性が向上する．

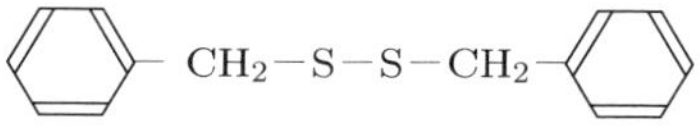

図 6.15　二硫化ジベンジル (DBDS) 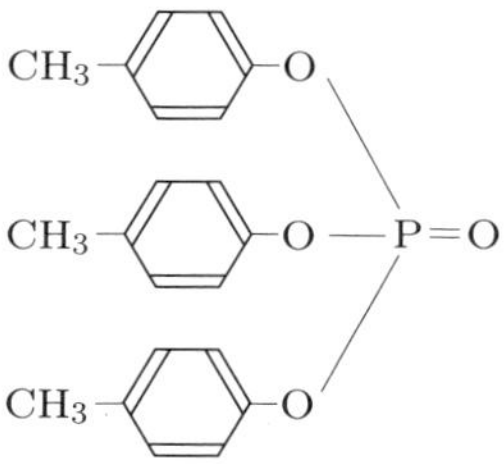　　図 6.16　リン酸トリクレシル (TCP)

　リン系化合物の EP 剤としては，アルキル系（鎖状炭化水素），アリル系（芳香族炭化水素），アルキルアリル系などのリン酸エステル（$(RO)_3PO$）が用いられる．図 6.16 は，もっとも広く用いられているアリル系リン酸エステルのリン酸トリクレシル（TCP, $(C_6H_4(H_3CO))_3PO)$）の化学構造である．リン酸エステルでは，リンと酸素の結合（$-P=O$ 結合）による吸着力が高い．固体材料が鉄の場合，Fe と Fe_3P の共有混合物を生成し，その化学的研磨機構（chemical polishing mechanism）により摩擦面はきわめて平滑化する．そのため固体面間の接触圧力が低下し，潤滑状態が改善されて摩耗が低減する．また鉄の表面にリン酸鉄（$FePO_4$）を生成し，これが高い耐摩耗性，耐焼付き性を示す．

　塩素系酸化物の EP 剤としては，塩素化パラフィン（$C_{26}H_{47}Cl_{17}$）が多く用いられる．たとえば，鉄と組み合わせた場合，表面に塩化鉄皮膜が形成され，その層状構造のためにせん断強さ s_f が低下し，摩擦係数も低下する．しかし，比較的低温（400 [℃] 程度）で膜が破断したり，水により加水分解するなどの欠点がある．このため，塩素化パラフィンの使用範囲は，切削油など一部に限定される．

　EP 剤としては，このほかに有機化合物であるジチオリン酸亜鉛（ZnDTP）や有機モリブデン（MoDTC）などがあり，主として自動車用として用いられる．

　EP 剤は，これらのものを個々に用いるよりも，複数の種類を添加して機能を複合的に向上させるのが望ましい．

例題 6.3

　添加剤には，油性向上剤や EP 剤のほかにも多くの種類がある．ほかにどのような添加剤があるか調べ，それぞれの特徴をまとめよ．

解答

　添加剤には油性向上剤や EP 剤のほかに，**酸化防止剤**（oxidation inhibitor），**清浄分散剤**（detergent dispersant），**粘度指数向上剤**（viscosity index improver），**消泡剤**（antifoaming agent），**流動点降下剤**（pour point depressant），**摩擦調整剤**（friction modifier），**耐摩耗性添**

表 6.3 添加剤の種類と特徴

添加剤	特徴
酸化防止剤	自ら酸素を吸収して基油の酸化を遅らせる．また，金属面を不活性化して酸化の促進を抑える．タービン油やエンジン油に適用される．
清浄分散剤	エンジンの運転中に生じる潤滑油の酸化物や不完全燃焼生成物を油中に分散させ，これらがスラッジとなって堆積するのを抑える．
粘度指数向上剤	潤滑油の粘度は油の温度によって大きく変化するので，これを防ぐために利用する．エンジン油や作動油に適用される．
消泡剤	潤滑油が撹拌されると無数の小さな消えにくい泡が発生し，油の劣化や油不足による焼付き，摩耗などの原因になるので，これを防止する．エンジン油，タービン油，ギヤ油などに用いられる．
流動点降下剤	基油に含まれるワックス分は油温が流動点以下になると結晶化，網目構造化し，低温下で流動しなくなるので，これを防止し，流動性を保つ．エンジン油に用いられる．
摩擦調整剤	作動状態に適した摩擦特性になるよう摩擦係数を制御するための添加剤で，本文中に述べた油性向上剤，EP 剤，固体潤滑剤などはすべてこれに属する．
耐摩耗性添加剤	固体面に化学吸着，あるいは化学反応して形成される保護膜により摩擦による摩耗を低減させる．

加剤（antiwear additive）などがある．それぞれの特徴をまとめて表 6.3 に示す．■

6.3 固体潤滑剤

境界潤滑を行う際に固体二面間に介在させる第 3 物質として滑りやすい固体を用いる場合がある．本節では固体を潤滑剤として用いる方法について述べる．

6.3.1 固体潤滑のモデル

境界潤滑を適切に行うためには，基油に油性向上剤や EP 剤などの添加剤を微量に加えて境界膜を形成する方法が有効である．しかし，せん断強さ s_f が低い物質であれば，固体であっても境界膜として十分な機能を果たすはずである．固体による潤滑方式を**固体潤滑**（solid lubrication）とよぶ．また，固体でせん断強さが低く，境界膜としての良質な機能をもった潤滑剤を**固体潤滑剤**（solid lubricants）とよぶ．固体潤滑剤は，真空中などの潤滑油が使えない環境下で重要な役割を果たしている．図 6.17 は，固体潤滑の基本概念のモデル図である．

前述の式 (6.1) から，摩擦力は一般に次式によって表される．

$$F = A_r s \tag{6.20}$$

6.3 固体潤滑剤

図6.17 固体潤滑のモデル

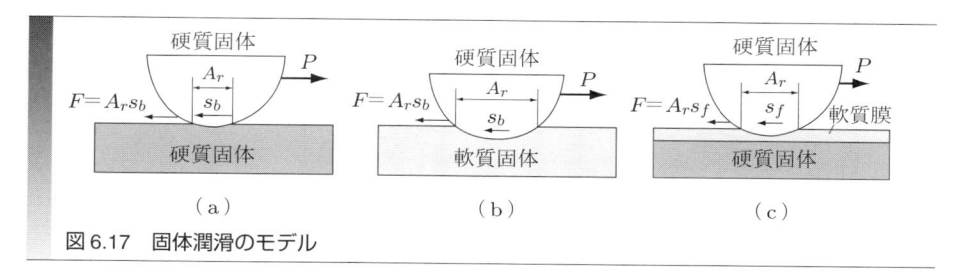

ただし，s は接触する二面のうち軟らかい方の固体材料のせん断強さである．表面に皮膜が形成されていない場合には $s = s_b$，表面が完全に皮膜で覆われている場合には $s = s_f$ である．

図6.17(a)のように，硬質の固体が硬質の固体面に接触して接線方向外力 P を受ける場合には，真実接触面積 A_r は小さく，せん断強さ s_b は大きい．一方，図6.17(b)のように，硬質の固体が軟質の固体面に接触して接線方向外力 P を受ける場合には，真実接触面積 A_r は大きく，せん断強さ s_b は小さい．これらに対して，図6.17(c)のように，**母材**（表面に皮膜を形成する固体材料）である硬質固体の表面に，せん断強さの低い**軟質固体材料**（soft solid material）の皮膜を形成し，硬質の固体が皮膜に接触して接線方向外力 P を受ける場合には，荷重は硬質固体が受けもつので真実接触面積 A_r は小さく，一方でせん断を軟質膜が受けもつのでせん断強さ s_f も小さい．したがって，式 (6.20) に示した $F = A_r s$（s は s_b あるいは s_f）の関係から，図6.17(c)の状態では，図6.17(a)，(b)の場合に比べて摩擦力 F（あるいは摩擦係数 μ）が低下する．これが固体潤滑の基本的な考え方である．

6.3.2 固体潤滑剤の種類

摩擦低減特性を示す軟質固体材料にはどのようなものがあるだろうか．もっともよく知られている材料として，**グラファイト**（graphite）がある．グラファイトは，図6.18に示すように，炭素が化学結合して六角形に連なった層状の構造で，層と層の間の結合力はファン・デル・ワールス力であるため，一つの層内における六角形どうしの結合力に比べて小さい．したがって，層間にせん断を受けたときのせん断強さ s_f は小さく，分子レベルの滑りが生じる．また，雰囲気中に含まれる水蒸気などが表面に吸着しやすく，層間の結合力はこれによっても小さくなり，結果的に摩擦力が低下する．しかし，グラファイトは約450 [℃] 以上の温度になると酸化を生じるため，その使用には限度がある．これを改善するために，酸化カドミウム（CdO）や銀（Ag）などを添加する方法が用いられている．グラファイトは軸受，シール，

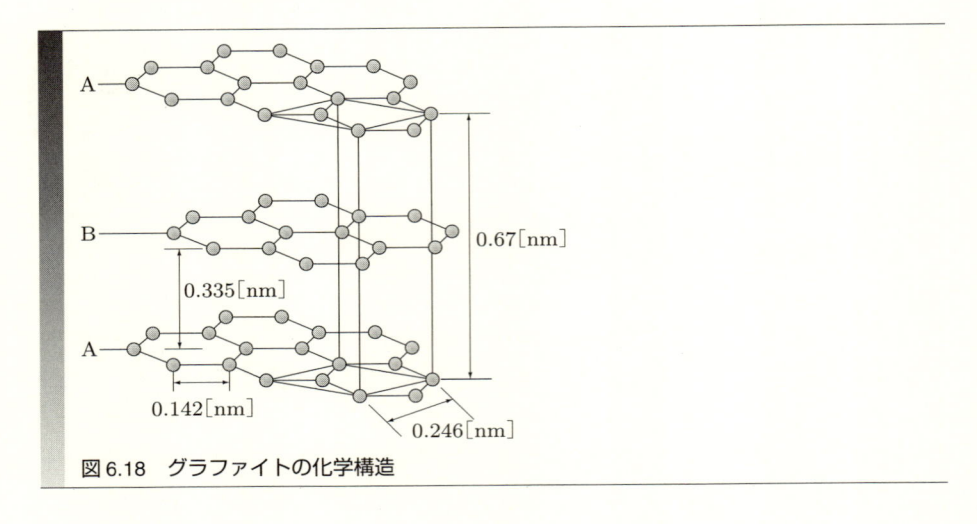

図6.18 グラファイトの化学構造

電気接点など，摺動を伴う多くのトライボ要素に広く使用されている．

　グラファイトと並んで広く知られているのが，**二硫化モリブデン**（MoS_2）である．図6.19は二硫化モリブデンの構造を示している．モリブデン（Mo）の六角形結晶を挟んで結晶の両面をそれぞれ6個の硫黄（S）が取り囲み，硫黄どうしがファン・デル・ワールス力により結合して，層状構造が連なっている．したがって，モリブデンと硫黄の結合力に比べて硫黄間の結合力は弱く，せん断を受けて分子レベルの滑りを生じやすい．すなわち，グラファイトと同様にせん断強さ s_f の低い固体材料といえる．その結果，摩擦も小さくなる．二硫化モリブデンは水蒸気を吸着するため，水蒸気の影響により摩擦が少し大きくなったり，腐食を起こしたりする可能性がある．また，空気中では300［℃］以上の温度で酸化し，摩擦特性が悪化する．これらの理由により，二硫化モリブデンの摩擦特性は空気中よりも真空中の方が良好となる．したがって，二硫化モリブデンは，人工衛星やスペースシャトルなど宇宙関連機器のトライボ要素に広く用いられている．

　固体潤滑剤として，グラファイトや二硫化モリブデンのほかに広く用いられている軟質固体材料に，フッ素系樹脂であるポリテトラフロロエチレン（polytetrafluoroethylene：PTFE），ポリエチレン（polyethylene），ポリエステル（polyacetel），ポリイミド（polyimide）などの高分子膜がある．PTFEは通常テフロンとよばれ，われわれの日常生活になじみの深い材料である．高分子膜以外にも金（Au），銀（Ag），銅（Cu），鉛（Pb），スズ（Sn），インジウム（In）などの軟質金属膜を母材表面にコーティングする方法がよく用いられている．なお，これらの固体潤滑剤は母材表面と強固に結合させて皮膜を形成する必要がある．

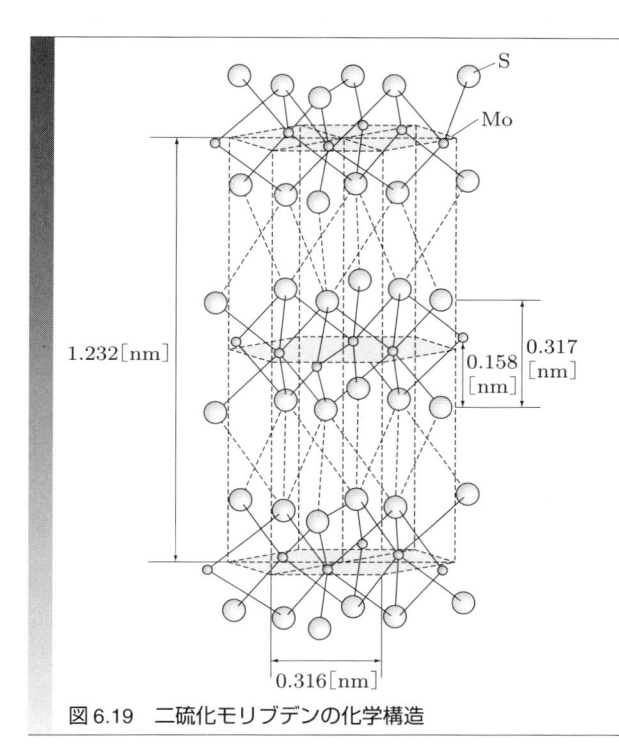

図6.19　二硫化モリブデンの化学構造

　皮膜の形成方法として，第7章で述べる多くの方法が用いられている．軟質固体材料は，せん断強さ s_f が低いことを利用して低摩擦の状態を実現するため，膜の硬さ H はさほど大きくない．第4章で示した式(4.4)によれば，摩耗率が大きくなり，耐摩耗性に優れているとはいえない．したがって，このような材料により形成される境界膜の適用範囲は，比較的低荷重の場合や比較的低速の場合，あるいは作動温度が数百度以下の場合に限られる．

　固体表面の耐摩耗性や耐腐食性を向上させ，高荷重，高速，高温下で使用できるようにするには，第7章で詳しく取り上げるダイヤモンドライクカーボン（DLC）などの**硬質材料**を用いる表面改質方法が有効である．現在，皮膜形成方法とその摩擦・摩耗特性の改善効果について，トライボロジーの視点から活発に研究が行われている．

例題 6.4

　PTFEは，なぜ固体潤滑剤として優れているか．その潤滑機構について考察せよ．

解答

　PTFE は，バンド構造をした結晶を部分的に含む長い分子鎖が層状をなす構造である．分子鎖内部は強く結合しているが，層と層の間は結晶部分どうしに働くファン・デル・ワールス力による弱い結合である．したがって，せん断力を受けたとき層間に分子レベルの滑りを生じ，摩擦力が低下する．これはグラファイトや二硫化モリブデンと基本的に同じ潤滑機構である．なお，PTFE は潤滑性に優れているのみならず，耐熱性や耐腐食性も高いために台所用品などを始めとしてわれわれが日頃使う日用品にも広く用いられている．

　グラファイト，二硫化モリブデン，PTFE などの固体潤滑剤は，いずれも層状の分子構造であり，層間がファン・デル・ワールス力により結合しているために，せん断を受けたときに滑りやすくなることを利用している．■

第6章のポイント

1. 摩擦面に作用する荷重が増大した場合，速度が低下した場合，あるいは潤滑流体の粘度が低下した場合には，固体表面間の潤滑膜厚さが減少して潤滑状態は流体潤滑から混合潤滑へ，さらに境界潤滑へと推移する．この特性を表す曲線をストライベック曲線とよぶ．
2. 流体潤滑状態では，摩擦面に作用する荷重はすべて潤滑膜に発生する流体圧力によって支持される．一方，境界潤滑状態では，分子レベルの境界膜を介して表面粗さ突起の接触圧力によって全荷重が支持される．混合潤滑状態では，流体圧力と接触圧力の両者によって全荷重が支持される．
3. 潤滑特性のよい境界膜を形成するために，鉱油系潤滑油などの基油に化学吸着力の強い油性向上剤を添加する．さらに，転位温度を越える高温下での境界膜の破壊に伴う摩擦特性の悪化を防ぐために，EP 剤を合わせて添加する方法が用いられる．
4. 境界潤滑特性の改善方法として，硬質母材の表面にせん断強さの低い軟質固体材料の皮膜を形成する方法がある．このような材料を固体潤滑剤とよび，層状構造をもつグラファイトや二硫化モリブデン，PTFE などが代表例である．

演習問題

6.1 広範囲の作動領域で使用される機械の摩擦面において，良好な潤滑状態を維持するにはどのような事柄を考慮すべきか．ストライベック曲線を基にして考察せよ．
6.2 式 (6.4) は第 3 章に示した式 (3.41) から得られることを示せ．
6.3 3.2 節で述べたように，鉄を始めとして工業的に多く用いられる金属材料の乾燥状態下における摩擦係数は，0.5 前後が多い．なぜそうなるのか．
6.4 機械が過酷な条件下で作動すると，焼付きが生じやすい理由を境界・混合潤滑の立場から説明せよ．

第7章 表面改質技術

 接触し，かつ相対運動する固体二面間の摩擦を減らし，摩耗による損失を防止する最良の方法は，第5章で述べた流体潤滑である．しかし，実際のトライボ機器においては，理想的な流体潤滑状態で作動するように設計された機器であっても起動時や停止時には接触が生じる．また，一般的な機器では潤滑面の一部は必ず接触している．第6章で述べたように，固体表面の一部接触を伴う混合潤滑状態においては，潤滑流体（主として油）に微量の油性向上剤や EP 剤を添加することにより皮膜を形成する．そして，その境界潤滑効果によって接触時における摩擦の低減ができる．

 ところが，添加剤により境界膜を形成する方法では，機器の使用条件がきわめて過酷（たとえば，高負荷，高温，高真空，硬質外来粒子の混入が防ぎきれないなど）になると境界膜が破壊され，境界潤滑効果が損なわれる可能性が高い．これに対して，固体（以下，母材*とよぶ）の表面に母材とは異なる元素をもつ物質を導入して，母材表面をより優れた性質に作り変える方法がある．この方法を**表面改質**（surface modification）という．

> **ひとくちメモ**
> 表面改質技術では基板というが，トライボロジー分野では母材がよく用いられる．

 本章では，**表面改質技術**（surface modification technology）による母材の摩擦・摩耗特性の改善について詳しく述べる．

7.1 表面改質の物理的意義

 表面改質とは，母材表面を別の材料で被覆する（**コーティング**：coating），あるいは表面に強力なエネルギーを付加することにより，摩擦・摩耗特性の改善など母材の高機能・高性能化を図る技術である．表面改質後の皮膜としては，接線力の影響を緩和する機能をもつ**軟質皮膜**（soft coating）と，母材に比べて高い硬度をもつ**硬質皮膜**（hard coating）がある．

 皮膜材と相手材が接触し，相対運動をして二面間に摩擦が生じるとき，母材，皮膜

材,相手材はそれぞれ弾性変形か塑性変形をする．母材が塑性変形する場合は摩耗が生じ,皮膜材としての機能を果たせなくなる．そのため,母材が弾性変形する場合は,母材,皮膜材,相手材の変形状態として表7.1のような組み合わせとなる．なお,固体表面が弾性変形するか塑性変形するかは,つぎに定義する**塑性指数** ψ（plastic index）により判定できる．

$$\psi = \left(\frac{\sigma}{r}\right)^{\frac{1}{2}} \frac{E}{H} \tag{7.1}$$

ただし,σ は自乗平均平方根粗さ,r は粗さ突起先端部の曲率半径,H は押込み硬さ,E はヤング率である．ψ について場合分けしてみてみると,$\psi < 0.6$ の場合は完全に弾性変形,$\psi > 1.0$ の場合は完全に塑性変形,$0.6 < \psi < 1.0$ の場合は弾・塑性変形をすると理論的に予測できる．このような判別法により,$\psi < 0.6$ の範囲にある固体材料を表7.1に示す母材や皮膜材として選択すればよい．

表 7.1 摩擦面の変形状態

記号	母材	皮膜材	相手材	適合性
A	弾性変形	弾性変形（硬質）	弾性変形	適
B	弾性変形	弾性変形（軟質）	弾性変形	適
C	弾性変形	弾性変形（硬質）	塑性変形	場合により適
D	弾性変形	塑性変形	塑性変形	不適

摩擦面の変形状態が適合しているかは,機器の使用条件によって異なる．皮膜による表面改質の主目的は,母材や相手材の保護にあることを考えれば,両者がともに弾性変形することが望ましい．このような観点からすれば,表7.1のA,Bの場合はいずれも適合といえる．表中のCの場合では,母材と皮膜材はともに弾性変形するが,相手材は塑性変形する．したがって,相手材が摩耗してもよい使用条件に限って適合である．Dの場合では,皮膜材と相手材がともに塑性変形し,摩耗を生じる可能性が高いため好ましい組み合わせではない．なお,皮膜材は,A,Cの場合は硬質皮膜材に,Bの場合は軟質皮膜材に分類される．

摩擦の低減や摩耗の防止には,摩擦面のおかれている周囲環境や要求性能にも十分配慮しながら,最適な皮膜を選定することが重要である．

7.2 表面改質による摩擦・摩耗特性の改善

表面改質技術の導入により,摩擦面の摩擦・摩耗特性の改善を図ろうとする際に,摩擦特性の改善が直接摩耗特性の改善につながるとは限らない．また,逆

の場合も同様につながるとは限らない．したがって，表面改質技術を導入しようとする際には，摩擦特性と摩耗特性の改善の基本的な考え方を十分に理解しておく必要がある．

7.2.1 摩擦特性の改善

表面改質による摩擦特性の改善の基本的な考え方は，6.3.1 項で述べた固体潤滑のモデルに基づいている．すなわち，表面改質による皮膜のせん断強さを s_f とすると，摩擦係数 μ は次式となる．

$$\mu = \frac{F}{W} = \frac{A_r s_f}{A_r H} = \frac{s_f}{H} \tag{7.2}$$

式 (7.2) より，摩擦係数を低減させるためには，せん断強さ s_f をできるだけ小さくし，押込み硬さ H をできるだけ大きくすればよい．しかし，同一材料の場合には，s_f を小さくすれば H も小さくなり，逆に H を大きくすれば s_f も大きくなる．したがって，母材のみで摩擦係数を能動的に低減させることは難しい．そのため，H の大きな母材に s_f の小さな軟質皮膜を形成すればよいことになる．第 6 章で述べたように軟質皮膜としては，銀（Ag），鉛（Pb），あるいはそれらの合金などの金属材料のほかに，テフロン，二硫化モリブデン，グラファイトなどの非金属系材料がある．なお，非金属系軟質皮膜は，これらの材料を単独で用いるよりも，より高い効果を狙って組織強化材料や多孔質材料と組み合わせて使用することが多い．

摩擦係数の低減を目的とした軟質皮膜は，皮膜が薄過ぎる場合や厚過ぎる場合にはその効果が損なわれる．一般に，皮膜の厚さには図 7.1 に示すような最適値がある．

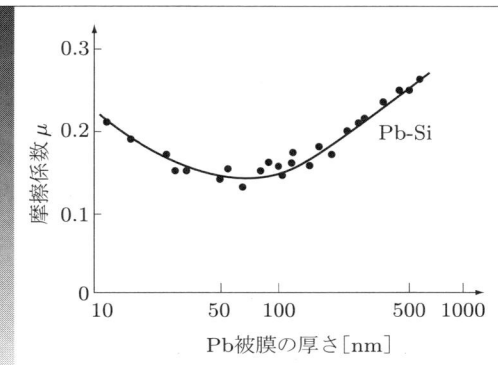

図 7.1 皮膜の厚さと摩擦係数の関係（Halling, J., Proc. I. Mech. E, C1 (1986) より）

7.2.2 摩耗特性の改善

摩耗は摩擦面の塑性変形によって生じるので，摩耗を防止するためには，摩擦面が常に弾性変形する必要がある．すなわち，式 (7.1) で定義した塑性指数 ψ をできるだけ小さくする必要がある．ψ の値を小さくするためには，$(\sigma/r)^{1/2}$ を小さくするか，あるいは E/H を小さくすればよい．前者は固体表面のトポグラフィーに関連する因子であるので，ψ を小さくするためにはせん断強さ s_f が小さく，境界潤滑性能に優れた軟質皮膜材による表面改質が有効である．この方法により，摩耗特性の改善と同時に摩擦特性の改善も図ることができる．しかし，皮膜の長寿命化を図るには，皮膜材と母材の密着性を十分に高くする必要がある．そのため，高い密着力が得られる表面改質方法を選定することが重要である．

一方，E/H は材料特性に関連する因子である．そのため，ψ の値を小さくするには高強度の材料，たとえば，ダイヤモンドやダイヤモンドライクカーボン（diamond like carbon：DLC）などの炭化物や窒化チタン（TiN），窒化クロム（CrN）などの窒化物，すなわち硬質皮膜材料による表面改質が有効である．

このように，摩耗の原因として固体表面のトポグラフィーに関連する因子と材料特性に関連する因子がある．前者は主として凝着摩耗の原因となり，後者は主としてアブレシブ摩耗の原因となる．凝着摩耗を防止するには軟質皮膜材料による表面改質が有効であり，一方，アブレシブ摩耗を防止するには硬質皮膜材料による表面改質が有効である．なお，摩擦特性の改善と同様に，摩耗特性の改善を図る際にも，皮膜材には最適膜厚さが存在する．

7.3 表面改質の方法

表面改質にはさまざまな方法が用いられており，分類方法も多面的である．たとえば，めっきなどに代表される**ウェットコーティング**（wet coating）と真空を利用した**ドライコーティング**（dry coating）による分類がある．このほかに，真空蒸着，イオンプレーティング，スパッタリングを基調とした物理蒸着と，熱 CVD，プラズマ CVD，光 CVD を基調とした化学蒸着による分類などがある．

以下に，物理蒸着と化学蒸着を中心に表面改質技術の具体例を示す．

7.3.1 物理蒸着

物理蒸着（physical vapor deposition：PVD）は，より正確には物理的気相蒸着法とよばれ，真空蒸着，イオンプレーティング，スパッタリング，イオンビームを利

用した方法を総称した表面改質法である．

(1) 真空蒸着

真空蒸着（evaporation method）とは，真空中で物質を加熱蒸発（evaporation）させ，さらに蒸発した物質を母材に付着させて皮膜を形成する方法である．真空蒸着は，図7.2に示すように三つの過程に分けられる．すなわち，蒸発，蒸発源から母材への原子あるいは分子の飛行，母材表面への付着・皮膜形成の各過程である．

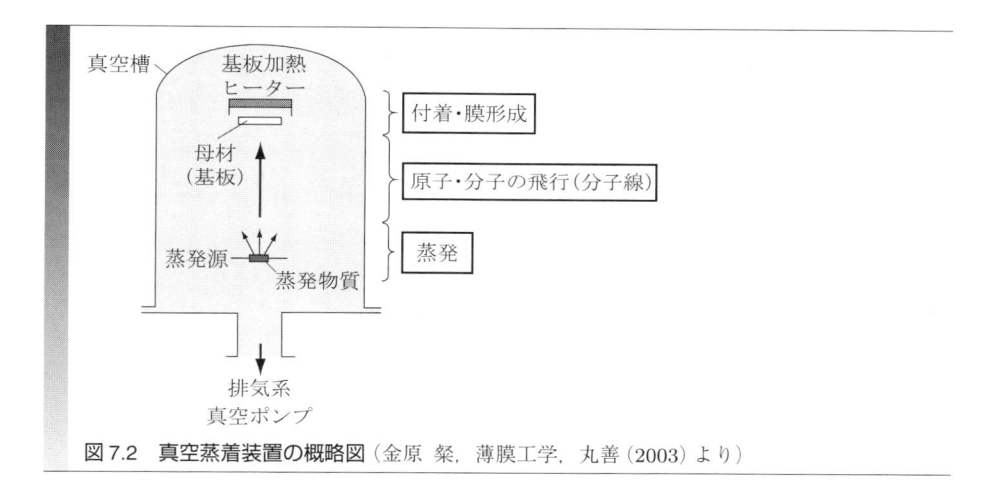

図7.2 真空蒸着装置の概略図（金原 粲，薄膜工学，丸善（2003）より）

蒸発温度は，蒸発させたい物質によって異なる．たとえば，蒸気圧が $1\,[\mathrm{Pa}]$ 程度となる温度は，金（Au）で $1300\,[℃]$ 程度，銀（Ag）で $1000\,[℃]$ 程度と相当高温であるため，蒸発源や蒸発物質が酸化や窒化する可能性がある．これを防ぐためには，少なくとも $10^{-2} \sim 10^{-3}\,[\mathrm{Pa}]$（$7.05 \times 10^{-6} \sim 7.05 \times 10^{-5}\,[\mathrm{Torr}]$）程度の真空度が必要とされる．また，蒸発した分子が，残留ガス分子と衝突することなく母材表面に到達するためにも真空が必要である．不純物を含まない皮膜を形成するためには，$10^{-3}\,[\mathrm{Pa}]$ 以下の真空度が必要である．

母材表面に入射した蒸発分子は，そのまま付着して皮膜を形成するわけではなく，入射した分子の一部は反射し，一部が膜を形成する．分子の付着には，ファン・デル・ワールス力による物理吸着と，第6章で述べた母材原子が電子との間でやりとりをし，共有結合する化学吸着とがある．

蒸発源としては，抵抗加熱型，電子ビーム加熱型，誘導加熱型，レーザ加熱型などがあり，蒸発物質としては，金（Au），銀（Ag），アルミニウム（Al），鉄（Fe），タングステン（W）などの単元素のほか，酸化ケイ素（SiO_2），酸化アルミニウム

（Al_2O_3）のような化合物を用いることも可能である．真空蒸着の利点は，不純物を含まない皮膜の形成が可能なことである．また，成膜速度が大きいので大量・大面積の成膜が可能である点が挙げられる．一方，欠点としては母材との密着力があまり大きくないことが挙げられる．これより，真空蒸着は半導体薄膜の形成などエレクトロニクス産業には，必要不可欠な技術となっている．しかし，母材との密着性が特に要求される摩擦・摩耗特性の改善には，必ずしも適しているとはいえない．

(2) イオンプレーティング

イオンプレーティング（ion plating）は，1964年に米国のマトックス（D.M. Mattox）によって考案された直流イオンプレーティングが原型であり，その後，多陰極イオンプレーティング，ホローカソードイオンプレーティングなどいくつもの方法が提案されている．図7.3に直流イオンプレーティング装置の概略図を示す．

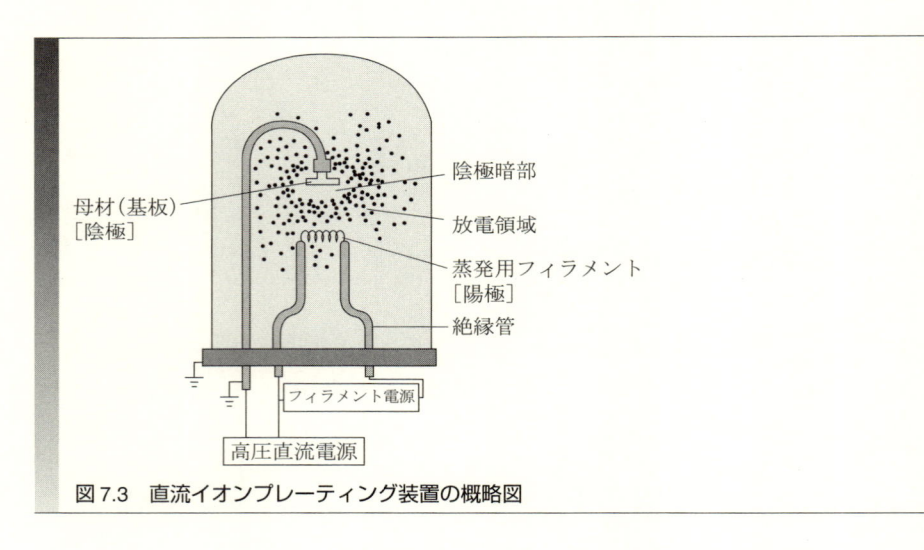

図7.3 直流イオンプレーティング装置の概略図

直流イオンプレーティングは，真空中で蒸発により皮膜を形成させるとき，蒸発粒子をグロー放電によってイオン化して粒子の運動エネルギーを増加させ，母材との密着性を高めて成膜する方法である．したがって，イオンプレーティングは，真空蒸着とプラズマや電子を用いたイオン発生技術を組み合わせた表面改質技術である．なお，イオンプレーティングでは，前処理工程としてアルゴン（Ar）ガスなどの不活性ガス中で蒸発源から成膜しようとする物質を蒸発させるため，イオン衝撃により母材表面が清浄化される．さらに，成膜中でもイオン衝撃を受けつづけるために，大きな密着性をもった皮膜が得られる，気体の散乱効果により，蒸発源に直接面していない部分についても成膜可能である，などの利点がある．

図 7.4 は，直流イオンプレーティングを基本とし，その欠点を補う方法として考案された多陰極イオンプレーティング装置の概略図である．多陰極イオンプレーティングは，蒸発源上に複数の熱陰極を設けて，そこから発生する熱電子を蒸発粒子に衝突させ，イオン化を促進させる．比較的低い圧力（$10^{-1} \sim 10^{-3}\,[\mathrm{Pa}]$）までプラズマを維持できる．

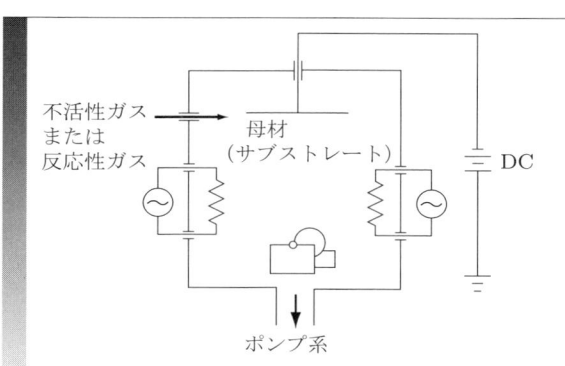

図 7.4　多陰極イオンプレーティング装置の概略図（金原 粲，薄膜工学，丸善（2003）より）

一方，図 7.5 はホローカソードイオンプレーティング装置（hollow cathode discharge：HCD）の概略図である．一般的なイオンプレーティングは，蒸発源として高電圧，低電流の電子銃を用いるのに対して，ホローカソードイオンプレーティングでは低電圧，高電流の HCD 電子銃を用いる．HCD 電子銃は，蒸発源とイオン化源の両方を兼ねるためにイオン化効率がきわめて高く，成膜速度が速い．このことから，窒化チタン（TiN），炭化チタン（TiC）などの硬質皮膜の形成に用いられる．

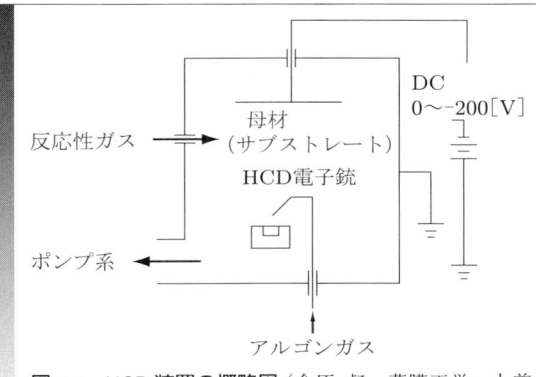

図 7.5　HCD 装置の概略図（金原 粲，薄膜工学，丸善（2003）より）

このように，イオンプレーティングは高速での成膜が可能で母材と皮膜材との密着性もよいため，摩擦・摩耗特性の改善に広く用いられている．摩擦係数の低減に関しては，金（Au），銀（Ag），鉛（Pb）などの軟質膜が軸受面の皮膜材として利用されている．一方，摩耗特性の改善に関しては，窒化チタン（TiN），炭化チタン（TiC），窒化クロム（CrN），炭化クロム（CrC）などの硬質膜がドリルやエンドミル（フライス盤に取り付け，工作物の表面を削って仕上げる工具）などの切削工具や機械部品の摺動部材として多く用いられている．

(3) スパッタリング

図 7.6 は，スパッタリング（sputtering）の原理を示している．スパッタリングは，高いエネルギーの粒子を成膜物質に入射し，成膜物質の構成原子が表面から放出されて母材表面に堆積する現象を利用して成膜する方法である．スパッタリングにおいては，成膜速度がすでに述べた真空蒸着やイオンプレーティングの場合に比べてかなり遅いが，成膜物質の種類が多く，良質な皮膜が得られる．具体的なスパッタリングの方法としては，図 7.7 に示す高周波スパッタリング装置（簡易型直流2極スパッタリングともよばれる）による方法がある．

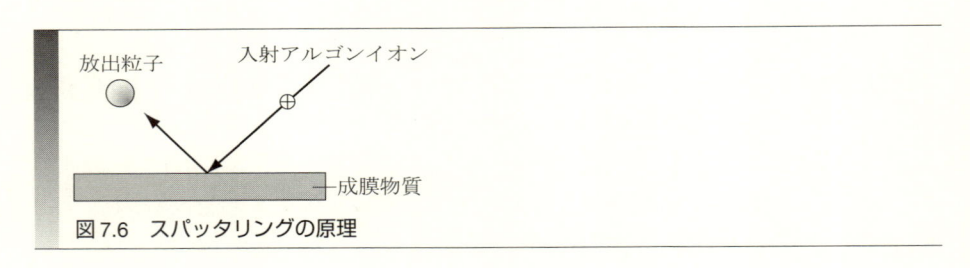

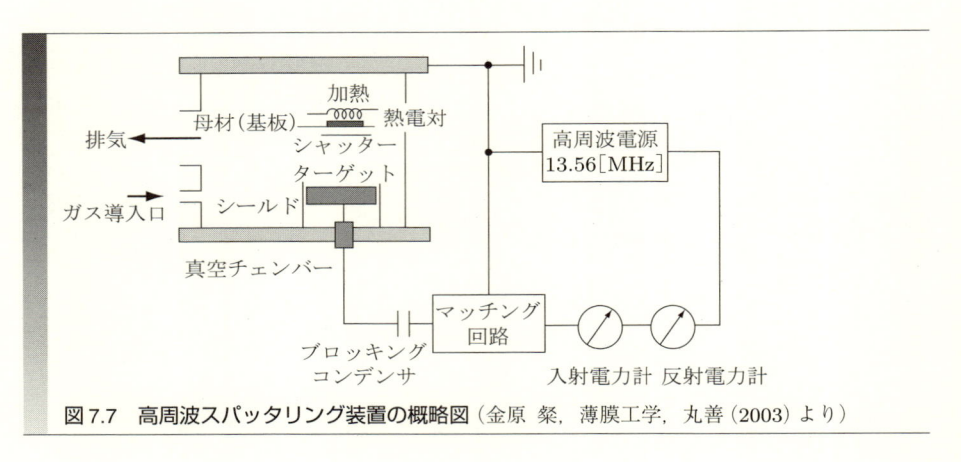

図 7.6　スパッタリングの原理

図 7.7　高周波スパッタリング装置の概略図（金原 粲，薄膜工学，丸善（2003）より）

高周波スパッタリングでは，インピーダンスを整合して高周波電源に接続することにより，グロー放電を生じさせるようになっている．電極表面の平均電圧はほぼ印加高周波電圧の最大値に等しい．電極間のほとんどの電圧は，ターゲットである母材表面近傍の陰極降下となるためにスパッタリングが連続的に行われる．そのため，皮膜と母材との密着性が高い．また，高融点物質で，広い面積での成膜が可能である．その反面，成膜速度が遅く，母材温度が上昇するため熱に弱い母材は使えない．また，不純物が混入されやすい．

　図7.8は，実用的なスパッタリングの主流であるマグネトロンスパッタリング装置の概略図である．マグネトロンスパッタリングでは，ターゲットの背面に磁石を配置して，ターゲット表面の中心部から周辺に至る平行磁場を発生させるようになっている．ターゲット表面から放出される2次電子はらせん運動をするために，イオン化が促進されてスパッタリング速度を著しく大きくできる．

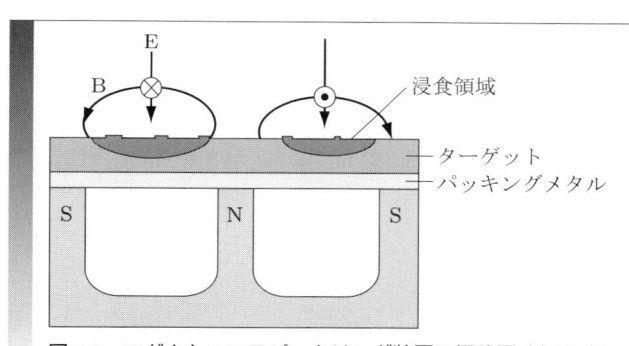

図7.8　マグネトロンスパッタリング装置の概略図（金原 粲，薄膜工学，丸善（2003）より）

　スパッタリングは，以上に述べたような特徴をもつことから，半導体材料などの薄膜の形成や光学分野などに多用されている．また，トライボロジーの観点からは，宇宙関連機器の軸受や磁気ヘッドなどに応用されている．なお，宇宙関連機器への応用を目的としたトライボロジーは**スペーストライボロジー**（space tribology）とよぶ．

(4) イオンビームを利用した方法

　イオンビームを利用した方法には，図7.9に示すように，イオン注入法，イオンミキシング法，イオンビーム支援蒸着法などがある．

(a) イオン注入法

　図7.9(a)に示すイオン注入法（ion injection）は，ケイ素（Si）などの半導体の不純物添加法として1960年代から急速に発展し，半導体製造に必要不可欠な技術と

図 7.9　イオンビームを利用した方法

(a) イオン注入　　(b) イオンミキシング　　(c) イオンビーム支援蒸着

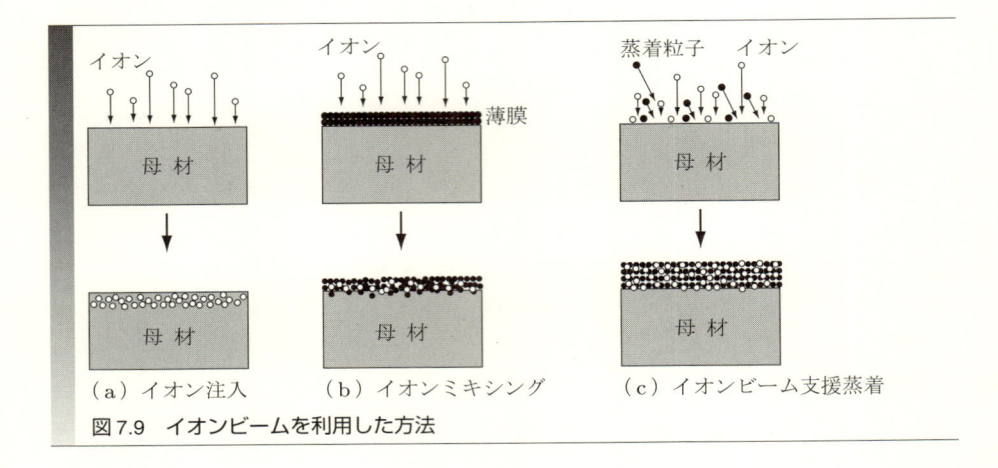

なっている．添加しようとする元素をイオン化して加速し，母材表面に注入するイオン注入法では，イオンの運動エネルギーは数百 eV から数 MeV に及ぶ．この方法は，添加元素の量や位置を正確に制御でき，室温で処理が可能（低温プロセス）である．しかし，摩擦・摩耗の改善を図るためには元素を高濃度（10^{16} [ion/cm^2] 以上）に添加する必要があり，注入に時間がかかる．また，表面処理層の厚さ（イオンの注入深さ）が 1 [μm] 程度に限られることから，摩擦・摩耗特性を大きく改善することは難しい場合が多い．

(b) イオンミキシング法

図 7.9 (b) に示すイオンミキシング法（ion mixing）は，摩擦・摩耗特性の改善効果を高めるために，あらかじめ母材表面に低摩擦化に効果のある金属薄膜などを蒸着した後でイオン注入を行う方法である．イオンミキシング法は，10 [keV] 以上の高いエネルギーのイオンを用い，皮膜と母材との界面での原子混合を誘起して密着力を向上させる方法である．反応性のあるイオン種を用いた場合，皮膜の特性を変えることが可能であるが，イオン注入できる深さは 1 [μm] 程度である．このため，密着力を向上させられる膜厚さが最大 1 [μm] 程度に限られる点が問題である．

(c) イオンビーム支援蒸着法

図 7.9 (c) に示すイオンビーム支援蒸着法（ion beam assisted deposition）は，皮膜形成と同時にイオン注入を行う方法であり，ダイナミックイオンミキシング法（dynamic ion mixing）ともよばれる．これに対して，イオンミキシング法をスタティックイオンミキシング法（static ion mixing）とよぶこともある．イオンビーム支援蒸着法では，主に数 keV 以下の低エネルギーのイオンを用い，蒸着粒子と母材表面との間で反応を起こさせ，母材表面を改質しながら添加すべき物質を合成す

る．蒸着粒子の数とイオンの数の比や，エネルギーなどの注入パラメータを変えることにより，物質の組成や構造を制御できる．また，皮膜形成と同時にイオン注入を行うために厚い膜の形成も可能である．このことから，イオンプレーティング法よりも密着力を高められ，低温で非平衡物質を創成できる．また，イオンの加速エネルギーを任意に設定できる，などの利点がある．このため，イオンビーム支援蒸着法は，摩擦・摩耗特性の改善に広く用いられている．

7.3.2 化学蒸着

化学蒸着（chemical vapor deposition：CVD）は，より正確には化学的気相成長法，または化学的気相堆積法とよばれる．気体状の皮膜材を供給し，気相または母材表面での化学反応を制御して皮膜を形成する方法である．CVD は，供給するエネルギーの形態に応じて，熱 CVD，プラズマ CVD，光 CVD，に大別される．CVD における皮膜形成過程は，皮膜材の原料となる気体の母材表面への輸送，吸着・表面拡散，反応・核形成，反応生成物の母材表面からの離脱，外方拡散の五つからなる．この過程を図 7.10 に示す．

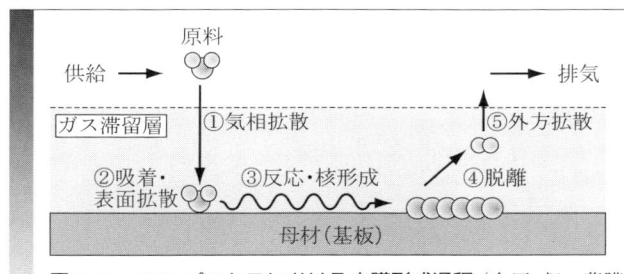

図 7.10　CVD プロセスにおける皮膜形成過程（金原 粲，薄膜工学，丸善 (2003) より）

CVD において制御すべき基本的なパラメータは，皮膜材の原料となる気体の組成，流れの形態，流量，流速，圧力，温度である．特に，温度は化学反応速度に密接に関連するために，熱 CVD ではもっとも重要なパラメータである．

CVD と PVD を比較したとき，もっとも大きく異なるのは処理温度で，CVD では PVD に比べてはるかに処理温度が高いために，つぎの利点がある．

（ⅰ）皮膜と母材との密着力が大きく，摩耗特性にも優れている．
（ⅱ）母材表面全般にわたって均一に成膜可能で，つきまわりがきわめてよい．
（ⅲ）原料となる気体の切り替えのみで，多層膜形成が可能である．
（ⅳ）装置が簡単で大型化がしやすく，ランニングコストが低い．

しかし，つぎの欠点もある．
 (i) 熱による母材の変形が大きく，母材が鋼の場合には再熱処理が必要となる．
 (ii) 母材表面に脱炭層が生じる可能性がある．
　PVDでは，すでに述べたとおり低温で処理をするため，これらの問題は生じない．しかし，摩耗特性はあまり向上しないので，摩耗特性の改善方法としては，CVDの方がはるかに優れている．なお，CVDにより摩擦・摩耗特性の改善を図ろうとする際，母材表面温度の影響が大きいことに注意する必要がある．CVDの応用例として，ダイヤモンドとDLCを用いた皮膜形成による摩擦・摩耗特性の改善が注目される．
　つぎに代表的なCVDである，熱CVD，プラズマCVD，光CVDについて順に説明する．

(1) 熱CVD

　図7.11に熱CVD（thermal CVD）装置の概略図を示す．熱CVDでは，原料となる気体の化学反応を熱エネルギーの供給によって制御しながら皮膜を形成する．図に示すように，熱CVDは，ヒーターによって原料となる気体や母材を加熱し，その熱エネルギーによって化学反応を行う熱平衡法である．熱CVDの利点は，気体の供給を制御することにより任意の皮膜形成が可能な点である．

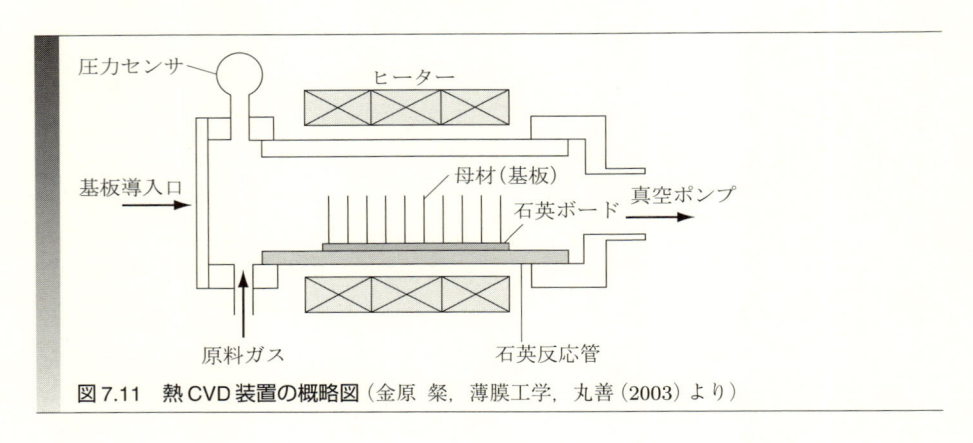

図7.11　熱CVD装置の概略図（金原 粲，薄膜工学，丸善（2003）より）

(2) プラズマCVD

　図7.12は，プラズマCVD（plasma-enhanced CVD）装置の一種である容量結合型プラズマCVD装置の概略を示している．プラズマCVDは，原料となる気体をプラズマ化して非平衡状態にし，プラズマ相による化学反応を利用して母材表面に皮膜を形成する方法である．プラズマCVDでは，化学的に活性なイオンや励起

図 7.12　容量結合型プラズマ CVD 装置の概略図（金原 粲，薄膜工学，丸善（2003）より）

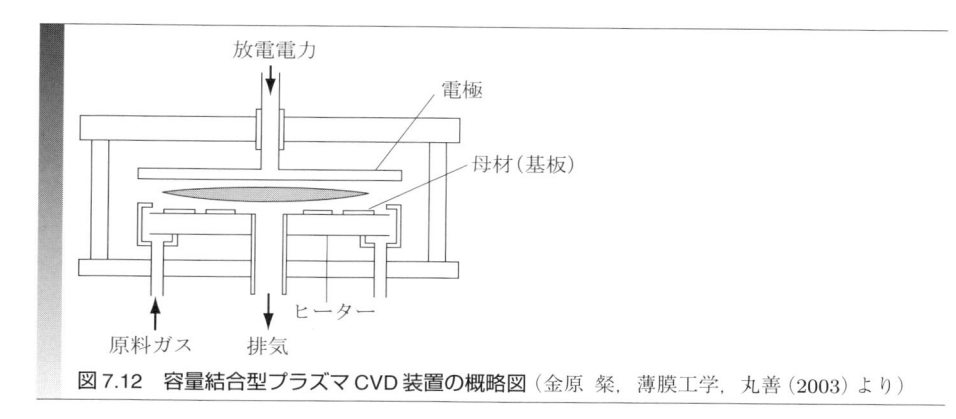

原子が生成されるために母材表面での化学反応が促進される．したがって，熱 CVD よりも低温での成膜が可能であり，成膜速度も向上する．しかし，熱力学的に安定な分子も分解されるため，本来，目的としていない不純物元素が取り込まれる場合もある．

(3) 光 CVD

光 CVD（photo-excited CVD）は，原料となる気体の反応に，光から必要なエネルギーを得て光化学反応を利用し，母材表面に皮膜を形成する方法である．図 7.13 に光 CVD 装置の概略を示す．光 CVD では，光エネルギーで原料となる気体を励起するため，室温での成膜が可能なことから，さまざまな機能をもつ皮膜を形成す

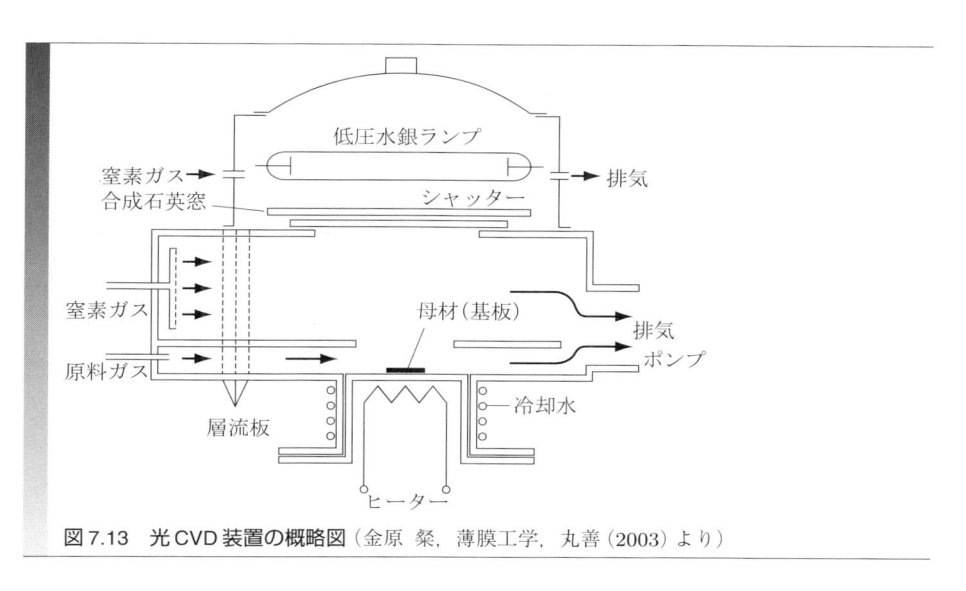

図 7.13　光 CVD 装置の概略図（金原 粲，薄膜工学，丸善（2003）より）

ることができる．また，CO_2 レーザや YAG レーザにより気相や母材を選択的に加熱できるため，必要な箇所に限定的に成膜できる．さらに，加熱後の急冷却によって非平衡物質の合成が可能である．これらの利点をいかして，光 CVD は摩擦・摩耗特性の改善に利用されている．

7.3.3 溶射法

溶射（thermal spraying）は，PVD や CVD とは異なり，皮膜材の溶滴を母材表面に高速で吹き付けて衝突変形させながら成膜する方法で，20 世紀初頭から知られている．近年では，低圧雰囲気で行うプラズマ溶射（plasma spraying）やレーザ溶射（laser spraying）などの方法が開発され，100 [μm] 以上の厚い膜の形成が可能になった．このため，摩耗特性の改善や耐食性，耐熱性の向上を図るために用いられるようになった．しかし，溶射法で形成される皮膜は，一般に表面の凹凸が大きく，また気孔や層状構造をもつため，摩擦面に利用しようとする場合には表面研摩や封孔処理を施す必要がある．

PVD，CVD，溶射法は，いずれも気相中で皮膜を形成することから，ドライコーティングプロセス（dry coating process）に分類される．これに対して，めっき（plating），ゾルゲル法（sol-gel method）などは液相中で皮膜を形成することから，ウェットコーティングプロセス（wet coating process）に分類される．これらの皮膜形成技術を図 7.14 に示す．

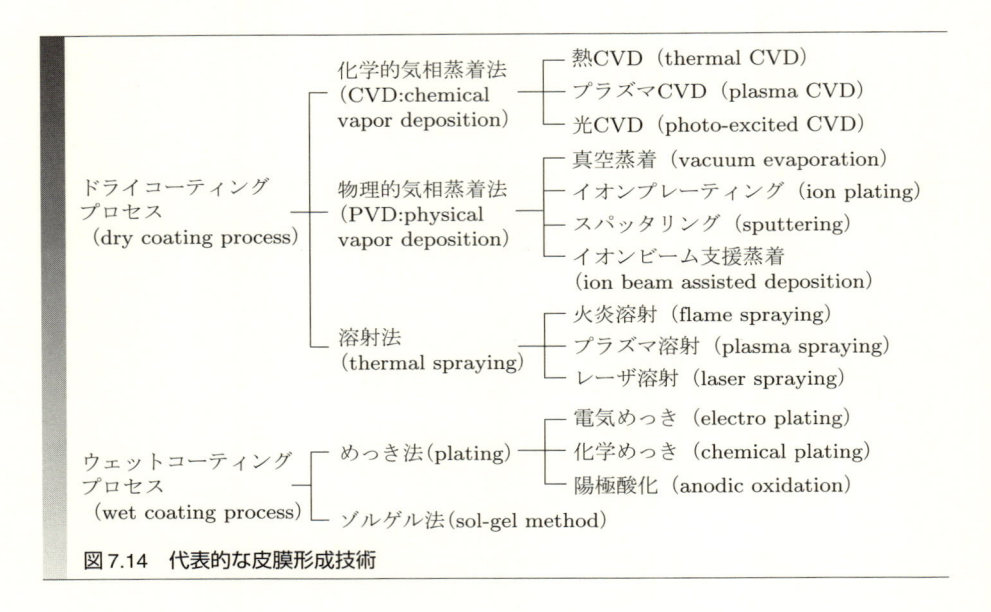

- ドライコーティングプロセス（dry coating process）
  - 化学的気相蒸着法（CVD:chemical vapor deposition）
    - 熱CVD（thermal CVD）
    - プラズマCVD（plasma CVD）
    - 光CVD（photo-excited CVD）
  - 物理的気相蒸着法（PVD:physical vapor deposition）
    - 真空蒸着（vacuum evaporation）
    - イオンプレーティング（ion plating）
    - スパッタリング（sputtering）
    - イオンビーム支援蒸着（ion beam assisted deposition）
  - 溶射法（thermal spraying）
    - 火炎溶射（flame spraying）
    - プラズマ溶射（plasma spraying）
    - レーザ溶射（laser spraying）
- ウェットコーティングプロセス（wet coating process）
  - めっき法（plating）
    - 電気めっき（electro plating）
    - 化学めっき（chemical plating）
    - 陽極酸化（anodic oxidation）
  - ゾルゲル法（sol-gel method）

図 7.14　代表的な皮膜形成技術

ウェットコーティングプロセスにおける廃液処理は，ドライコーティングプロセスにおける排ガス処理に比べてその工程が複雑であり，また環境負荷も大きい．さらに，めっきでは液相中の不純物温度や母材表面の状態によって皮膜特性が敏感に変化する．また，ダイヤモンドやDLC皮膜のような，ドライコーティングで形成される硬質皮膜をウェットコーティングによって形成するのは困難である．このため，今後はドライコーティングプロセスによる表面改質法の開発が一層促進されるものと思われる．

7.4 摩擦・摩耗特性の改善例と今後の展望

表面改質技術を用いて，固体表面の摩擦・摩耗特性の改善を図る試みが積極的に進められている．以下に，いくつかの改善例とそれらの問題点，今後の展望について述べる．

7.4.1 軟質皮膜材の場合

現在，ドライコーティングプロセスを用いて，グラファイトや二硫化モリブデン（MoS_2）などの**層状物質**（layered material）や銀（Ag），鉛（Pb）などの軟質金属により0.1～1 [μm] の厚さの皮膜を形成し，摩擦・摩耗特性を改善しようとする試みが精力的に行われている．層状物質では，結晶間で分子レベルの滑りを生じるために，一方，軟質金属では金属自身が塑性変形するために，それぞれ摩擦が低減することから，真空機器などの潤滑剤の使用が困難な摩擦面に使用されている．また，近年では自己潤滑性を示す有機薄膜が主として電子部品の摩擦面に用いられるようになっている．しかし，軟質皮膜は耐荷重性が低く，繰り返し摩擦を受ける摩擦面でははがれやすいために皮膜の効果が損われる場合がある．このような場合に対して，皮膜の密着力を向上させる方法の一つが，7.3.1項で述べたスタティックイオンミキシング法である．図7.15にその適用例を示す．

この図は，母材（炭化ケイ素（SiC））の表面に厚さ100 [nm] のニオブ（Nb）薄膜を蒸着した試料の摩耗痕の電子顕微鏡写真（SEM像）である．皮膜とダイヤモンド面との間の摩擦係数は，無潤滑下で0.05以下である．なお，試料の上半分はアルゴン（Ar）イオンを注入し，下半分は未注入である．アルゴン（Ar）イオンを注入した部分では，無潤滑下で長時間（図の例では40時間）連続的に摩擦しても，皮膜ははがれることなく安定した状態を維持できた．これに対して未注入部分では，皮膜は完全にはがれ，母材表面で摩耗が進行している．アルゴン（Ar）イオンを注入

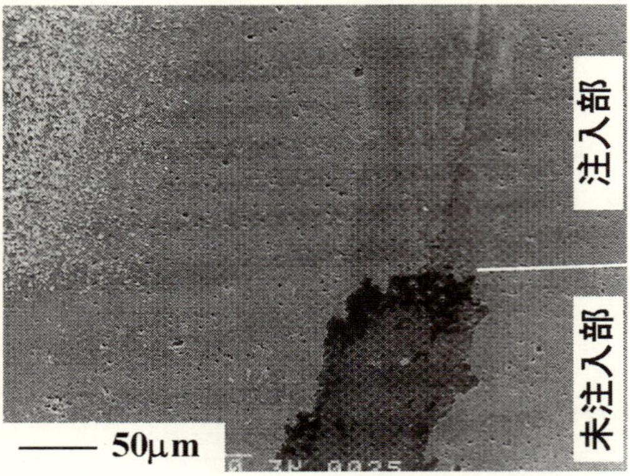

図7.15 Nb皮膜を形成したSiCセラミックスの摩耗痕

（注入部／未注入部　50μm）

することにより，ニオブ（Nb）薄膜と炭化ケイ素（SiC）母材との界面近傍で原子の相互拡散（原子混合）が誘起される．そして，この原子混合層の形成により，ニオブ（Nb）薄膜の密着力が向上し，耐摩耗性の改善につながる．ただし，この方法では装置およびランニングコストが高く，処理対象品が付加価値の高い製品に限られている．このため，低コスト化が今後一層必要である．

7.4.2 硬質皮膜材の場合

各種窒化物やDLC，ダイヤモンドなどの**硬質材料**（hard material）により皮膜を形成すれば，摩耗の少ない摩擦状態を生み出すことが可能である．また，微量の添加物や最表面の吸着物の存在が硬質膜の低摩擦化に寄与することが明らかとなってきた．これにより，近年の薄膜成形技術の進歩と相俟って，エンジン部品，切削工具，金型，ハードディスクをはじめとする情報関連部品などへ応用されている．以下に，硬質皮膜に関するいくつかの具体的な応用例を示す．

（1）窒化物系硬質皮膜の例

窒化チタン（TiN），窒化ケイ素（Si_3N_4）などの窒化物系硬質材料は材料自身の耐摩耗性が高いために，摩耗低減用被覆材として主に治工具（工作機械に工作物を取り付けるための工具）に用いられている．特に，母材に対する密着力が高く，比較的容易に結晶化する窒化チタン（TiN）膜は，実用化がもっとも進んでいる硬質皮膜の一つである．イオンプレーティング法やイオンビーム支援蒸着法で形成された窒化チタン（TiN）膜は，優れた耐摩耗性を示す．このことから，バルブシムなどの自動車用エンジン部品に応用されている．また，アルミニウム（Al）やクロム（Cr）を添加することにより700[℃]程度までの耐熱性がある高性能窒化チタン（TiN）系

皮膜が開発されつつあり，高温劣化や硬度低下が問題となる切削工具に適用されるようになってきた．ただし，後述のDLC皮膜やダイヤモンド皮膜に比べると，摩擦係数が大きいために今後摩擦特性の一層の改善が必要である．

　立方晶窒化ホウ素（BN）は，ダイヤモンドにつぐ硬度（HV5000〜7000）がある．また，大気中では1300［℃］まで安定で，耐熱性はダイヤモンドよりはるかに高く，鉄との反応性が低い．このことから，工具材料や高機能摩擦面材料として期待が大きい．しかし，現状では立方晶窒化ホウ素（BN）を単相で得ることは難しく，また得られる皮膜の密着力が低いことから，実用化にはまだかなりの時間が必要である．

(2) DLC皮膜の例

　DLCは比較的高硬度（HV2000〜8000）で，水素を含んでいることが多い．皮膜の特性は製法，水素含有量，局所的結合状態の違いにより大きく異なり，ダイヤモンド的性質を示すものからグラファイト的性質を示すものまでさまざまである．一般的には，凝着性が低く，耐食性に優れ，非晶質であるため，表面はきわめて平滑である．また，無潤滑下での摩擦係数が0.1程度であり，ダイヤモンドに比べて成膜温度が低い（通常200〜300［℃］）．このことから，ハードディスクの保護膜などで実用化が進んでいる．また，DLC皮膜によるプレス金型の離型性の向上や，各種切削工具，ピストンリングなどの摩耗特性の改善も試みられており，より厳しい摩擦環境下への応用が検討され始めている．しかし，DLC膜には，つぎの応用上の課題がある．

　（i）母材に対する密着力が十分ではない．
　（ii）酸化開始温度が300［℃］と低い．
　（iii）皮膜中の水素が離脱する高温下では，摩擦・摩耗特性が劣化する．
　（iv）皮膜から常に水素が放出され，長期にわたる信頼性の確保が困難な場合がある．

　そこで，各種金属の添加による改善が試みられている．なかでも，ケイ素（Si）を添加したDLC皮膜においては，密着力が向上する．さらに，図7.16に示すように摩擦係数が0.04程度まで低下し，かつ低摩擦を示す湿度範囲が広がるなどの良好な結果が得られている．また，チタン（Ti）を添加したDLC皮膜においても硬度と密着力が上昇することが確かめられており，今後，金属の添加によるDLC皮膜の高性能化が図られると考えられる．

(3) ダイヤモンド皮膜の例

　単結晶ダイヤモンドは，物質中でもっとも硬度が高く，しかも表面が平滑で，無潤滑下での摩擦係数は0.1程度と小さい．そのため，摩擦面材料として優れている．

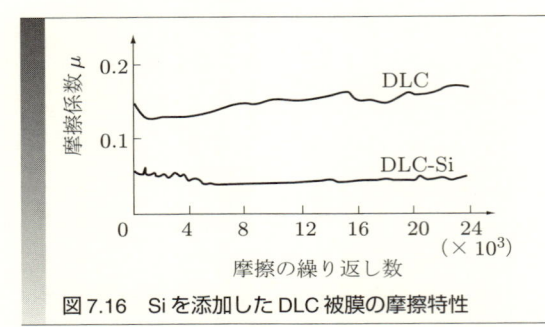

図7.16 Siを添加したDLC被膜の摩擦特性

一方，気相合成ダイヤモンド皮膜は多結晶体であり，わずかながら粒界に水素や非ダイヤモンド炭素などの不純物を含むことから，単結晶ダイヤモンドとは異なる摩擦・摩耗特性を示す場合がある．図7.17は，無潤滑下でダイヤモンド皮膜とSiCボール面とを摩擦させた場合の室温における摩擦面のSEM像である．図7.17(a)の結晶性の低いダイヤモンド皮膜においては時間経過とともにSEM像にみられるような斜線状の摩耗が進行しているのに対して，図7.17(b)の結晶性が高いダイヤモンド皮膜ではほとんど摩耗が認められない．さらに，高結晶性ダイヤモンド皮膜は水素含有量もきわめて少ないことから，今後，摩擦面材料として広く用いられる可能性が高い．しかし，ダイヤモンド皮膜を摩擦面材料として使用するには，つぎに挙げる点を克服しなければならない．

　（i）均質なダイヤモンド皮膜を高速でかつ広い面積にわたって形成する技術がいまだ確立されてない．
　（ii）鉄系の母材に直接ダイヤモンドを成膜することができない．
　（iii）セラミックスなどの母材に対して密着力が弱い．
　（iv）析出状態で表面の凹凸が大きい．

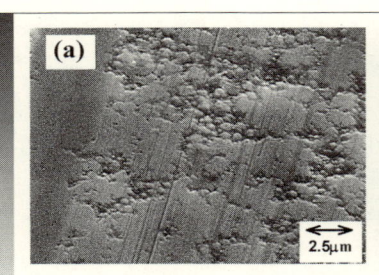

図7.17 ダイヤモンド皮膜の摩耗痕（(a) 低い結晶性，(b) 高い結晶性）

第7章のポイント

1. 流体潤滑や境界潤滑では，十分にカバーしきれない過酷条件下で作動する摩擦面の摩擦・摩耗特性を改善するために，表面改質技術が用いられる．
2. 表面皮膜材には，摩擦特性の改善を目的とする場合は主として軟質皮膜材が用いられる．摩耗特性の改善を目的とする場合は主として硬質皮膜材が用いられる．
3. 皮膜形成法として，真空蒸着，イオンプレーティング，スパッタリング，イオンビームの利用などの物理蒸着（PVD）と，熱CVD，プラズマCVD，光CVDなどの化学蒸着（CVD）や，溶射法などに代表されるドライコーティングがある．また，めっきなどに代表されるウェットコーティングも利用されているが，今後はドライコーティングの活用が促進される傾向にある．
4. 窒化物系，ダイヤモンド，DLCなどに代表される硬質皮膜材による表面改質技術が，摩擦・摩耗特性の改善の観点から，今後有望と考えられる．

演習問題

7.1 表面改質には，放電現象やプラズマを用いることが多い．身近にある工業製品あるいは自然現象などの中で，放電やプラズマが関連するものを調べよ．

7.2 自動車用エンジン部品に硬質皮膜を応用する場合，どのような特性を満足しなければならないか，考察せよ．また，満足すべき特性をどのような方法で評価すればよいか．

7.3 DLC皮膜が，なぜ無潤滑下で低摩擦を維持できるか．

7.4 硬質皮膜は自動車部品や加工工具に多く用いられているが，自動車部品や加工工具以外で硬質皮膜が摩擦・摩耗特性の改善に有効と考えられる部品を調べ，考察し検討せよ．

第8章 トライボロジーの現代技術への応用

第1章から第7章までに，つぎの七つの項目を学んできた．
- （ⅰ）トライボロジーの意義と役割
- （ⅱ）固体の表面と接触
- （ⅲ）固体表面間の摩擦
- （ⅳ）固体表面の摩耗
- （ⅴ）流体潤滑
- （ⅵ）境界潤滑と混合潤滑
- （ⅶ）表面改質技術

これらのトライボロジーに関する多くの基礎知識は，現代文明を支えるさまざまな技術に活用されており，今後もその重要度は一層増すだろう．

本章では，数多くの現代技術の中から，トライボロジーが特に重要な役割を果たしている例として，ターボ機械，自動車，IT関連機器（HDDやDATレコーダなどの機器），人工関節，柔軟連続媒体搬送システムを取り上げ，トライボロジーの基礎知識との関わりについて紹介する．

8.1 ターボ機械とトライボロジー

機械の多くは回転機械である．そのなかでも流体を駆動源とするターボ機械の重要性はきわめて高い．ターボ機械は，マイクロガスタービン（MGT，数百キロワット以下の小容量発電に用いられる小型ガスタービン），ターボチャージャ（過給機）のような小型の機械から，圧縮機，ポンプなどの小・中型の機械，蒸気タービンのような大型の機械まで多種多様である．これらのターボ機械を構成する要素の中で，主軸を円滑に支持するための流体膜軸受（以下，滑り軸受とよぶ）は重要で，第5章で述べた流体潤滑理論に基づいた設計がなされている．

図8.1は，ターボ機械に広く用いられている滑り軸受の作動範囲を示している．た

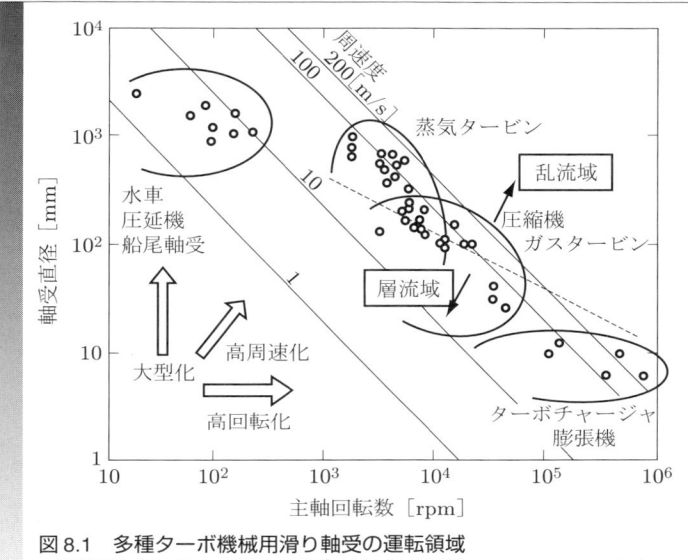

図 8.1　多種ターボ機械用滑り軸受の運転領域
（潤滑技術の将来に関する調査委員会，潤滑，32，1（1987）より）

とえば，ターボチャージャや気体の液化に使用される膨張機（エキスパンダ）などの小型回転機械の回転数は，$10^5 \sim 10^6$ [rpm] にも及んでおり，高速運転時における軸のふれ回り振動などを防止するために，軸－軸受系の安定性を重視した軸受設計がなされている．

一方，蒸気タービンのような大型ターボ機械においては，周速度の増大に伴う潤滑油の温度上昇，軸受面の変形，軸受損失による機械効率の低下の防止が重要である．また，このほかに，オイルホイップ*などの自励振動を防止するために軸－軸受系の安定性確保も軸受設計上の重要なポイントである．また，ポンプなどの中型回転機械では，環境負荷低減の観点から潤滑流体として油を使用しないオイルフリー化の傾向が著しい．たとえば，ポンプでは潤滑流体として水を使用することが多い．しかし，水などの低粘度の潤滑流体を使用する軸受は，必ずしも流体潤滑領域で作動するとは限らず，第6章で述べた混合潤滑状態に移行する可能性が高い．したがって，軸受設計に際しては，混合潤滑状態での使用も考慮に入れる必要がある．なお，図中の破線は層流域と乱流域の境界を示している．

図からわかるように，蒸気タービン，圧縮機，ガスタービンなどの多くは乱流域で運転されている．乱流状態で使用される軸受の設計に際しては，潤滑膜の流れが

> **ひとくちメモ**
> **オイルホイップ：**
> 高速回転するジャーナル滑り軸受における流体膜の弾性・減衰特性によって生じる軸のふれ回り自励振動．

層流であることを前提にして導かれたレイノルズ方程式を直接適用することはできず，第5章で述べた乱流効果を考慮した修正レイノルズ方程式が必要である．

8.1.1 蒸気タービン発電機用滑り軸受

蒸気タービンは19世紀後半にイギリスで実用化され，20世紀に入って急速に発達し，今日では発電用原動機の主流を占めるようになっている．わが国においては，1970年代以降の電力需要の急増に伴い，火力や原子力発電用蒸気タービンの大容量化が進み，現在では1000[MW]級の発電機が一般化している．

図8.2は，1000[MW]級発電機の構成と発電機を支える滑り軸受を模式的に示している．図に示すように，発電機は多数の回転ロータで構成されており，このうち高荷重の低圧ロータと発電機ロータの支持には，オイルホイップを防止して回転軸の安定性を確保するために図8.3の**だ円ジャーナル滑り軸受**（二円弧ジャーナル軸受）（elliptical journal bearing, two-lobe journal bearing）が用いられる．

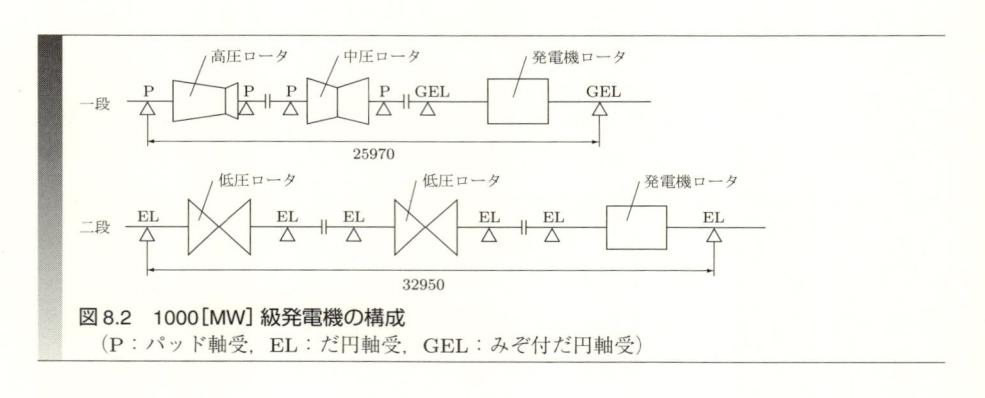

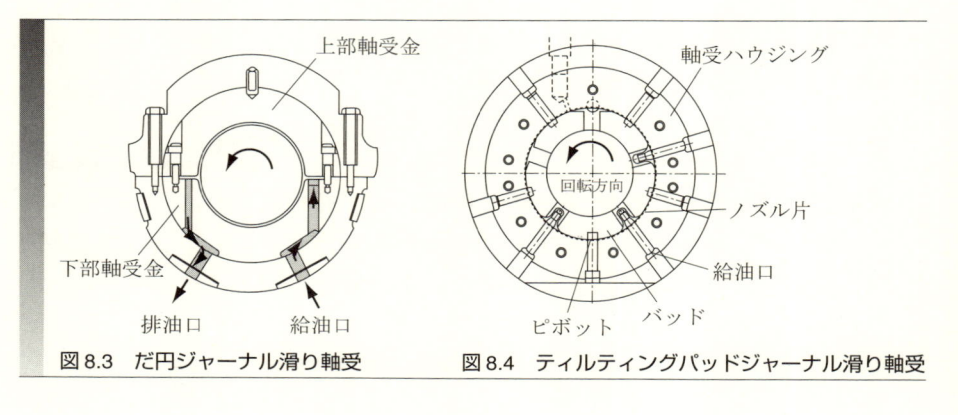

図8.2 1000[MW]級発電機の構成
（P：パッド軸受，EL：だ円軸受，GEL：みぞ付だ円軸受）

図8.3 だ円ジャーナル滑り軸受　　図8.4 ティルティングパッドジャーナル滑り軸受

一方，低荷重の高・中圧ロータの支持には同じ目的から図 8.4 の**ティルティングパッドジャーナル滑り軸受**（tilting pad journal bearing）が用いられる．これらの軸受はいずれも油を潤滑剤として，流体潤滑領域で運転されるように設計されている．

また，潤滑油には境界潤滑も可能なように，第 6 章で述べた各種添加剤が加えられており，さらに軸受面には軟質の皮膜が施されている．図 8.5 は，ティルティングパッドジャーナル滑り軸受において軸受すきま内に発生する圧力分布，温度分布，油膜厚さを流体潤滑理論によって求め，実測値と比較した図である．なお，理論では乱流と温度上昇による粘度の変化も考慮されている．計算値と実測値がよく一致していることから，流体潤滑理論が信頼性の高いものであることが理解できる．

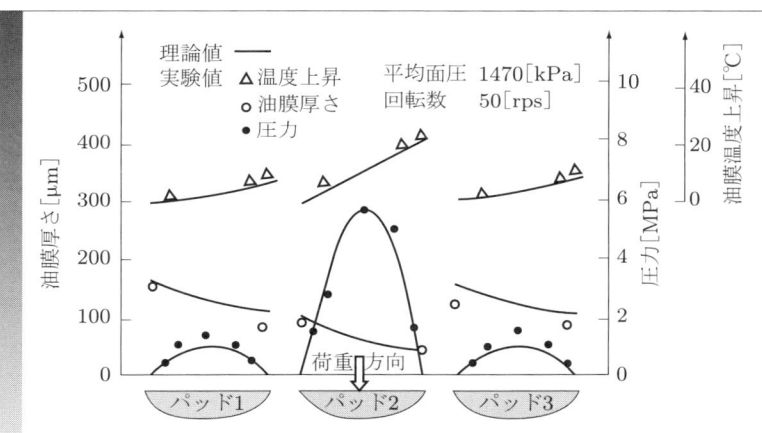

図 8.5 ティルティングパッドジャーナル滑り軸受の圧力分布，温度分布，および油膜厚さ
（三上 誠，橋本 巨 ほか，Trans. ASME, J. Trib., 110, 1 (1988) より）

図 8.1 に示したように，蒸気タービン発電機用滑り軸受の滑り速度（ジャーナルの周速度）は 100 [m/s] 以上（時速に換算して 360 [km/h] 以上）に達することがある．その際，滑り軸受は，高速で回転する軸をわずか 100〜200 [μm] の薄い流体膜（油膜）によって支えているにもかかわらず，流体膜の剛性が大きく，かつ減衰機能も高いために耐震性に優れている．したがって，たとえば，巨大地震の発生時においても発電機の安全運転が可能となるなど，滑り軸受はわれわれのライフラインを守るのに重要な役割を担っている．

8.1.2 ヘリウム液化用タービン膨張機に使用される流体膜軸受

超伝導技術を用いた電力機器，高エネルギー粒子加速器，磁気共鳴画像法（MRI）

機器などでは，極低温状態を得るために液体ヘリウムの使用が必要不可欠であり，現在液化能力の高いヘリウム液化機の開発が進められている．ヘリウム液化機の中でも膨張機は，特に重要な構成機器であり，設計にあたっては安全性と信頼性を十分に確保する必要がある．

ヘリウム液化用タービン膨張機（以後，ヘリウム膨張機とよぶ）は，通常150000 [rpm] を越える高速で，しかも作動温度が 80 [K] 以下の極低温下で運転される．したがって，蒸気タービンのような油膜軸受の使用は困難であり，作動媒体であるヘリウムガス自身を潤滑流体として用いる気体膜軸受の使用が必要不可欠である．図 8.6 はヘリウム膨張機の一例を示しているが，このようなヘリウム膨張機の実用化は，気体膜軸受技術の確立があってはじめて可能になったものである．

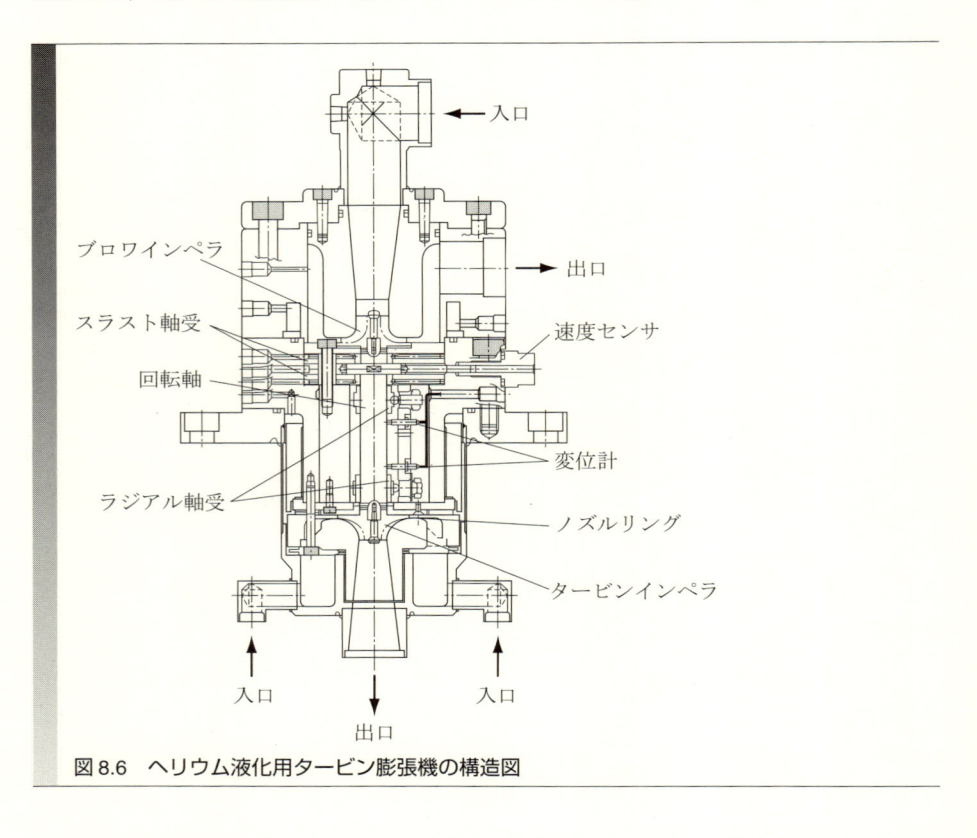

図 8.6 ヘリウム液化用タービン膨張機の構造図

ヘリウム膨張機の回転部に作用する軸方向荷重（スラスト荷重）は，図 8.7 に示す静圧スラスト軸受により支持される．一方，半径方向荷重（ラジアル荷重）は，図 8.8 に示すティルティングパッドジャーナル滑り軸受により支持される．両軸受の設

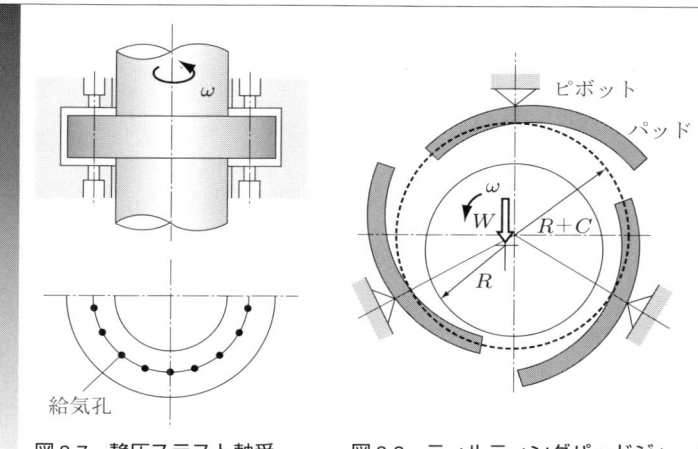

図 8.7　静圧スラスト軸受　　図 8.8　ティルティングパッドジャーナル滑り軸受

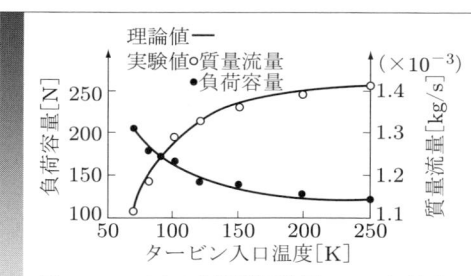

図 8.9　ヘリウム膨張機用静圧スラスト軸受の負荷容量と質量流量
（猪野展海，橋本 巨，ほか2名，日本機械学会論文集 C 編，58，550 (1992) より）

計には，第5章で述べた気体膜レイノルズ方程式が用いられる．

　図 8.9 は，図 8.7 の静圧スラスト軸受の負荷能力とヘリウムガスの必要質量流量の設計値（流体潤滑理論による計算値）を実測値と比較した図で，両者がよく一致していることがわかる．なお，気体を潤滑流体として使用する場合，流体膜がきわめて薄くなる混合潤滑下では，油膜軸受のように潤滑油に油性向上剤を添加して境界潤滑特性を改善することは不可能である．しかし，膨張機の起動時や停止時には必然的に混合潤滑状態が生じるので何らかの処置が必要になる．その具体的な対策としては，第7章で述べた表面改質技術などがある．

　図 8.10 は，軸受面に硬質皮膜を施した気体膜軸受により支持された回転軸の振動振幅を実測した結果である．このような処置を施すことにより軸受面が接触する可能性の高い起動時においても振幅は 2 [μm] 以内に収まっており，回転軸が安定に作

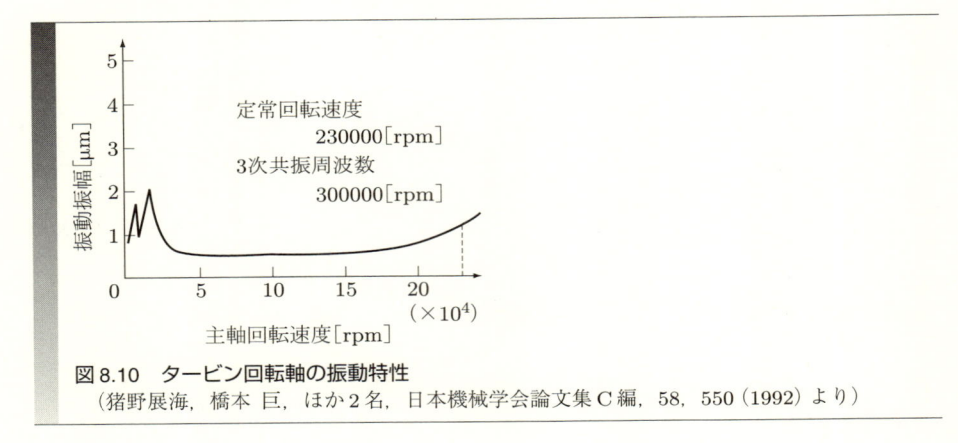

図 8.10 タービン回転軸の振動特性
（猪野展海，橋本 巨，ほか2名，日本機械学会論文集C編，58，550（1992）より）

動していることがわかる．

8.1.3 水ポンプ用滑り軸受

水ポンプや水車など水を作動流体とするターボ機械を支持する滑り軸受では，水自身を潤滑剤として用いることにより，オイルフリーを実現でき，環境負荷の低減や機械のコンパクト化にも有効になる．しかし，水の粘度は油の粘度の 0.1～10% であることから，水を用いて安全な流体潤滑状態を常時実現することは難しい．また，水は境界潤滑作用も弱いためにその効果も期待できない．この対策として，軸受面に深さ $10\,[\mu m]$ 前後のグルーブ（groove：溝）を設けて，流体膜を形成しやすくして流体潤滑作用を確保する試みがなされている．図 8.11 は，このような目的で設計されたスパイラル状のグルーブをもつスパイラルグルーブスラスト滑り軸受である．

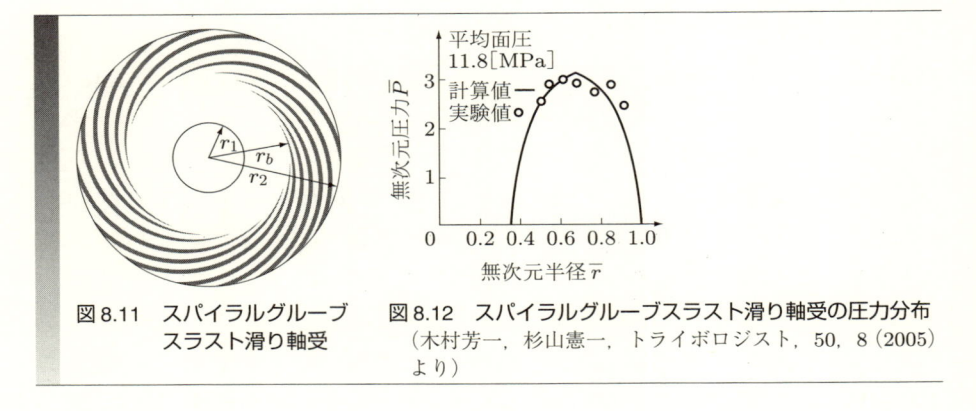

図 8.11 スパイラルグルーブスラスト滑り軸受

図 8.12 スパイラルグルーブスラスト滑り軸受の圧力分布
（木村芳一，杉山憲一，トライボロジスト，50，8（2005）より）

図8.12はこの軸受に発生する圧力分布の計算値と実測値を比較した図である．水を潤滑剤とした場合でも，軸受面にスパイラル状の溝加工を施すことにより，流体潤滑状態を維持するのに必要な流体圧力を発生させられることがわかる．

しかし，水を潤滑流体とする軸受では，最小流体膜厚さが $0.2\,[\mu m]$ 程度となることから，潤滑状態が混合潤滑状態に移行する場合もしばしば生じる．この対策として，第7章で述べた表面改質技術を用いて軸受表面に窒化チタン（TiN）や窒化クロム（CrN）などの硬質皮膜を形成し，焼付き圧力を高める方法が用いられる．図8.13は，硬質皮膜の効果を調べるための試験装置であり，回転面には窒化チタン（TiN）膜がダイナミックミキシング法により形成されている．また，固定面には窒化クロム（CrN）膜がイオンプレーティング法により形成されている．試験材の算術平均粗さ R_a は，固定面，回転面ともに $0.01\,[\mu m]$ と $0.07\,[\mu m]$ の2種類とし，これらを表8.1のように4通りに組み合わせて測定を行っている．なお，試験材は各組み合わせにつき表面粗さの同じものをそれぞれ3個使用している．

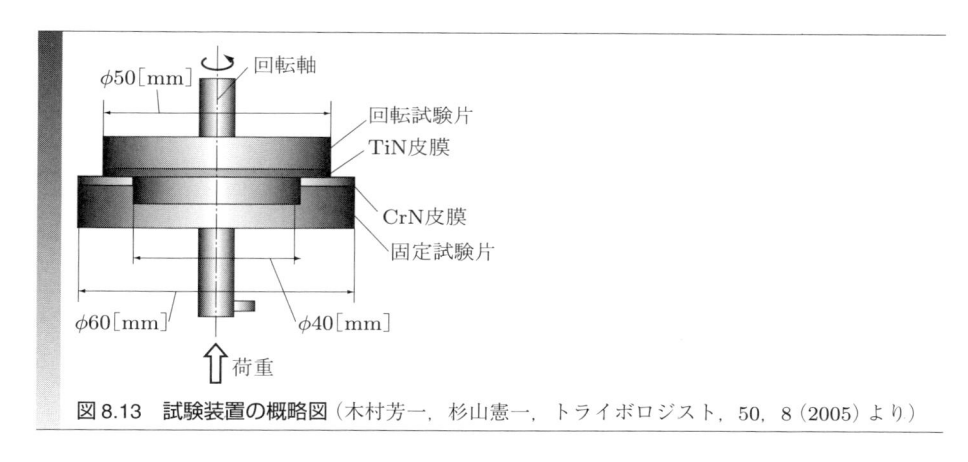

図8.13　試験装置の概略図（木村芳一，杉山憲一，トライボロジスト，50, 8 (2005) より）

表8.1　試験材の組み合わせとその算術平均粗さ
([μm])

試験材	TiN膜（回転面）の R_a	CrN膜（固定面）の R_a
組み合わせ1	0.01	0.01
組み合わせ2	0.01	0.07
組み合わせ3	0.07	0.01
組み合わせ4	0.07	0.07

図8.14は，水潤滑面の摩擦係数の実測値を示している．表面粗さ R_a の値による摩擦係数の違いは小さく，潤滑状態はおおむね混合潤滑状態にある．一方，図8.15

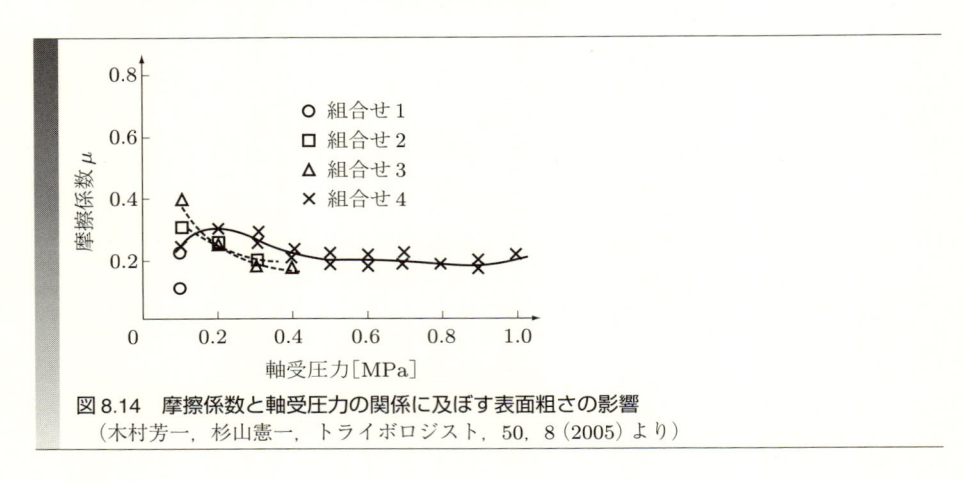

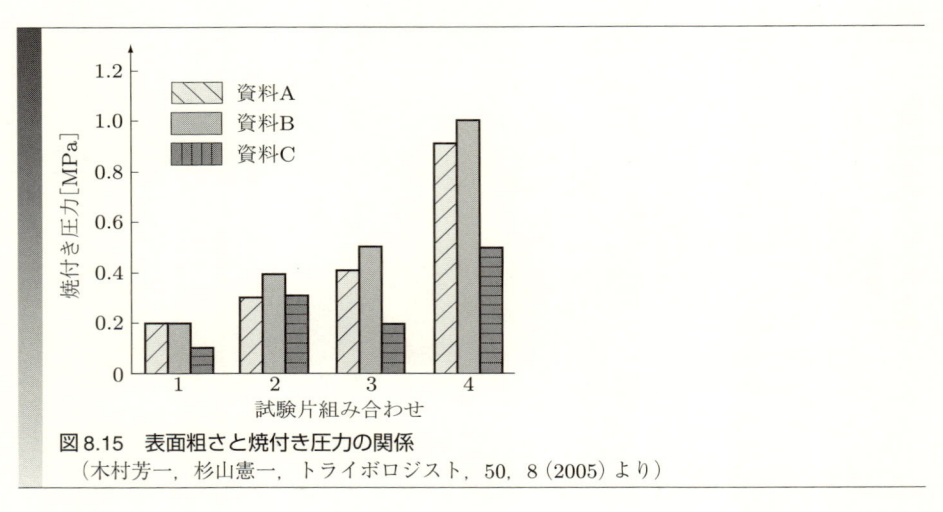

図 8.14 摩擦係数と軸受圧力の関係に及ぼす表面粗さの影響
（木村芳一，杉山憲一，トライボロジスト，50，8（2005）より）

図 8.15 表面粗さと焼付き圧力の関係
（木村芳一，杉山憲一，トライボロジスト，50，8（2005）より）

は，表 8.1 の組み合わせ 1 から組み合わせ 4 についてそれぞれ 3 個の資料（図中の A, B, C の資料）を用いて焼付き圧力を調べた結果である．資料によるばらつきはあるものの，両面の粗さが大きい場合の焼付き圧力がもっとも高く，両面の粗さが小さい場合の焼付き圧力がもっとも低い値となっている．表面に適度な粗さがある場合には，粗さの谷部に水が保持されて潤滑作用を発揮するとともに冷却も行われるため，このような効果が生じる．

以上に述べたように，多くのターボ機械において，第 1 章から第 7 章までに扱ったトライボロジーに関する基礎知識を活用して，機械の性能を向上させるさまざまな取り組みがなされている．

8.2 自動車とトライボロジー

自動車とトライボロジーの関係については，第1章でも少し取り上げた．いうまでもなく，自動車は，それなくしてはわれわれの生活が成り立たないほど重要な工業製品である．また，そればかりでなく，依然として日本経済を支える牽引車でもある．自動車とトライボロジーの密接な関係は，「自動車はトライボロジーの巣」といわれていることからもわかる．

自動車において，近年きわめて関心の高まっている技術課題は，燃費改善などの環境への対応である．その対策として，トライボロジーの果たす役割は非常に重要である．なかでも，地球温暖化防止を目的とした CO_2 削減が自動車の燃費の改善にもっとも効果のある対策の一つである．図1.9に示したように，燃費改善の決め手としてエンジンに関連した摩擦損失の低減，ハーフトロイダルCVTなどに代表される駆動系の革新的な改良，タイヤの転がり抵抗の低減などがトライボロジーの視点から挙げられる．

8.2.1 ピストンリングとシリンダ間のトライボロジー

ピストンリング（piston ring）は，図8.16に示すように，ピストン頭部に設けられたリング溝にガソリンエンジンの場合だと通常3本装着されている．燃焼ガスをシールし，潤滑油量をコントロールし，また伝熱機能をもち，合わせてピストンの姿勢を制御する，重要な部品である．このため，ピストンリングの発明がなければ，今日のようなエンジンの発展もなかったとまでいわれている．

ピストンリングのうち，コンプレッションリングは，シリンダ内の燃焼ガスや排

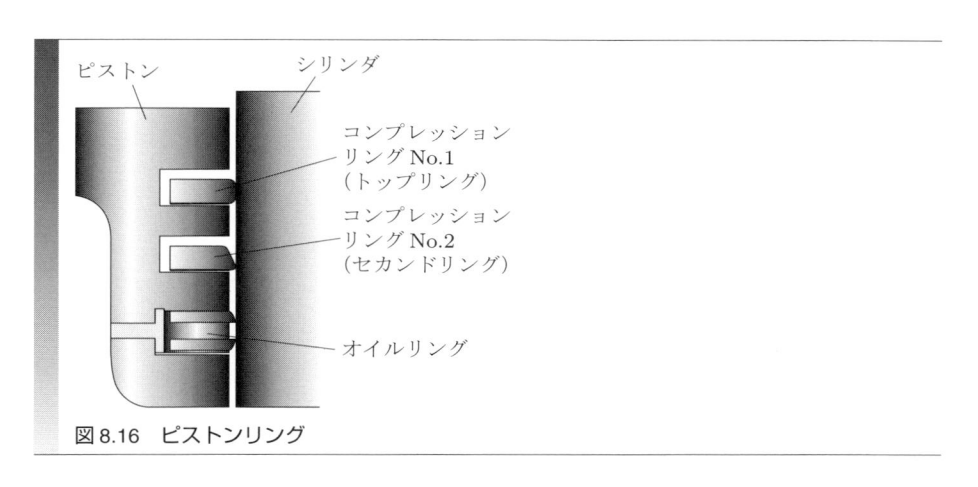

図8.16　ピストンリング

気ガスがクランク側に漏れるのを防ぎ，かつ潤滑油が燃焼室内に侵入してくるのを防ぐシールの役割を果たしている．二本のリングのうち上部のリングをトップリング，下部のリングをセカンドリングとよぶ．リングとシリンダ間は主として流体潤滑下にあるため，第5章で述べた流体潤滑理論によりリングの挙動を解明できる．しかし，上死点と下死点ではピストンが静止状態にあるため，くさび作用とスクイズ作用による油膜が形成されにくく，混合潤滑状態となる．したがって，ピストンリングの設計にあたっては，混合潤滑状態への移行を考慮した上でリングとシリンダ間の摩擦をできる限り低減させ，摩耗を防ぐ必要がある．それに伴い，潤滑油には各種添加剤が加えられている．また，リング表面の耐摩耗性を高めるために，リング表面に硬質クロムめっきを施す方法が従来から広く用いられてきたが，最近では第7章で述べたPVDにより窒化チタン（TiN）や窒化クロム（CrN）などの，硬質皮膜を形成する表面改質法が用いられる．

8.2.2 エンジン用滑り軸受

自動車用のエンジン軸受（engine bearing）には，クランク主軸受，クランクピン軸受，カムシャフト軸受，バランスシャフト軸受などがあり，主として図8.17に示す箇所に用いられている．このうち，クランク主軸受とクランクピン軸受は，負荷条件の厳しい状態で使用されるので，その設計は特に重要である．

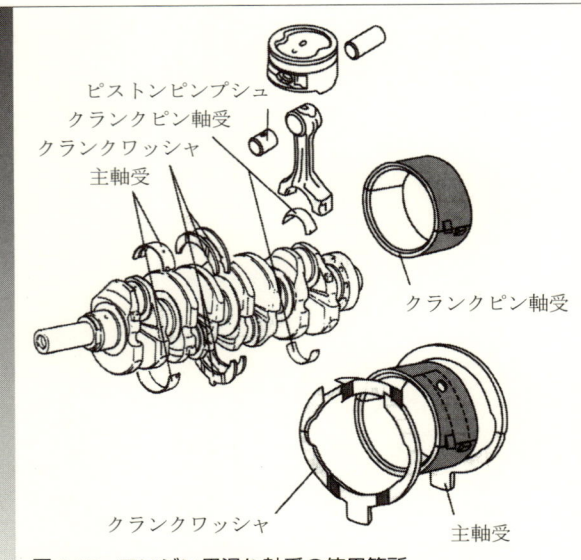

図8.17 エンジン用滑り軸受の使用箇所
（(社)日本トライボロジー学会編，トライボロジーハンドブック，養賢堂（2001）より）

各軸受への負荷の大半は，クランク角度ごとにその大きさと方向が変化する荷重である．具体的には，シリンダ内で発生する爆発力と慣性力の合力である．刻々と変化する荷重の大きさと方向を表現する手段として，図8.18，図8.19に示す荷重極線図がよく用いられる．これらの図からわかるように，軸受には最大で2トン近い荷重が作用する．この荷重を受けるには，油潤滑された滑り軸受を用いる以外に適

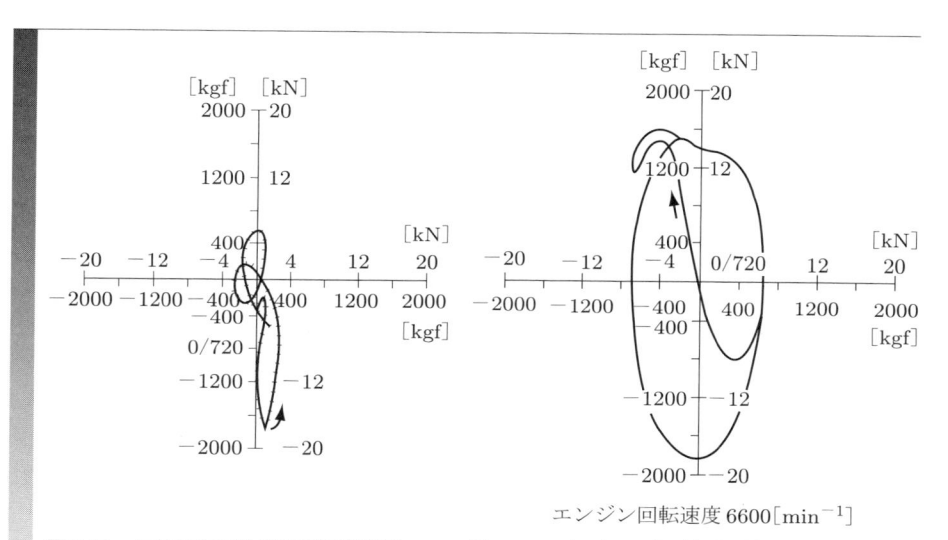

エンジン回転速度 6600[min^{-1}]

図8.18 クランク主軸受の荷重極線図　　図8.19 ピストンピン軸受の荷重極線図
(図8.18, 8.19ともに，(社)日本トライボロジー学会編，トライボロジーハンドブック，養賢堂(2001)より)

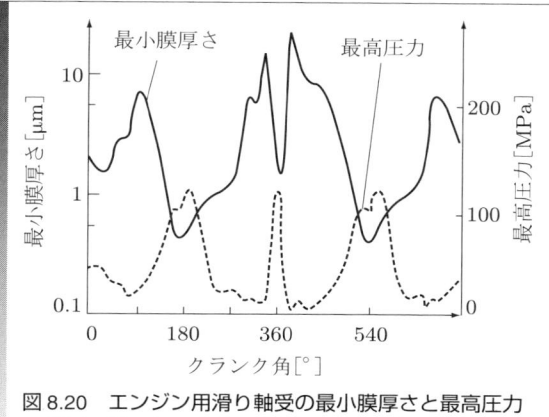

図8.20 エンジン用滑り軸受の最小膜厚さと最高圧力
(橋本 巨，トライボロジスト，43, 1 (1998)より)

切な方法はなく，流体潤滑理論による軸受性能の高精度な予測と，その予測結果に基づく最良の設計が要求される．なお，エンジン用滑り軸受における荷重条件下では軸受面は弾性変形し，最小油膜厚さは図 8.20 に示すように 1 [μm] 以下となる．

軸受の最小膜厚さが 1 [μm] を下回るような場合には，軸受面の粗さどうしが接触する可能性が高く，潤滑状態は流体潤滑状態から混合潤滑状態へと移行する．そこで，混合潤滑状態下においても十分な油膜を確保する手段として，軸受面に図 8.21 に示す微細な溝加工（マイクログルーブ加工）を施した滑り軸受が用いられている．これは，8.1.3 項で紹介した水ポンプ用滑り軸受の設計と同様の考え方に基づいている．

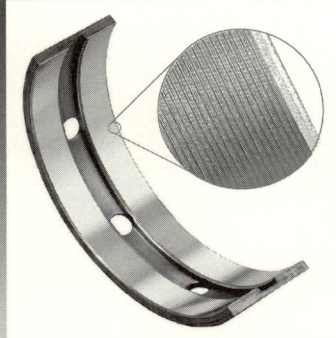

図 8.21　マイクログルーブ加工を施したエンジン用滑り軸受
（大豊工業（株）より提供）

図 8.22　樹脂オーバレイ皮膜を施したエンジン用滑り軸受［上段］
（大豊工業（株）より提供）

また，混合潤滑状態における摩擦を低減させ，かつ，軸受表面の耐摩耗性を向上させるために，第 6 章，第 7 章で述べた各種添加剤の技術，固体潤滑剤の技術，表面改質技術などの利用が試みられている．図 8.22 は，摩擦低減に効果のあるポリアミドイミド樹脂中に，耐摩耗性の向上にも効果のある二硫化モリブデン（MoS_2）を分散させた，樹脂オーバーレイで皮膜した滑り軸受の例である．軸受面にこのような加工を施すことにより，混合潤滑下における摩擦・摩耗特性を大幅に改善できる．

8.2.3　トロイダル CVT

自動車用の AT（automatic transmission：自動変速機構）には，ギア式と無段変速式がある．ギア式 AT ではギア比があらかじめ決まっているので，必ずしも最適な状態が得られず，変速ショックが生じ，燃費向上にも限界がある．これに対して，**CVT**（continuously variable transmission：無段変速機）では変速比の最適

化が可能であり，燃費の一層の向上が期待できる．

CVT にはベルト式 CVT とトロイダル CVT（toroidal CVT）がある．近年はトロイダル CVT への関心が高まっている．トロイダル CVT は，対向するディスク間に揺動するローラをおき，ディスクとローラの間の摩擦（トラクション力）とローラの角度の変化によって連続的に変速を行うものである．トロイダル CVT は，形状により図 8.23 に示すフルトロイダル CVT と，図 8.24 に示すハーフトロイダル CVT（half-toroidal CVT）に分類される．

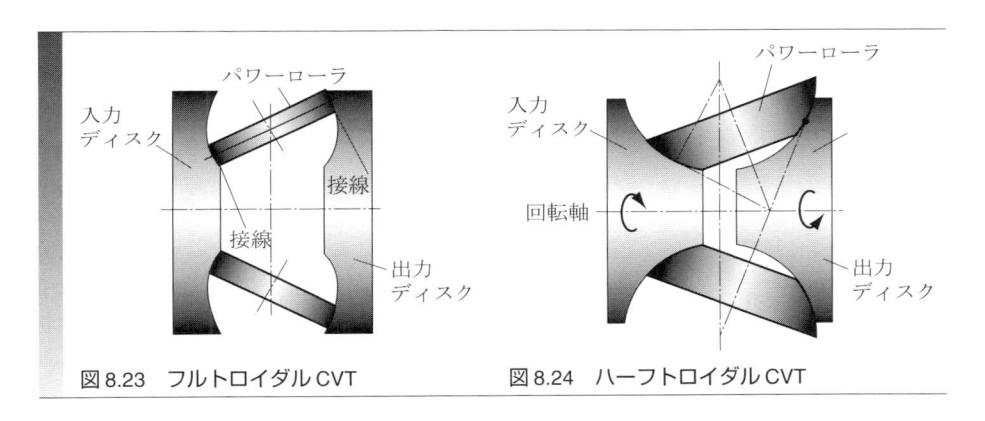

図 8.23　フルトロイダル CVT　　図 8.24　ハーフトロイダル CVT

フルトロイダル CVT では，パワーローラと入出力ディスクの接点を結ぶ直線が，入出力ディスクを形成する円の中心を通るように設計されている．このため，押付け力の反力がパワーローラ支持部に作用しないという長所がある．しかし，ローラとディスクの接点における接線が平行になることから，接触点のスピンが大きくなるという短所もある．一方，ハーフトロイダル CVT では，ディスクとローラの接点における接線は常に交点をもち，しかも交点は全変速域においてディスクの回転軸の近傍にあることから，スピン損失を小さくすることが可能である．この点でハーフトロイダル CVT は，フルトロイダル CVT よりも優れている．

図 8.25 は，ハーフトロイダル CVT の変速メカニズムを示している．出力ディスクの角速度を ω_{out}，入力ディスクの角速度を ω_{in} とすると，$\omega_{\text{out}} = \omega_{\text{in}} \cdot (r_{\text{in}}/r_{\text{out}})$ の関係が成り立つ．したがって，図 8.25 (a) の状態では $\omega_{\text{out}} < \omega_{\text{in}}$（減速），図 8.25 (b) では $\omega_{\text{out}} = \omega_{\text{in}}$（等速），図 8.25 (c) では $\omega_{\text{out}} > \omega_{\text{in}}$（増速）となり，連続的な変速が可能になる．

ディスクとローラの直接接触による摩耗を防ぐために，ディスクとローラ間は**トラクション油**（traction oil）とよばれる潤滑油によって潤滑されている．いま，ディ

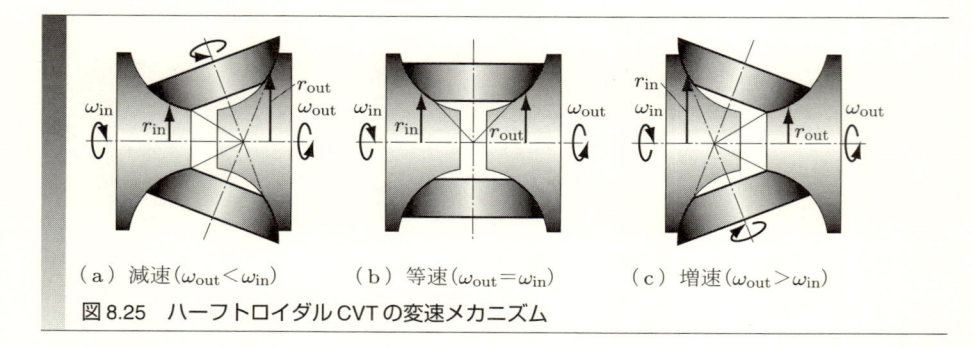

(a) 減速 ($\omega_{out} < \omega_{in}$)　　(b) 等速 ($\omega_{out} = \omega_{in}$)　　(c) 増速 ($\omega_{out} > \omega_{in}$)

図 8.25　ハーフトロイダル CVT の変速メカニズム

スクとローラ間の押付け力を W，油の摩擦係数（トラクション油の摩擦係数はトラクション係数とよばれる）を μ とすれば，CVT によって伝達されるトルク T_{out} は，$T_{out} = \mu r_{in} W$ によって与えられる．通常，潤滑油は摩擦を低減させるために用いられるので摩擦係数 μ は小さい方が望ましいが，トラクション油では逆にある程度の大きさの摩擦係数（粘着性）が要求される．このような技術的な要求に対して，現在良好な潤滑性と粘着性の相反する性質を合わせもつ優れたトラクション油が開発され，実用化されている．

なお，トラクション油で潤滑される接触面には，きわめて大きな面圧が作用するので，油の粘度は付録 B に示すように圧力の影響を受けて著しく増加する．また，接触面は弾性変形するので，ディスクとローラ間の油膜特性を解析する際には，このような効果を取り入れた**弾性流体潤滑理論**（elasto-hydrodynamic lubrication theory：EHL 理論）を適用する必要がある．

8.2.4　タイヤとトライボロジー

タイヤは路面と直接接触し，駆動力と制動力を路面に伝達する．また，方向を転換，維持したり，車体を柔軟に支えたりと，重要な機能を果たしている．すなわち，走行する，曲がる，停止するといった車の基本動作を担っている．第 3 章，第 4 章で扱った摩擦，摩耗，転がり抵抗などとタイヤは密接に関係し，また第 5 章，第 6 章で扱った流体・境界・混合潤滑との関連も深い．したがって，タイヤの技術はトライボロジーの発展とともに進化してきている．

図 8.26 は，タイヤと路面間のスリップ率と駆動力・制動力の関係である．ただし，スリップ率 S の定義は，駆動時と制動時で異なり，それぞれつぎのように表される．

$$駆動時：S = \frac{v - V}{V}, \quad (V < v)$$

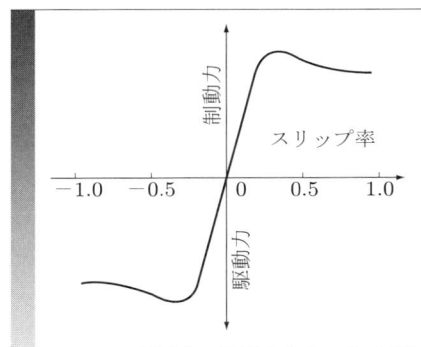

図 8.26 制動力・駆動力とタイヤの接触モデル

制動時：$S = \dfrac{V - v}{v}, \quad (V > v)$

ここに，V は車速を，v はタイヤの周速度を表している．図からわかるように，駆動力と制動力はタイヤが 10～30％のスリップ率で滑っているときに最大となる．

さて，タイヤと路面間の接地面積は意外に狭く，ハガキ大程度である．また，路面はいつも乾燥状態ではなく，濡れた状態も多い．したがって，車の安定走行の面からも，路面が濡れている場合のタイヤと路面間の摩擦特性を検討する必要がある．図 8.27 は，タイヤと濡れた路面間の接触モデルである．

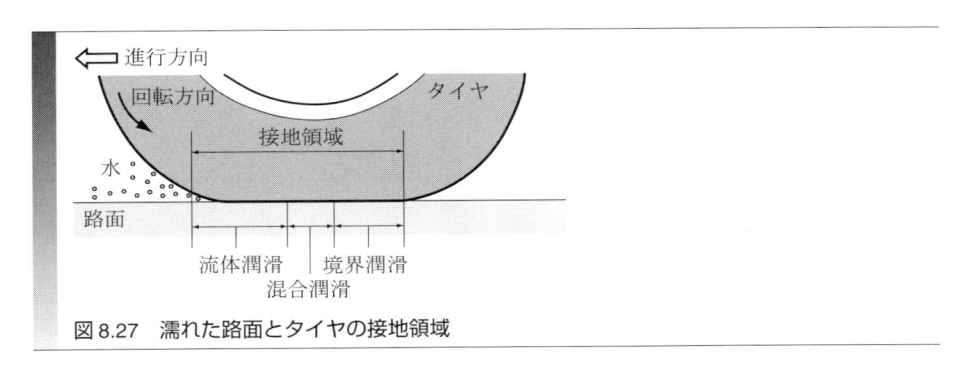

図 8.27 濡れた路面とタイヤの接地領域

タイヤの前方は，タイヤの踏み込みによるスクイズ作用とくさび作用によって，水膜が形成される流体潤滑領域である．タイヤの後方は，水が排除されてタイヤと路面が直接接触する境界潤滑領域である．二つの領域の中間は流体潤滑と境界潤滑が混在する混合潤滑領域に相当する．雨の中を高速で車を走らせた場合，水膜がタイヤと路面間の全接触領域に形成され，流体潤滑作用により車体が浮き上がり，制動

力が全く働かなくなって事故につながる危険性がある．これを**ハイドロプレーニング（hydroplaning）**とよぶ．この現象は，タイヤの弾性変形を考慮した流体潤滑理論によりその挙動が解明されている．なお，弾性変形を考慮した流体潤滑理論を**ソフト EHL 理論（soft EHL theory）**とよぶ．また，凍結路面ではタイヤと路面間の摩擦熱により氷が融解して水膜が形成され，ハイドロプレーニングと同様の問題が生じる可能性が高い．

このような問題に対拠するために，タイヤ表面に図 8.28 に示す多くのサイプ（細かい切れ目）を設けたスタッドレスタイヤが開発されている．スタッドレスタイヤでは，サイプのエッジ効果による水膜の排除や氷の掘り起こし摩擦を利用して制動力と駆動力を高める工夫がされている．しかし，タイヤと路面間の摩擦力を高めると，一般に転がり抵抗も増加するため，燃費は悪くなる．そこで，トレッドゴムの粘弾性を調節するなどして，摩擦力を高めると同時に転がり抵抗を低減させる工夫が進められている．

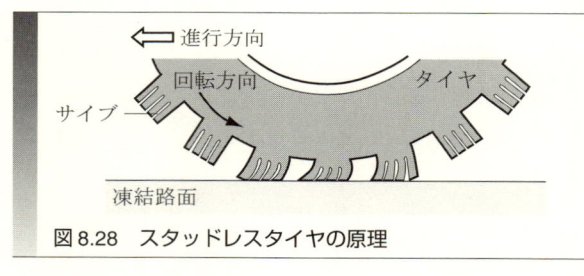

図 8.28 スタッドレスタイヤの原理

8.3 IT 関連機器とトライボロジー

IT 関連機器とトライボロジーには密接な関連があるというと，意外に感じるかもしれない．しかし，実はハードディスク装置（hard disk drive：HDD），ディジタルオーディオテープ（DAT）レコーダ，カラーコピー機などは，トライボロジー技術がなくては成り立たない．

8.3.1 ハードディスク装置とトライボロジー

ハードディスク装置（HDD）は，磁気記録方式を用いてディジタル情報の記録を行う IT 機器で，現在の情報化社会の基盤を支える最重要機器の一つである．図 8.29 に HDD の構成を示す．HDD は，磁気ヘッドと記録媒体である回転磁気ディスクとの相対運動によって生じる磁気的相互作用により記録と再生を行う．このため，磁

図 8.29 ハードディスク装置の構成

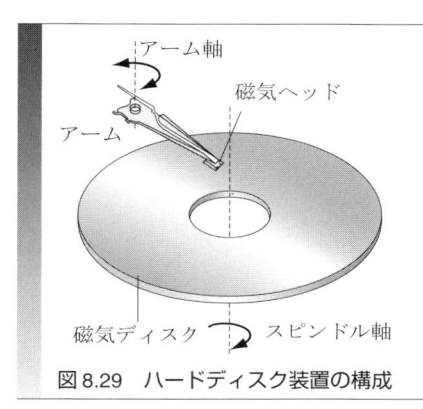

気ディスク面上に平面的に大量の情報を記録できる．記録密度を飛躍的に向上させるためには，磁気ヘッドを磁気ディスクに接触させればよい．しかし，磁気ヘッドと磁気ディスクが接触した状況下では，磁気ヘッドは摩擦により急速に摩耗し，記録そのものが不可能である．

これを避けるために，磁気ヘッドと磁気ディスクの間に空気膜のくさび作用を生じさせて，流体力により磁気ヘッドを磁気ディスク上にわずかに浮上させる方式が用いられている．このような原理に基づく磁気ヘッドを浮動ヘッド（flying head），磁気ヘッドと磁気ディスクの間のすきまをスペーシング（spacing）とよぶ．この原理からもわかるように，磁気ヘッドは滑り軸受そのものといってよく，特に，磁気ヘッドを磁気ディスク上に浮上させるスライダ気体軸受を**浮動ヘッドスライダ**（flying head slider）とよぶ．図 8.30 に代表的な浮動ヘッドスライダを示す．図 8.30 (a) のスライダは，第 5 章で述べた傾斜平面滑り軸受と同様に，空気膜のくさび効果によ

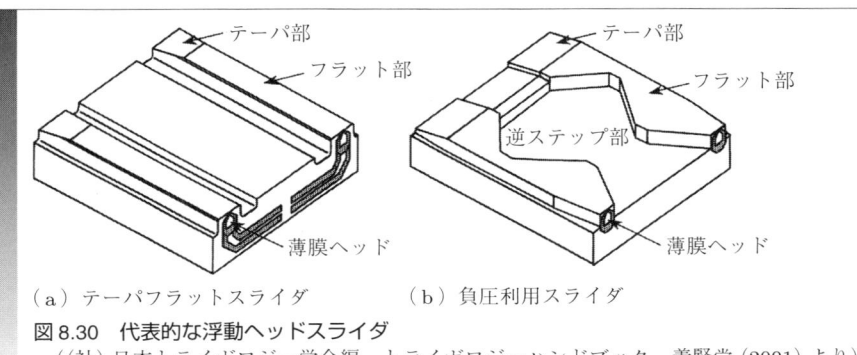

（a）テーパフラットスライダ　　（b）負圧利用スライダ

図 8.30　代表的な浮動ヘッドスライダ
　　（(社) 日本トライボロジー学会編，トライボロジーハンドブック，養賢堂（2001）より）

り圧力を発生させ，磁気ヘッドと磁気ディスクの間のスペーシングを確保する．図8.30 (b) のスライダは (a) よりも進んだスライダで，テーパ部とフラット部で正圧を，逆ステップ部で負圧を発生させ，磁気ヘッドと磁気ディスクの間のスペーシングを狭めるよう工夫されている．浮動ヘッドスライダに関しては，気体膜の流体潤滑理論を用いて解析と設計を行うことができる．

磁気記録を高密度に行うには，スペーシングをできるだけ小さくする必要がある．図8.31は，HDDにおける情報記録密度とスペーシングの関係の推移を示している．スペーシングの短縮に伴って記録密度が飛躍的に向上している．現在のもっとも進んだHDDでは，スペーシングは10 [nm] 程度にまで短縮され，記録密度は100 [Gbit/in^2] にまで達している．これは磁気ディスクに映画を数百本分記録できる驚異的な容量である．なお，10 [nm] とはDNA1本の太さとほぼ同じすきまであり，分子レベルのスケールに接近している．

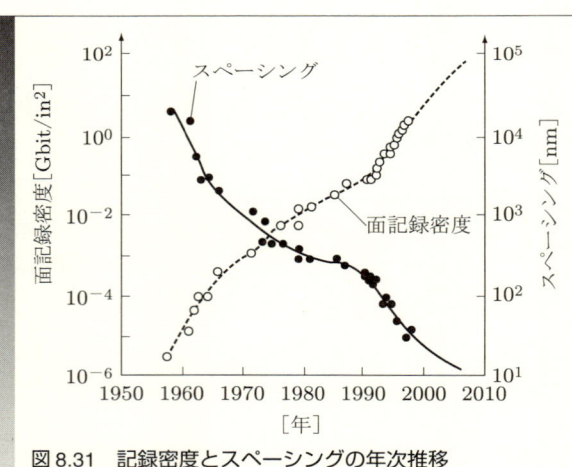

図8.31 記録密度とスペーシングの年次推移
((社) 日本トライボロジー学会編，トライボロジーハンドブック，養賢堂 (1995) より)

図8.32は，磁気ヘッドと磁気ディスクのインタフェースの様子を模式的に示した図である．分子のレベルに達するような小さなスペーシングの状態では，磁気ディスク表面の凹凸や塵埃の侵入により磁気ヘッドとが衝突し，情報の記録再生が不可能となることが予想される（このような状態をヘッドクラッシュ (head crash) とよぶ）．そこで，ディスクの表面には第7章で述べたDLC膜を保護膜として形成し，さらに境界潤滑膜としてパーフルオロポリエーテル（PFPE）潤滑剤を塗布している．また，磁気ヘッドの表面にもDLC膜とPFPE境界膜が形成してある．スペーシングの予測は気体膜の流体潤滑理論により可能ではあるが，ナノスケールのすきま

図 8.32 磁気ヘッドと磁気ディスク間のすきまの様子

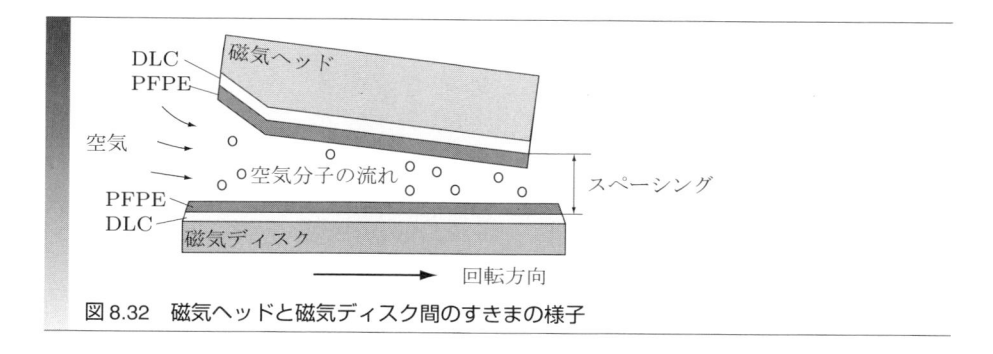

では空気の流れは連続体としては扱えず，分子流としての修正を加える必要がある．レイノルズ方程式にこのような修正を加えた理論を**超薄膜流体潤滑理論**（ultrathin fluid film lubrication theory）とよぶ．また，このような分子レベルの領域を対象としたトライボロジーは，**ナノトライボロジー**（nanotribology）と名付けられており，今後大いに発展が期待される分野である．

このように，HDDにおけるトライボロジーの果たす役割はきわめて大きく，トライボロジーなくして成り立たない技術であるといっても過言ではない．

8.3.2 磁気テープによる情報記録装置とトライボロジー

磁気記録方式を用いて大量のディジタル情報を記録する方法として，ハードディスクの代わりに磁気テープを利用する方法もある．あとで示すDATレコーダはその一例である．

磁気テープと磁気ヘッド間のインタフェースは，軸受面の一方が柔軟なフォイル（foil）で構成された滑り軸受の流体潤滑問題として扱うことができる．このような軸受の理論モデルは，**フォイル軸受モデル**（foil bearing model）とよばれる．その概念を図 8.33 に示す．

磁気テープと磁気ヘッドの間のスペーシング h_0 を支配するパラメータは，テープの張力 T，巻き角 Θ，ヘッドを円筒とみなしたときの円筒半径 R，空気の粘度 η，送り速度 U である．これらのパラメータが与えられたとき，気体膜レイノルズ方程式と磁気テープの弾性方程式から，スペーシングの大きさと発生する圧力分布を計算できる．このように潤滑面の弾性変形を考慮した流体潤滑理論は，8.2.4項で述べたハイドロプレーニングの場合と同様に，ソフトEHL理論とよぶ．なお，磁気テープと磁気ヘッドの間のスペーシングもナノスケールに至ることが多いので，理論解析や設計では，HDDと同様に超薄膜流体潤滑理論を適用する場合もある．

第8章 トライボロジーの現代技術への応用

図 8.33 フォイル軸受モデル

図 8.34 フォイル軸受のスペーシングと圧力分布
((社)日本トライボロジー学会編,トライボロジーハンドブック,養賢堂(2001)より)

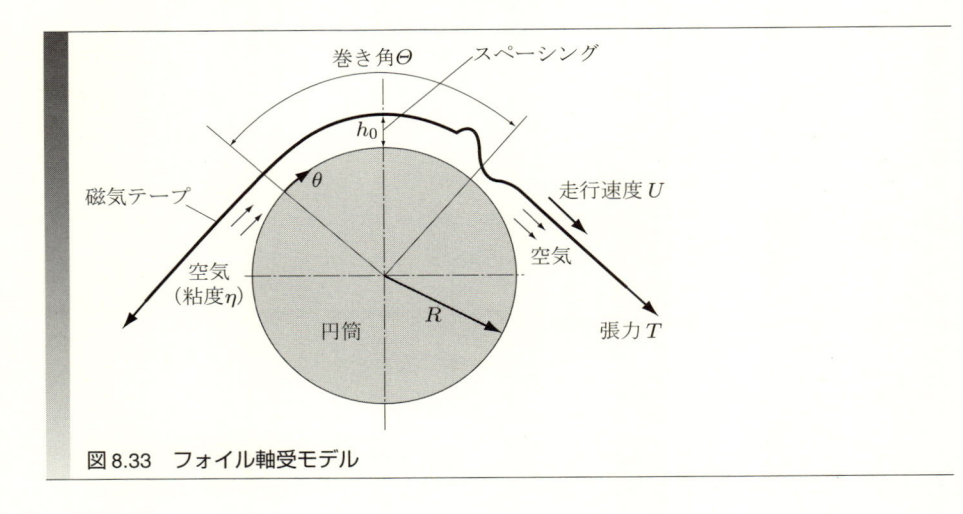

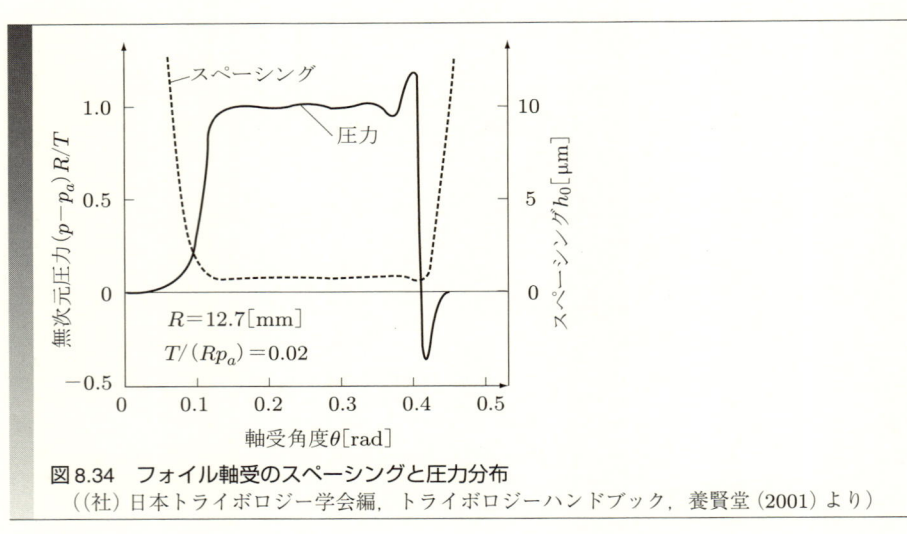

図 8.34 はフォイル軸受モデルに基づくスペーシングと圧力の分布形状の計算結果を示した図である.スペーシングの分布形状は,テープ巻き角領域の入口で急激に狭まってくさび形状となり,巻き角領域の大部分を占める中央領域で一定となっている.巻き角領域の出口付近では,くびれを生じてスペーシングの値が最小となったのち,急激に拡大して逆くさび形状となる.圧力分布はスペーシングの形状に伴って変化し,入口領域で大気圧から急激に上昇したのち,中央領域でほぼ一定となる.スペーシングが最小となる位置付近で**圧力スパイク**(pressure spike)を生じたの

ち負圧となって大気圧に回復する．なお，スペーシングにくびれが生じると同時に，圧力スパイクを生じる傾向は，ソフト EHL 問題に特有の現象である．

以上のような解析方法に基づいて，ディジタルオーディオテープ（DAT）レコーダの記録再生部分の設計がなされており，トライボロジーは重要な役割を担っている．

8.3.3　IT 関連機器と滑り軸受

HDD や DAT レコーダなどにおいて，ヘッドと情報記録媒体間のインタフェースの解析や設計に流体潤滑理論が活用されている．HDD や DAT レコーダの主軸を支える滑り軸受の設計にも流体潤滑理論が用いられている．IT 関連機器用滑り軸受としては，軸側あるいは軸受側にグルーブを設けたグルーブ軸受が多く用いられている．図 8.35 に代表的なグルーブ軸受を示す．

（a）ヘリングボーンジャーナル滑り軸受　（b）スパイラルグルーブスラスト滑り軸受　（c）球面スパイラルグルーブ滑り軸受

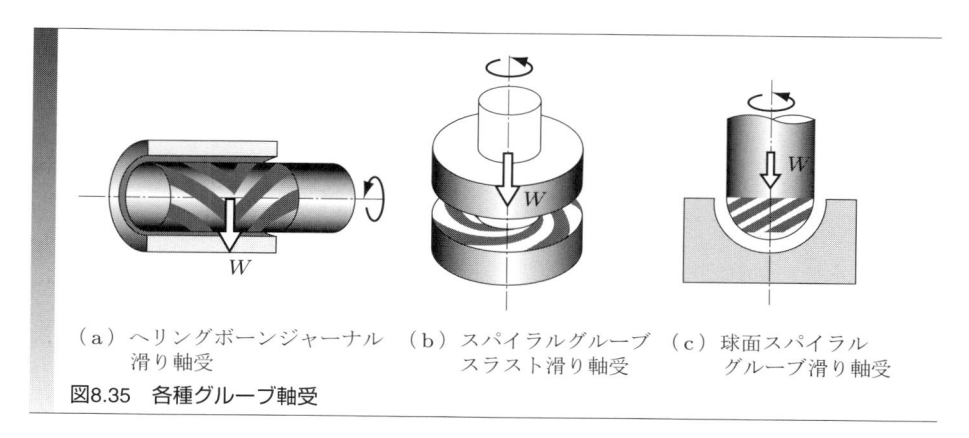

図8.35　各種グルーブ軸受

図 8.35 (a) は，ラジアル荷重を受ける軸受で，**ヘリングボーンジャーナル滑り軸受**（herringbone grooved journal bearing）とよぶ*．なお，ヘリングボーン形状のグルーブは，つぎに述べるスラスト滑り軸受の軸受面に設けられることも多い．図 8.35 (b) は，スラスト荷重を受けるスパイラル状のグルーブをもつ軸受で，**スパイラルグルーブスラスト滑り軸受**（spiral grooved thrust bearing）とよぶ．図 8.35 (c) は，球面にスパイラル状のグルーブを設けることでスラスト荷重とラジアル荷重を同時に受けるようにした**球面スパイラルグルーブ滑り軸受**（spherical spiral grooved bearing）である．

> **ひとくちメモ**
> ヘリングボーンとは，ニシンの骨のことである．グルーブ形状が複雑でニシンの骨に似ていることからこうよばれている．

グルーブ軸受の原理は，第 5 章の例題 5.3 で取り上げたステップ軸受と本質的に同じである．軸受面に数多く設けたステップの効果により圧力を集中的に発生させ，荷重を支えるようになっている．グルーブ軸受のこのような圧力発生機構をグルーブの**ポンピング作用**（pumping action of groove）とよぶ．なお，グルーブ軸受は非接触式シールとして多用されている．

軸受面のグルーブは，一般にエッチング，放電加工，レーザ加工，プレス加工，などの方法により設けられる．潤滑流体としては，油，水，グリースなどの液体のほかに，空気やヘリウムガスなどの気体を用いる場合も多い．

スパイラルやヘリングボーンのような複雑な形式の滑り軸受であっても，第 5 章で述べた気体膜レイノルズ方程式 (5.33) を用いて，圧力分布などの軸受特性を計算できる．図 8.36 にスパイラルグルーブとヘリングボーングルーブをもつ**スラスト空気軸受**（thrust air bearing）の圧力分布の計算例を示す．数値計算は有限差分法に基づいて行っている．図中の矢印は空気の流入方向を示しており，グルーブのポンピング効果によって軸受すきま内に圧力分布が立ち上がっていく様子がわかる．

図 8.37 は，DAT レコーダの磁気ヘッドシリンダにヘリングボーングルーブ軸受を用いた例で，潤滑流体として油を使用している．ヘリングボーングルーブ軸受の採用により，機器のコンパクト化，低騒音化，低コスト化を実現している．

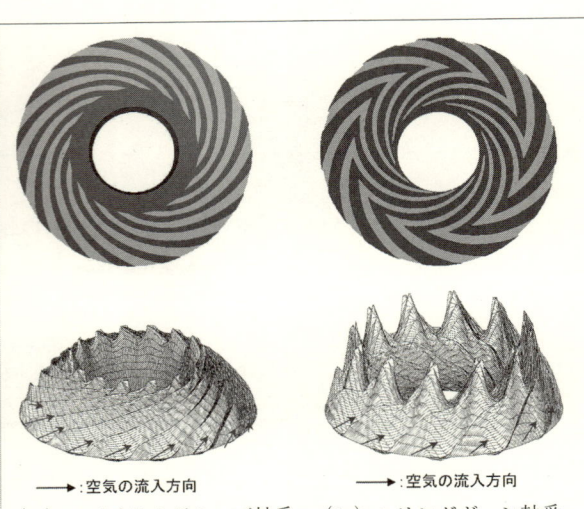

⟶：空気の流入方向　　⟶：空気の流入方向
（a）スパイラルグルーブ軸受　（b）ヘリングボーン軸受

図 8.36　スパイラルおよびヘリングボーングルーブを有するスラスト空気軸受の圧力分布
（橋本 巨，落合成行，日本機械学会論文集 C 編，72，716（2006）より）

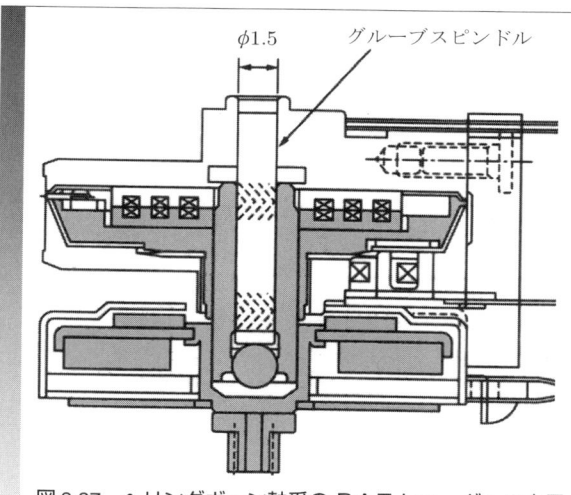

図 8.37 ヘリングボーン軸受の DAT レコーダへの応用
((社)日本トライボロジー学会編,トライボロジーハンドブック,養賢堂(2001)より)

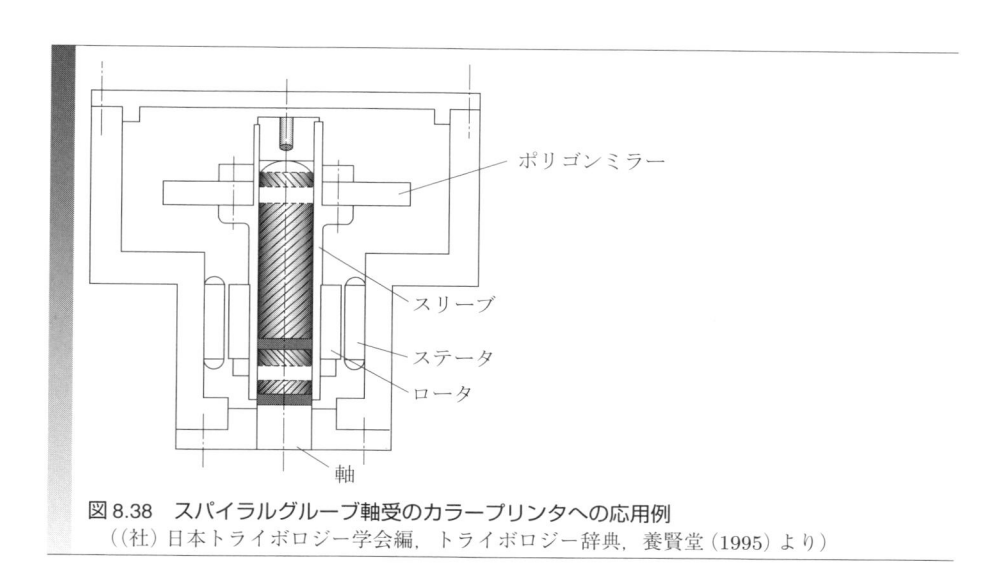

図 8.38 スパイラルグルーブ軸受のカラープリンタへの応用例
((社)日本トライボロジー学会編,トライボロジー辞典,養賢堂(1995)より)

一方,図 8.38 は,ディジタルカラー複写機のスキャナーにスパイラルグルーブ軸受を用いた例である.潤滑流体は空気を使用している.スパイラルグルーブ軸受の採用により,画像の色むらが少なく,15000～30000[rpm]での高速回転が可能なコピー機を実現している.

このように，グルーブ軸受は回転むらが少なく，騒音や振動を発生しないので，IT機器やOA機器に最適の軸受といえる．しかし，機器の起動・停止時には軸受面が接触するので，第7章で述べた表面改質技術の導入により摩擦や摩耗を極力抑えることも重要である．

IT関連機器は，IT化社会の進行とともに今後も一層発展する可能性が高い．したがって，その基盤を支えるトライボロジーの果たす役割もますます重要となるであろう．

8.4 人工関節とトライボロジー

現在，わが国が抱えている深刻な社会問題の一つに，社会の高齢化がある．なかでも，高齢者の健康問題への対応は，早急に取り組むべき重要課題である．高齢者を悩ませる健康上の問題の一つに，加齢とともに発症率が増加する関節リウマチや変形性関節病などがある．関節リウマチや変形性関節病の症状は激しい痛みを伴って歩行困難に陥るため，社会生活を円滑に行う上で大きな障害となる．このような症状への対策として生体関節を**人工関節**（artificial joint）で代替する方法があり，年間に数万件も行われている．

本節では，人工関節とトライボロジーの密接な関連性について述べる．

8.4.1 生体関節の機構

人工関節の適用例の大半は股関節と膝関節であるので，ここでは生体股関節を

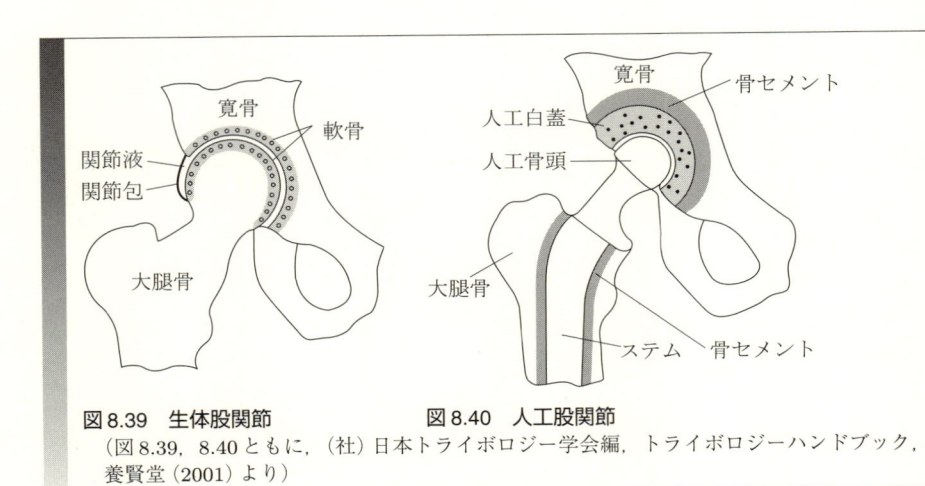

図8.39　生体股関節

図8.40　人工股関節

（図8.39，8.40ともに，（社）日本トライボロジー学会編，トライボロジーハンドブック，養賢堂（2001）より）

例に説明する．図 8.39 は，生体股関節の構造を模式的に示している．寛骨（腰部で背骨と下肢とを連結する骨）と大腿骨（下肢骨の腰から膝までの部分）のインタフェース部分の表面はスポンジ状の軟骨で覆われており，その表面粗さは最大高さで $R_y = 1 \sim 2\,[\mathrm{\mu m}]$ である．インタフェース部分は，関節液を内包する関節包で包まれている．このような構造から，生体股関節は一種の**球面滑り軸受**（spherical hydrodynamic bearing）とみなせる．

歩行状態によって荷重条件は異なる．それに応じて流体のくさび作用とスクイズ作用が適切に機能して，ほぼ流体潤滑状態が維持されていると考えられる．この考え方は，生体関節の摩擦係数の実測値が $\mu = 0.003 \sim 0.02$ 程度ときわめて小さいことから妥当である．なお，軟骨面は弾性変形をするので，関節の潤滑問題は 8.2.4 項や 8.3.2 項で述べたソフト EHL* 問題として扱うことができる．しかし，歩行運動の開始時や全力疾走，跳躍などの激しい運動時には，軟骨面間の部分的な接触が生じて混合潤滑状態となる可能性も高い．生体関節ではこのような事態にも対応でき

> **ひとくちメモ**
> ソフト EHL 解析によれば，股関節や膝関節の潤滑膜厚さは，$0.5 \sim 1.5\,[\mathrm{\mu m}]$ と見積られている．

るようリン脂質やタンパク質成分などの境界膜の形成や軟骨を通じての滲出潤滑などの機構が存在する．

なお，生体を対象としたトライボロジーは，**バイオトライボロジー**（biotribology）とよぶ．

8.4.2 人工関節の開発とトライボロジー

人工関節は，生体関節を模倣しつつ，その形態を単純化して設計される．このように，生物や生体の優れた機能や形態を模倣して新しい人工物の開発や設計・製造を行う方法は，一般に**バイオミメティクス手法**（biomimetics）とよばれている．図 8.40 は，図 8.39 で示した生体股関節の形態・機能を模倣して作られた人工股関節の一例である．

この人工股関節は，セラミックスあるいは耐食性金属を材料とする人工骨頭と超高分子量ポリエチレン（UHMWPE）を材料とする人工臼蓋から構成される．骨頭はステム（大腿骨に打ち込まれる人工股関節の柄の部分で，スパイクやねじが利用される）を介して大腿骨に，一方，臼蓋は骨セメントにより寛骨にそれぞれ固定される．人工関節は，基本的には流体潤滑の実現を目指して開発されてきたが，実際には混合潤滑や境界潤滑の領域で作動していることが多い．流体潤滑状態で作動していないという点では，人工関節はいまだ生体関節のレベルに至っていない．

表 8.2 は生体関節と人工関節の比較を示しているが，人工関節にはこれからも克

表 8.2 生体関節と人工関節の比較

項 目	生体関節	人工関節
摩擦面材料	軟骨/軟骨	セラミック/UHMWPE 耐食性金属/UHMWPE
潤滑液	関節液	体液，2次関節液
最大面圧 [MPa]	1〜5	5〜50
潤滑モード	多モード適応形	混合・境界
摩擦係数	0.003〜0.02	0.05〜0.1
寿命 [年]	70〜80	10〜20

服すべきトライボロジー的技術課題が多く含まれていることが理解できるであろう．

生物・生体とトライボロジーとの関連については，本節で取り上げた関節の問題だけではない．たとえば，マイクロマシンの開発に際して大いに参考となる微生物のべん毛モータの軸受機構や，昆虫の飛翔時や歩行時の摩擦制御の方式など，トライボロジーの視点から興味深いテーマが数多く提示されている．

8.5 連続柔軟媒体搬送とトライボロジー

紙，写真用フィルム，金属薄膜，磁気テープ，さらには液晶フィルムに代表されるフラットパネルディスプレイ（flat panel display：FPD）用光学フィルム，などの広範多岐にわたる機能性材料の製造工程において，あるいは製紙機械や新聞輪転印刷機械の運転プロセスにおいて取り扱われる長尺の柔軟な素材は，**ウェブ**（web）＊とよばれる．ウェブは，駆動ローラによる摩擦力（**トラクション力**（traction force））によって搬送され，かつ多くのガイドローラ（搬送方向を変えるための支持ローラ）によって支持されて，塗布，印刷，乾燥，蒸着，めっき，薄板化，裁断などさまざまな工程を経ながら最終的にロール状に巻き取られる．ウェブの搬送を取り扱う技術は**ウェブハンドリング技術**（web handling technology）とよばれ，素材産業をはじめとする多くの産業分野を支える基盤技術の一つである．特に，製造ラインの高速化，高精度化，製品の高品質化に伴い，近年，ウェブとローラの間のインタフェース部分におけるトライボロジー的問題の解明が重要な技術的課題となっている．

> **ひとくちメモ**
> ウェブ（web）は，インターネットのウェブと同じで，元はクモの巣の意味である．代表的なウェブである紙の構造が，繊維の複雑に絡み合ったクモの巣に似ていることと，インターネットで情報がクモの巣のようなネット状につながっていることの連想から，ともにウェブという名称が使われている．

8.5.1 ウェブハンドリングにおけるトライボロジー的課題

図 8.41 は，ウェブ搬送系の例として製紙機械のプロセスを模式的に示した図である．ウェブ搬送系においては，一般にウェブの走行に伴ってウェブとローラの間に周囲の空気が流入し，その流体潤滑効果によってソフト EHL 膜が形成される．ウェブはローラ表面から数 [μm] ～ 数十 [μm] 浮上する．この傾向は，ウェブの搬送速度が増せば増すほど顕著になる．

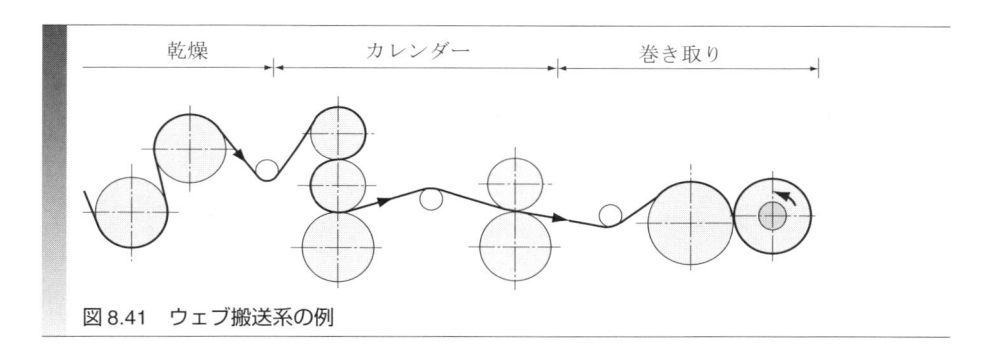

図 8.41 ウェブ搬送系の例

ウェブ搬送系において，ローラからウェブへ，あるいはウェブからローラへトラクション力を伝達する際，搬送速度の高速化に伴ってウェブとローラの間に形成される空気膜の潤滑作用により，トラクション力が急激に低下して滑りを生じる．それにより，しわや蛇行運動が発生し，製品精度や品質の著しい低下をきたす恐れがある．このように，ウェブ搬送の高速化と高精度化・高品質化は互いに相反する関係にあり，この両者を達成するためにはトライボロジーの基礎知識が必要不可欠である．

8.5.2 ウェブ浮上量およびウェブとローラ間のトラクション力の予測

ウェブとローラ間のインタフェース部分は，理論的にはすでに 8.3.2 項で述べた磁気テープと磁気ヘッドの間のインタフェース部分と同様であり，図 8.42 に示すフォイル軸受モデルとして扱うことができる．ただし，ウェブが紙のような通気性の高い素材の場合には，ウェブとローラの間に巻き込まれた空気の一部はウェブ表面を通して流出するので，この影響を考慮する必要がある．

図 8.42 のモデルに対して，ソフト EHL 理論を適用してウェブの浮上量を計算した例を図 8.43 に示す．図中には比較のために測定値も示してある．計算値と測定値はほぼ一致しており，ウェブの浮上量予測に対するソフト EHL 理論の信頼性が確

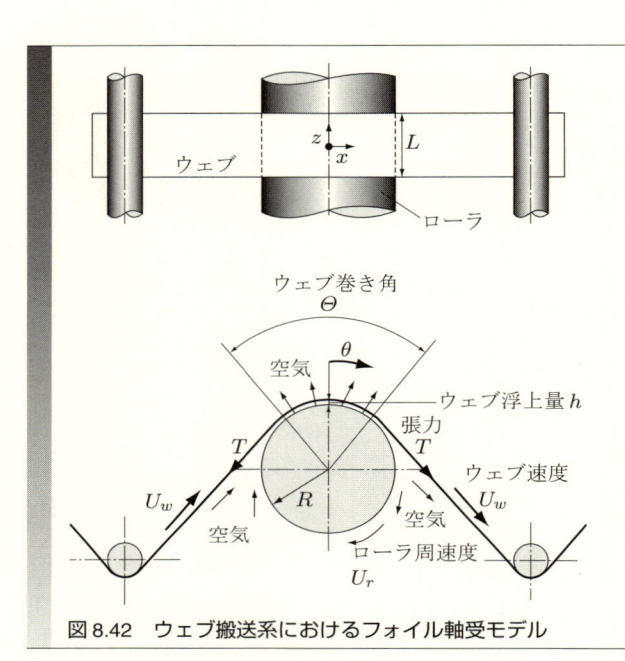

図 8.42　ウェブ搬送系におけるフォイル軸受モデル

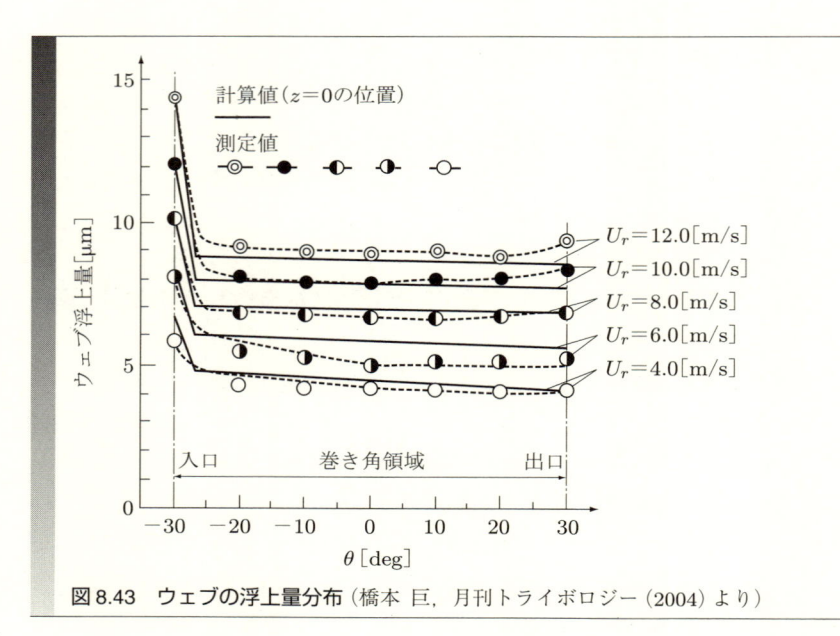

図 8.43　ウェブの浮上量分布（橋本 巨，月刊トライボロジー（2004）より）

認できる．

多くの場合，ローラとウェブの表面粗さはほぼ正規分布に従っている．そこで，ウェブとローラの合成自乗平均平方根粗さ（rms 合成粗さ）を σ_w（ウェブ表面の自乗平均平方根粗さ）と σ_r（ローラ表面の自乗平均平方根粗さ）で表し，

$$\sigma = (\sigma_w^2 + \sigma_r^2)^{\frac{1}{2}}$$

とすると，第 6 章で示したストライベック曲線（図 6.1）から，ウェブの平均浮上量 h が $h < \sigma\,(\Lambda < 1)$ の場合はウェブとローラは完全に接触し，両者に滑りはない．摩擦係数（トラクション係数）は静摩擦係数に等しくなる．一方，$h > 3\sigma\,(\Lambda > 3)$ の場合はウェブがローラ表面から完全に浮き上がり，流体潤滑状態になる．したがって，このときの摩擦係数は実質的にゼロである．さらに $\sigma \leq h \leq 3\,(1 \leq \Lambda \leq 3)$ の状態では，混合潤滑領域にあり，摩擦係数は h の増加とともに静摩擦係数の値からゼロの値に直線状に低下する．このようにして得られるウェブとローラ間の摩擦係数（トラクション係数）は，有効摩擦係数（effective coefficient of friction）とよばれる．図 8.44 は有効摩擦係数 μ_eff とウェブの平均浮上量 h の関係を計算により求めた結果と，この関係を実測した結果とを比較した図である．理論予測値と実測値は満足すべき精度で一致しており，上に述べた有効摩擦係数の考え方が妥当であることがわかる．

ウェブとローラ間の有効摩擦係数 μ_eff がわかれば，この値を第 3 章で述べたオイ

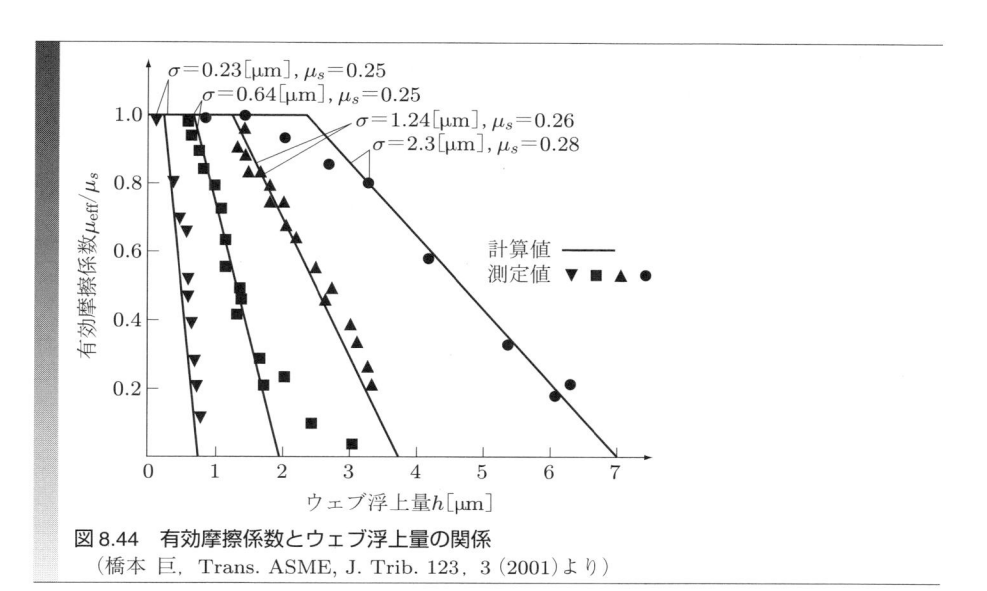

図 8.44 有効摩擦係数とウェブ浮上量の関係
（橋本 巨，Trans. ASME, J. Trib. 123, 3 (2001) より）

ラーのベルト公式 (3.12) へ適用して，駆動ローラからウェブへ，あるいはウェブからガイドローラへ伝達されるトラクション力を予測できる．図 8.45 は，ウェブ張力とトラクション力の関係を示した図である．この図から，トラクション力 F は，式 (3.12) を利用して，

$$F = (T_2 - T_1)L = (e^{\mu_{\text{eff}}\Theta} - 1)T_1 L$$

と求められる．ただし，T_1 は入力側ウェブ張力，T_2 は出力側ウェブ張力，L はウェブ幅，Θ はウェブ巻き角で，T_1，L，Θ は既知の量である．

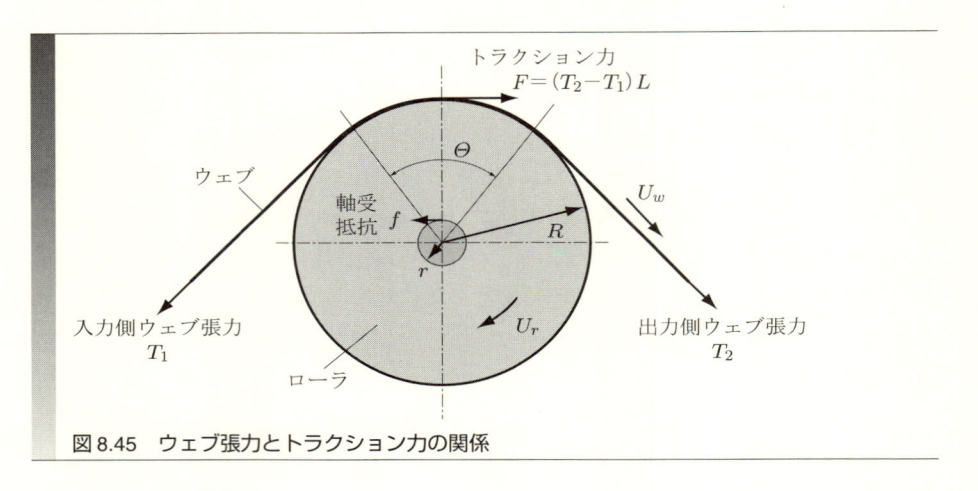

図 8.45 ウェブ張力とトラクション力の関係

このようにして得られるトラクション力に基づくモーメントが，ローラを支持する軸受部の摩擦力によるモーメントを下回ったとき，すなわち，$FR < fr$ となったとき，ウェブとローラ間には滑りが生じ，ウェブの安定走行ができなくなる．そこで，両者が等しくなったときの条件から，限界搬送速度を予測できる．

図 8.46 は，以上に述べたウェブ搬送理論を駆使して開発された製紙機械の例である．この機械では，2.0 [km/min]（33.3 [m/s]）の速度で滑りなどの不具合を生じることなくウェブを搬送し，良質な紙を製造することが可能で，2006 年の時点で世界最高の生産性がある．

以上 5 項目にわたって述べた事例では，いずれもトライボロジーが現代技術に深く関わっていることがわかった．しかし，トライボロジーが現代技術に重要な役割を果たしている事例は，もちろんこれだけにとどまらない．このように，トライボロジーは広範多岐にわたる技術を支える学問である．

図 8.46 製紙機械への応用（三菱重工業（株）より提供）

第 8 章のポイント

1. 機械の多くは回転機械であり，その中でもターボ機械の重要性はきわめて高い．ターボ機械を高効率に，かつ安全に作動させるには，主軸を支える各種滑り軸受の存在が必要不可欠であり，流体潤滑理論によりそれらの設計がなされている．
2. 自動車の燃費の改善は，地球温暖化対策の決め手の一つであり，トライボロジー技術の重要度はきわめて高い．エンジンに関連した摩擦損失の低減，CVT などに代表される駆動系の改良，タイヤの転がり抵抗の低減などに関して，トライボロジーの基礎知識が活用されている．
3. 一見無縁と思われる IT 関連機器とトライボロジーの間には密接な関連がある．HDD，DAT レコーダ，カラーコピー機などは，超薄膜流体潤滑理論，ソフト EHL 理論，液膜および気体膜潤滑理論，表面改質技術などのトライボロジー技術なくしては成り立たない IT 関連機器である．ナノトライボロジーがこの分野を中心に著しい進展をみせている．
4. われわれの身体の運動機能に重要な役割を果たす各部の生体関節は，工学的には球面滑り軸受である．生体関節の優れた機能を模倣した人工関節の開発基盤は，流体・混合・境界潤滑技術，表面改質技術などのトライボロジー技術が支えている．
5. 紙，フィルム，金属薄膜などの連続柔軟媒体（ウェブ）を搬送・処理する技術を，ウェブハンドリング技術とよぶ．このような搬送系ではウェブとローラの間のトラクション力を利用している．したがって，安定な走行系を実現するには，ソフト EHL 理論や境界・混合潤滑理論をはじめとしたトライボロジー的知見を総合的に活用し，十分なトラクション力を確保する必要がある．

演習問題

8.1 身近にある機器の回転部分を支えている軸受で滑り軸受が使用されている例を調べ，トライボロジー技術との関わりを考察せよ．

8.2 ハーフトロイダル CVT に用いられるトラクション油は，接触面が摩耗するのを防ぐと同時に，トラクション力を伝達するという相反する機能を両立させている．どうすれば，このようなことが技術的に可能になるか．

8.3 HDD の重要な要素である磁気ヘッドスライダはどのような考え方に基づいて設計されているか．

8.4 生体関節と人工関節の性能の差異を論じ，人工関節の性能をより生体関節に近づけるには，どのようなトライボロジー的課題を解決すべきか．

8.5 ウェブ搬送系において，ウェブの限界搬送速度を予測するための手順を説明せよ．

8.6 第 8 章で取り上げた事例以外の，現代技術とトライボロジーとの関わりについて調べよ．

付録 A 表面粗さと接触問題の確率論的取り扱い

A.1 表面粗さの確率密度関数による表示

図 A.1 は表面粗さ曲線と**確率密度関数**(probability density function)の関係を示したものである．いま，粗さの存在する**確率**(probability)を P とすると，座標 ξ と $\xi + d\xi$ の間に粗さ z が存在する確率は次式のように与えられる．

$$P(\xi \leq z \leq \xi + d\xi) = f(\xi)d\xi = \frac{dx}{L} \tag{A.1}$$

ただし，$f(\xi)$ は確率密度関数であり，また $dx = dx_1 + dx_2 + \cdots + dx_n$ である．

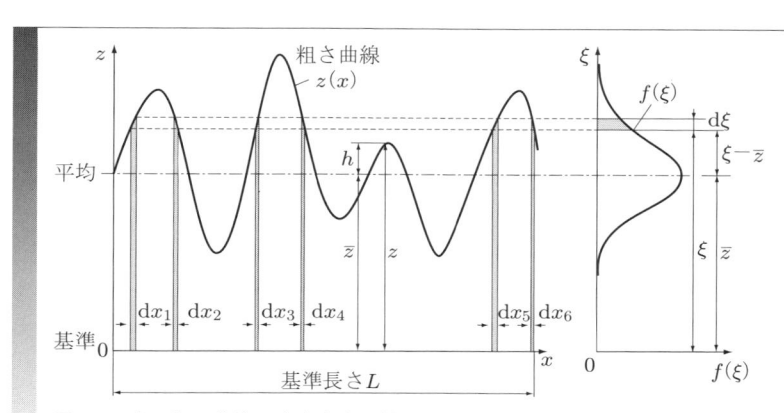

図 A.1 表面粗さ曲線と確率密度関数

式 (A.1) を用いて確率密度関数の第 1 次初期モーメント(first initial moment)を定義すると，粗さの平均値 $\bar{z}$ は次式で与えられる．

$$\bar{z} = \frac{1}{L}\int_0^L z\,dx = \int_{-\infty}^{\infty} \xi f(\xi)d\xi \tag{A.2}$$

また，第 2 次中央モーメント(second central moment)を定義し，これに第 2 章

で述べた式 (2.4), (2.6) と式 (A.1) の関係を用いると, 次式が得られる.

$$\sigma^2 = \int_{-\infty}^{\infty} (\xi - \overline{z})^2 f(\xi) \mathrm{d}\xi = \frac{1}{L} \int_0^L (z - \overline{z})^2 \mathrm{d}x$$

$$= \frac{1}{L} \int_0^L h(x)^2 \mathrm{d}x = R_q^2 \tag{A.3}$$

ここに, σ は表面粗さ z の平均値からの偏差を表し, 式 (A.3) の関係から $\sigma = R_q$ である.

表面粗さの確率密度関数 $f(\xi)$ は, 第 2 章で述べた表面分析法を用いて得られる表面粗さ曲線から求めることができる. しかし, 多くの場合はつぎの正規分布 (ガウス分布) に従うことが知られている.

$$f(\xi) = \frac{1}{\sqrt{2\pi}\sigma} e^{-(\xi - \overline{z})^2 / 2\sigma^2} \tag{A.4}$$

A.2 ヘルツの弾性接触理論

表面の接触をより厳密に議論するためには, 表面粗さの形状や材料力学的な特性を考慮する必要がある.

このような問題を扱うために, まず, 表面粗さの突起形状を図 A.2 に示す半径 r_1, r_2 の半球とする. 半球状の突起が荷重 w を受けて点接触するとき, 突起頂部はまず弾性変形すると考えられる. そこで, 接触部に**ヘルツの弾性接触理論**（Hertzian elastic contact theory）を適用すると, 接触円半径 a が次式のように求められる.

$$a = \left(\frac{3wr}{2E'}\right)^{\frac{1}{3}} \tag{A.5}$$

ただし, r と E' は, それぞれ次式で定義される等価半径と等価ヤング率である.

$$\frac{1}{r} = \frac{1}{r_1} + \frac{1}{r_2} \tag{A.6}$$

$$\frac{1}{E'} = \frac{1}{2}\left(\frac{1 - \nu_1^2}{E_1} + \frac{1 - \nu_2^2}{E_2}\right) \tag{A.7}$$

ここに, E_1, ν_1 および E_2, ν_2 はそれぞれの突起のヤング率（Young's modulus）とポアソン比（Poisson's ratio）である.

接触円半径が式 (A.5) によって与えられるとき, 接触部の平均面圧 $\overline{p}$ はつぎのように求められる.

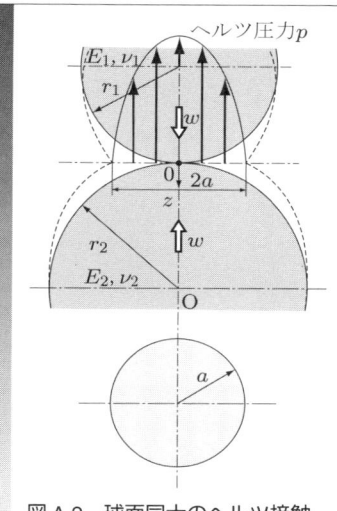

図 A.2 球面同士のヘルツ接触

$$\bar{p} = \frac{w}{\pi a^2} = \frac{2}{3\pi}\left(\frac{3wE^2}{2r^2}\right)^{\frac{1}{3}} \tag{A.8}$$

荷重 w が突起頂部の弾性限界に達すると平均面圧も上昇し，接触円中心の下方 $z = 0.48a$（ただし，$\nu_1 = \nu_2 = 0.3$）の位置から塑性域へと入り始める．そのときの平均面圧 $\bar{p}$ は，$1.1\sigma_y$ 程度となる．ただし，σ_y は材料の単軸引張り試験での降伏応力である．荷重がさらに増すと，塑性変形は中心部から外側に向かって進展し，表面全域に達する．このときの平均面圧 $\bar{p}$ は，塑性流動圧力 p_o に等しくなり，つぎの関係が成立する．

$$\bar{p} = p_o = H \approx 3\sigma_y \tag{A.9}$$

A.3 固体接触の確率論的扱い

突起の接触部単体について述べてきたが，実際の表面には数多くの粗さ突起（surface asperity）が存在し，突起の高さは不規則に分布する．

まず，固体接触する二面を式 (A.6), (A.7) で定義した等価半径 r と等価ヤング率 E を用いて，図 A.3 に示す平面と粗面間の**集中接触問題**（concentrated contact problem）に置き換える．これら二面間の平均距離を d，みかけの接触面内の突起総数を N とすると，真実接触する突起数の期待値は次式のように与えられる．

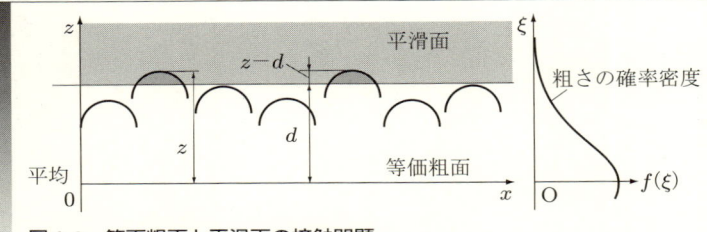

図 A.3 等面粗面と平滑面の接触問題

$$n = N \cdot P(d \leq z) = N \int_d^\infty f(\xi) \mathrm{d}\xi \tag{A.10}$$

ここで，突起単体について考えると，単体あたりの真実接触面積 a_r は次式のように表される．

$$a_r = \pi a^2 = \pi r(z - d) \tag{A.11}$$

式 (A.8) と式 (A.11) から，荷重 w が次式のように求められる．

$$w = \frac{2}{3} E r^{\frac{1}{2}} (z - d)^{\frac{3}{2}} \tag{A.12}$$

これらの結果を表面粗さの確率分布を考慮して接触面全体に拡張すると，真実接触面積 A_r の期待値と接触によって支持される荷重 W の期待値が，それぞれつぎのように求められる．

$$A_r = N a_r P(d \leqq z) = N \pi r \int_d^\infty (\xi - d) f(\xi) \mathrm{d}\xi \tag{A.13}$$

$$W = N w P(d \leqq z) = \frac{2}{3} N E r^{\frac{1}{2}} \int_d^\infty (\xi - d)^{\frac{3}{2}} f(\xi) \mathrm{d}\xi \tag{A.14}$$

なお，これらの諸量は，N, E, r, d の値に加えて確率密度関数 $f(\xi)$ が既知であれば，単に積分を実行することにより求められる．

すでに述べたように，多くの表面粗さは正規分布に従う．そこで，正規分布の場合について n, A_r, W の推定式を求めると以下のようになる．

正規分布の確率密度関数として，式 (A.4) において平均値 $\bar{z}$ を $f(\xi)$ 軸にとった次式を用いる．

$$f(\xi) = \frac{1}{\sqrt{2\pi} \sigma} e^{-\frac{\xi^2}{2\sigma^2}} \tag{A.15}$$

ただし，σ はつぎに定義される二面間の合成自乗平均平方根粗さ（rms 合成粗さ）である．

$$\sigma \cong (\sigma_1^2 + \sigma_2^2)^{\frac{1}{2}} \tag{A.16}$$

ここに，σ_1, σ_2 はそれぞれ二つの面における自乗平均平方根粗さである．

式 (A.15) によって与えられる確率密度関数 $f(\xi)$ は，誤差関数を含むので，手計算によって積分を実行することは困難である．そこで，

$$e^{-\frac{\xi^2}{2\sigma^2}} \cong \sqrt{2\pi} e^{-\frac{\xi}{\sigma}} \tag{A.17}$$

と近似して，$f(\xi)$ を次式のように表す．

$$f(\xi) \cong \frac{1}{\sigma} e^{-\frac{\xi}{\sigma}} \tag{A.18}$$

式 (A.18) を式 (A.10), (A.13), (A.14) へ代入して積分を実行すれば，n, A_r, W の期待値に対する以下の簡便な公式が得られる．

$$n = N e^{-\frac{d}{\sigma}} \tag{A.19}$$

$$A_r = \pi N r \sigma e^{-\frac{d}{\sigma}} \tag{A.20}$$

$$W = \frac{\sqrt{\pi}}{2} N E \sigma (\sigma r)^{\frac{1}{2}} e^{-\frac{d}{\sigma}} \tag{A.21}$$

さらに，式 (A.20) と式 (A.21) から真実接触面積 A_r と荷重 W の関係を求めると，次式が得られる．

$$A_r = \frac{2}{E} \left(\frac{\pi r}{\sigma} \right)^{\frac{1}{2}} W \tag{A.22}$$

以上は，表面粗さの突起頂部が弾性域でのみ変形する場合を扱ったものであり，突起頂部の接触状態が塑性域に入った場合については成立しない．接触状態が塑性域の場合には，第 2 章で述べた式 (2.10) あるいは式 (2.11) を用いる必要がある．その際，接触状態が弾性域か塑性域かを判断する目安として，つぎの塑性指数がよく用いられる．

$$\psi = \frac{E}{2H} \sqrt{\frac{\sigma}{r}} \tag{A.23}$$

式 (A.23) より求められる塑性指数 ψ が，$\psi > 1$ であれば接触状態は塑性域，$\psi < 0.6$ ならば弾性域，$0.6 < \psi < 1$ ならば弾・塑性域と考えてよいが，大まかな目安としては $\psi < 1$ で弾性域に，$\psi > 1$ で塑性域にあるとみなしてよいであろう．なお，通常の表面仕上げ加工が施された金属表面どうしの接触下では，$0.1 < \psi < 100$ であることが知られている．このことから多くの場合は塑性域である．

付録 B 潤滑油の物理的性質

B.1 潤滑油の流動特性

潤滑油は，相対運動をする固体二面間に油膜を形成し，狭いすきま内を流動して圧力分布を発生する．この圧力分布によって負荷を支持する．したがって，潤滑油の流動特性は，流体潤滑を行う際のもっとも重要な物理的性質の一つである．

二面間に介在する潤滑油の流動特性（構成方程式）は，一般に次式のように書くことができる．記号と座標系は第 5 章で用いたものと同じとする．

$$\tau_{xy} = \eta^*(\tau_e)\frac{\partial u}{\partial y}, \quad \tau_{zy} = \eta^*(\tau_e)\frac{\partial w}{\partial y} \tag{B.1}$$

ここに，η^* は**みかけ粘度**（apparent viscosity）を表す．τ_e は次式で定義される合成せん断応力である．

$$\tau_e = (\tau_{xy}^2 + \tau_{zy}^2)^{\frac{1}{2}} \tag{B.2}$$

潤滑油は，第 6 章で述べたように鉱油や合成油などの基油に各種の添加剤を微量に加えて使用するのが一般的である．基油の流動特性は第 5 章で示したニュートンの粘性法則に従う．したがって，みかけ粘度 η^* は次式のように与えられる．

$$\eta^* = \eta \tag{B.3}$$

ただし，η は粘度である．粘度の単位として [Pa·s]（パスカル秒）を用いることについては，第 5 章で述べた．なお，粘度の単位として [P]（ポアズ）や [cP]（センチポアズ）も習慣的によく用いられている．[Pa·s], [P], [cP] の換算は次式による．

$$1\,[\text{Pa}\cdot\text{s}] = 1 \times 10^3\,[\text{cP}] = 10\,[\text{P}] \tag{B.4}$$

水の粘度は 20 [℃] で 1 [cP] である．一方，粘度 η を密度 ρ で割った物理量 ν を**動粘性係数**（coefficient of kinetic viscosity）あるいは**動粘度**（kinetic viscosity）と

よぶ．

$$\nu = \frac{\eta}{\rho} \tag{B.5}$$

式 (B.5) の定義から，動粘度 ν の単位は $[\mathrm{m}^2/\mathrm{s}]$ であるが，習慣性に [St]（ストークス）や [cSt]（センチストークス）もよく用いられる．$[\mathrm{m}^2/\mathrm{s}]$，[St]，[cSt] の換算は次式による．

$$1\,[\mathrm{m}^2/\mathrm{s}] = 1 \times 10^6\,[\mathrm{cSt}] = 10^4\,[\mathrm{St}] \tag{B.6}$$

基油に添加剤を加えた場合には，潤滑油は**非ニュートン流体**（non-Newtonian fluid）の性質を示すことが多い．非ニュートン流体のみかけ粘度 η^* を表す式はいくつか提案されているが，つぎに示す**べき乗則モデル**（power law model）が比較的多く用いられている．

$$\eta^* = m \left\{ \left(\frac{\partial u}{\partial y}\right)^2 + \left(\frac{\partial w}{\partial y}\right)^2 \right\}^{\frac{n-1}{2}} \tag{B.7}$$

式 (B.7) においてみかけ粘度 η^* の単位は $[\mathrm{Pa\cdot s}]$ であるが，係数 m の単位は指数 n によって異なり，必ずしも粘度の単位に一致しない．なお，$n=1$ のときは $\eta^* = m = \eta$ となり，ニュートン流体を表す．また $n>1$ となるときの非ニュートン流体を**ダイラタント流体**（dilatant fluid），$n<1$ となるときの非ニュートン流体を**擬塑性流体**（pseudo-plastic fluid）とよぶ．

基油にステアリン酸リチウム（$\mathrm{C_{17}H_{35}COOLi}$）のような金属せっけんを添加した潤滑油は，**グリース**（grease）とよばれる．添加する金属せっけんは増ちょう剤（thickner）とよばれ，基油中で網目構造を形成し，半固体状となる．したがって，グリースはせん断応力が小さい間は流動しない．グリースの流動特性は，つぎに示す**ビンガム流体**（Bingham fluid）の構成方程式によって近似的に表される．

$$\tau_{xy} = \tau_0 + \eta_p \frac{\partial u}{\partial y}, \quad \tau_{zy} = \tau_0 + \eta_p \frac{\partial w}{\partial y} \tag{B.8}$$

ただし，τ_0 は降伏応力，η_p は塑性粘度を表す．

図 B.1 は，以上に述べた潤滑油の流動特性を模式的に示した図である．

図 B.1　潤滑油の流動特性

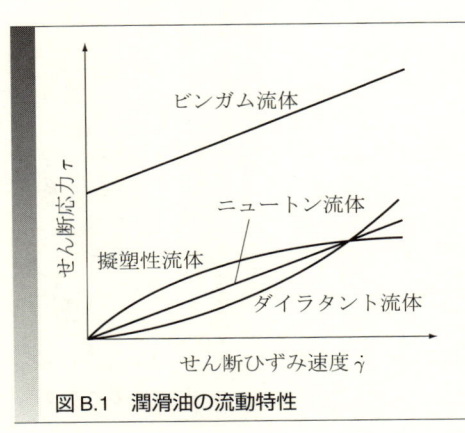

B.2 粘度の温度依存性

　潤滑油の動粘度（あるいは粘度）は，図 B.2 に示すように温度が上昇すると低下する．これは，潤滑油の粘度を支配する分子間引力が温度の上昇とともに弱まるためである．潤滑油の動粘度と温度の関係については，多くの理論式や実験公式が提案されているが，つぎに示す式（Walther-ASTM の式）がもっとも有名でよく用いられている．

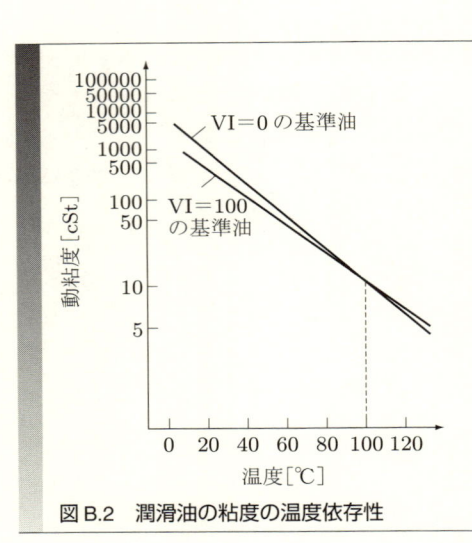

図 B.2　潤滑油の粘度の温度依存性

$$\log \log (\nu + 0.7) = A - B \log T \tag{B.9}$$

ここに，ν は動粘度（ただし単位は [cSt]（センチストークス）を使用する），T は絶対温度，A, B は定数である．

一方，粘度 η と温度 T の関係を表す式としては，つぎに示すアイリング（Eyring）の式がよく用いられる．

$$\eta = \eta_0 e^{-\beta(T-T_0)} \tag{B.10}$$

ここに，η_0 は基準温度 T_0 における粘度，β は正の定数である．

粘度の温度による変化を示す尺度として**粘度指数**（viscosity index：VI）が用いられることが多い．VI の求め方は ASTM や JIS で規定されており，粘度変化の小さい基準油（たとえば，ペンシルバニア産の油）の粘度指数を VI = 100，粘度変化の大きい基準油（たとえば，ガルブコースト産の油）の粘度指数を VI = 0 として，次式により求める．

$$\mathrm{VI} = \frac{L - U}{L - H} \times 100 \tag{B.11}$$

ただし，L は 98.9 [°C]（210 [°F]）において試料油と同一粘度をもつ VI = 0 の基準油の 37.8 [°C]（100 [°F]）における動粘度を，H は同じく VI = 100 の基準油の 37.8 [°C]（100 [°F]）における動粘度を，U は VI を求めたい試料油の 37.8 [°C]（100 [°F]）における動粘度をそれぞれ表す．動粘度の単位としては [cSt] を用いるものとする．なお，式 (B.11) は VI ≦ 100 の場合に対して有効であるが，ほとんどの潤滑油は VI ≦ 100 の範囲にある．

B.3 粘度の圧力依存性

転がり軸受や歯車などの接触面は集中接触をするために，接触圧力はきわめて高い値（数百 [MPa] から数 [GPa]）となる．このような高圧下においては，潤滑油の粘度は図 B.3 に示すように圧力の上昇とともに増加する．粘度と圧力の関係を表す式としては，つぎのバラス（Barus）の式が有名である．

$$\eta = \eta_a e^{\alpha(p-p_a)} \tag{B.12}$$

ただし，η_a は大気圧 p_a における粘度である．係数 α は実験的に定められ，**粘度圧力係数**（pressure-viscosity coefficient）とよばれる．パラフィン系の鉱油では $\alpha = 2.1 \times 10^{-8}$ [Pa^{-1}]，ナフテン系の鉱油では $\alpha = 2.76 \times 10^{-8}$ [Pa^{-1}] などが代

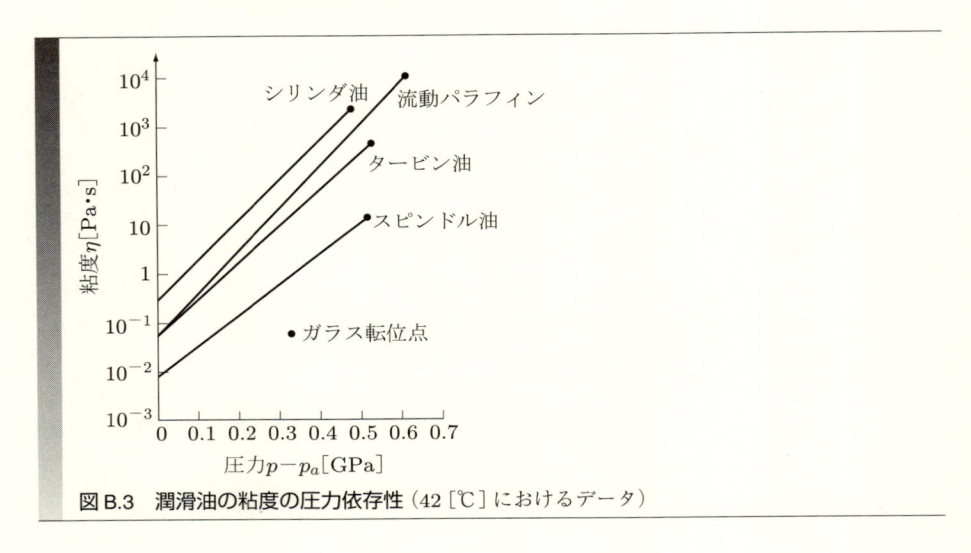

176　付録 B　潤滑油の物理的性質

図 B.3　潤滑油の粘度の圧力依存性（42 [℃] におけるデータ）

表的な値である．

参考文献

[1]「固体の摩擦と潤滑」,F.P. Bowden, D. Tabor 著,曽田範宗訳,丸善,1992(第4版).
[2]「トライボロジー」,H. Czichos 著,桜井俊男監訳,講談社,1980.
[3]「トライボロジ―摩擦・摩耗・潤滑の科学と技術―」,松原 清著,産業図書,1981.
[4]「トライボロジー概論」,木村好次・岡部平八郎著,養賢堂,1994.
[5]「トライボロジ」,J. Halling 編,松永正久監訳,近代科学社,1984.
[6]「トライボロジー入門―摩擦・摩耗・潤滑の基礎」,岡本純三・中山影次・佐藤昌夫著,幸書房,1990(第3版).
[7]「トライボロジー」,山本雄二・兼田禎宏著,理工学社,1998.
[8]「トライボロジーの基礎」,加藤孝久・益子正文著,培風館,2004.
[9]「トライボロジーの歴史」,D. Dowson 著,「トライボロジーの歴史」編集委員会訳,工業調査会,1997.
[10]「摩擦のおはなし」田中久一郎著,日本規格協会,1985.
[11]「摩擦の世界」,角田和雄著,岩波書店,1994.

演習問題の解答

第 1 章

1.1 一例として，摩擦はエネルギーの損失を伴う物理現象であるから，摩擦がなければエネルギー問題は一挙に解決する．

1.2 一例として，摩擦は常に運動に対して抵抗として作用するから，摩擦がなければ運動を止めることができない．また，摩擦は駆動力として利用されるから，摩擦がなければ摩擦駆動力を利用した機械や機械システムは動かない．もちろん人も歩いたり走ったりすることができない．

1.3 多くは第 8 章の事例に紹介してあるので，参照のこと．

1.4 摩擦の原因は，表面粗さをもつ二面が接触していることによるから，二面が接触しない方式を採用すればよい．たとえば，電磁力により浮上させる方式が考えられる．リニアモータカーや磁気軸受がその代表例である．しかし，手軽に目的を達成できる潤滑に優る方法が容易に見出せないのが現状である．

1.5 人類が作り出した人工物のもっとも古いものの一つは，衣類（wear）であろう．衣類はある程度使用すると必ずすり減ってきて，最後はぼろぼろになってしまう．このようなことから，材料がこすれてすり減っていく現象に wear という単語が充てられたものと思われる．なお，これはあくまでも著者の見解である．

1.6 多くは第 8 章の事例に紹介してあるので，参照のこと．

第 2 章

2.1 表 2.2 より

$$R_y = R_7 - R_6 = 0.095\,[\mu\mathrm{m}],$$

$$R_z = \frac{R_2 + R_3 + R_4 + R_7 + R_9}{5} - \frac{R_1 + R_5 + R_6 + R_8 + R_{10}}{5} = 0.081\,[\mu\mathrm{m}]$$

あるいは，

$$R_z \fallingdotseq R_3 - R_8 = 0.08\,[\mu\mathrm{m}]$$

を得る．

2.2 (a)：解図 2.1 (a) のように周期 $4d$ を定めると，

$$d = \frac{\pi}{2}$$

である．粗さ関数 $z(x)$ は，

$$z(x) = \left(\frac{a}{2}\right)\sin\left(\frac{\pi x}{2d}\right)$$

と表される．これより，R_a，R_q はそれぞれ次式のように求められる．

$$R_a = \frac{1}{4d}\int_0^{4d}|z(x)|\mathrm{d}x = \frac{a}{\pi},\quad R_q^2 = \frac{1}{4d}\int_0^{4d}z(x)^2\mathrm{d}x = \frac{a^2}{8}$$

したがって，$R_q = \dfrac{a}{2\sqrt{2}}$ を得る．R_q と R_a の関係は，$R_q = 1.11 R_a$ となる．

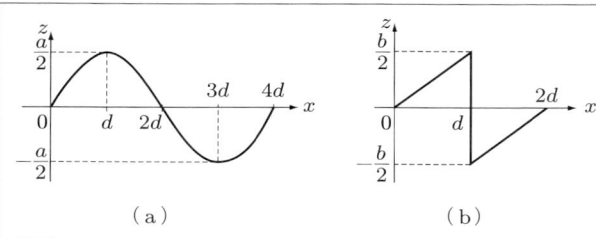

解図 2.1

(b)：解図 2.1 (b) のように周期 d を定めると，粗さ関数 $z(x)$ は，
$$0 \leqq x \leqq d : z(x) = \frac{bx}{2d},$$
$$d < x \leqq 2d : z(x) = \frac{bx}{2d} - b$$
と表される．これより，R_a, R_q はそれぞれ次式のように求められる．
$$R_a = \frac{1}{2d}\int_0^{2d}|z(x)|\mathrm{d}x = \frac{b}{4}, \quad R_q^2 = \frac{1}{2d}\int_0^{2d}z(x)^2\mathrm{d}x = \frac{b^2}{12}$$
したがって，$R_q = \dfrac{b}{2\sqrt{3}}$ を得る．R_a と R_q の関係は，$R_q = 1.15 R_a$ となる．

2.3 与えられたデータから，粗さ曲線 $z(x)$ は，
$$0 \leqq x \leqq b : z(x) = -\frac{ax}{b}, \quad b < x \leqq 2b : z(x) = \frac{3ax}{b} - 4a,$$
$$2b < x \leqq 3b : z(x) = -\frac{3ax}{b} + 8a, \quad 3b < x \leqq 4b : z(x) = \frac{ax}{b} - 4a$$
と表される．これより，R_a, R_q はそれぞれ次式のように求められる．
$$R_a = \frac{1}{4b}\int_0^{4b}|z(x)|\mathrm{d}x = \frac{2}{3}a, \quad R_q^2 = \frac{1}{4b}\int_0^{4b}z(x)^2\mathrm{d}x = \frac{2}{3}a^2$$
したがって，$R_q = \sqrt{\dfrac{2}{3}}a$ を得る．R_q と R_a の関係は，$R_q = 1.22 R_a$ となる．

2.4 みかけの接触面積 A_a は，
$$A_a = a \times b = 2.5 \times 10^{-3}\ [\mathrm{m^2}]$$
となる．$A_r/A_a = 10^{-4}$ より真実接触面積は，
$$A_r = 10^{-4} \times A_a = 2.5 \times 10^{-7}\ [\mathrm{m^2}]$$
となる．一方，$A_r = W/p_o = W/H$ であるから，これより $W = A_r H = 5 \times 10^2\ [\mathrm{N}]$ を得る．

第 3 章

3.1 $\dfrac{T_2}{T_1} = e^{2\pi n \mu_s}$ より
$$n = \frac{1}{2\pi \mu_s}\ln\frac{T_2}{T_1} = \frac{1}{2\pi \times 0.4} \times \ln\frac{200 \times 10^3}{100} = 3.02$$

したがって，ロープを円柱に 3 回巻き付ければよい．

3.2 前・後輪における路面の反力を W_f, W_r, 後輪の摩擦駆動力を F_r とすると，水平，垂直，重心回りの運動方程式はそれぞれ

$$F_r = m a_{\max}$$

$$W_f + W_r - mg = 0$$

$$bW_r - aW_f - hF_r = 0$$

と与えられる．一方，アモントン-クーロンの摩擦法則から，

$$F_r = \mu_s W_r$$

となる．以上の関係式より最大加速度を求めると，次式をえる．

$$a_{\max} = \frac{\mu_s a g}{a + b - \mu_s h}$$

3.3 動摩擦係数の測定法としてよく用いられる方法を解図 3.1 (a), (b) に示しておく．いずれも滑り速度 U を一定に保ち，荷重 W を与えたときの摩擦力 F をばねばかりで測定し，$\mu_k = F/W$ より動摩擦係数を算出する．

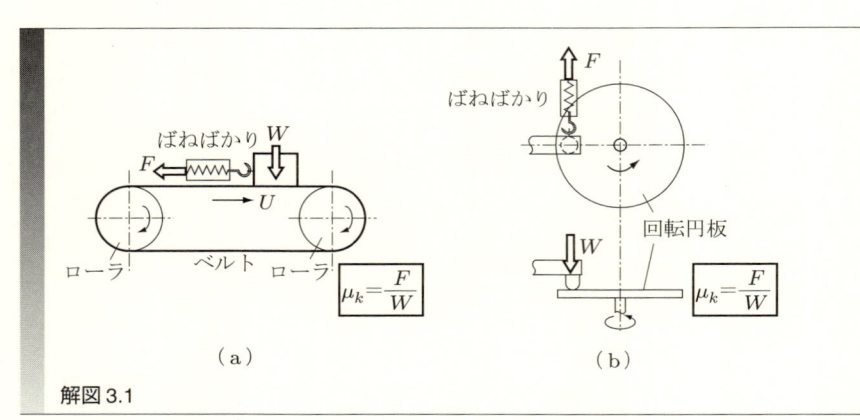

解図 3.1

3.4 スティック-スリップ（付着-滑り）現象は，互いに接触し，相対運動をする固体二面間の動摩擦係数が，相対滑り速度の増加に伴って減少する場合などにみられる摩擦振動で，自励振動の一種である．解図 3.2 を用いてそのメカニズムを説明する．

運動する物体の質量を m，系のばね定数を k，動摩擦係数を μ_k とすると，系の運動方程式は

$$m\ddot{x} = \mu_k mg - kx$$

と与えられる．ここで，動摩擦係数 μ_k はつぎのような相対滑り速度 $(U - \dot{x})$ の 1 次関数とする．

$$\mu_k = a + b(U - \dot{x})$$

ただし，a, b は定数で $a > 0$, $b < 0$ とする．

これより，運動方程式は次式に帰着する．

解図 3.2

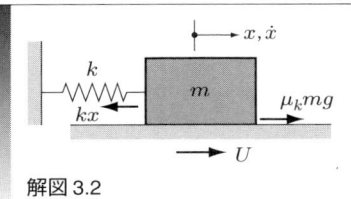

$$\ddot{x} + 2\zeta\omega_n \dot{x} + \omega_n^2 x = (a+bU)g; \omega_n = \sqrt{\frac{k}{m}}, \quad \zeta = \frac{bg}{2\omega_n}$$

同次方程式（上式の右辺をゼロとおいた式で斉次方程式ともよばれる）の解（余関数）を x_c とすると，

$$x_c = Ce^{-\zeta\omega_n t}\sin\left(\sqrt{1-\zeta^2}\omega_n t + \phi\right)$$

が得られる．ただし，C, ϕ は積分定数である．

振動の様子は余関数 x_c によって支配される．いま $b<0$ であるから，$-\zeta>0$ であり，振動振幅は時間の経過とともに増大していくことがわかる．これがスティック-スリップ現象の発生メカニズムで，たとえば，急ブレーキをかけたときのいわゆる「鳴き」やバイオリンの音色はこのようなスティック-スリップ現象に基づくものである．

以上の説明から，スティック-スリップを起こらなくするには，$b>0$ すなわち動摩擦係数が相対滑り速度とともに常に増加するような状態を作り出せばよいことがわかる．流体潤滑がこの状態に相当する．

3.5 手のひらが温かくなる原因は摩擦による発熱である．発熱量 Q は

$$Q = \mu W U$$

によって与えられるから，手のひらどうしの押付け力 W が大きいほど，あるいはすり合わせる際の速度（滑り速度）U が大きいほど，温かく感じられる．また μ は手のひら間の摩擦係数であるから，手のひらがしっとりと湿って摩擦係数が比較的小さい状態よりも，かさかさに乾いた摩擦係数が大きい状態の方が温かく感じられる．

3.6 転がり摩擦の原因としては，差動滑りによるとする説，凝着説，内部摩擦説などが挙げられるが，ここでは差動滑りによるメカニズムについて説明する．球がそれとほぼ等しい曲率半径の溝を転がるとすると，回転軸（x 軸）と接触部各点までの距離に差があるために，球と溝には解図 3.3 に示すような相対滑り速度を生じ，差動滑りが発生する．差動滑りの方向は，接触だ円の中央部では溝面上の後方，両端部では前方であり，滑りの全くない純転がり領域は図の固着部の aa' および bb' 線上のみである．このような差動滑りはヒースコート滑りとよばれており，この滑りに起因する抵抗が転がり摩擦と考えられる．転がり摩擦係数は次式によって与えられる．

$$\frac{F}{W} = 0.08\mu\left(\frac{a}{R}\right)^2$$

ここに，μ は滑り摩擦係数，R は球と溝の等価半径，a は接触だ円の長半径，W は荷重，F は転がり摩擦力である．

上式で $a/R < 1$ であるから，

解図 3.3

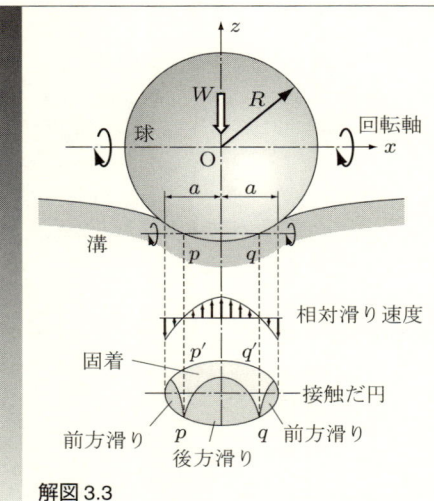

$$\frac{F}{W} < 0.08\mu$$

となり，転がり摩擦係数は滑り摩擦係数 μ よりも 2〜3 桁小さくなる．

第 4 章

4.1 清浄な表面が接触したとき，凝着部を分離するのに必要な仕事を凝着仕事とよぶが，凝着仕事が大きいほど摩耗も激しくなる．さらに，凝着仕事は金属間の相互溶解度と密接な関連があり，一般に相互溶解度が大きいほど凝着仕事も大きくなる傾向にある．解表 4.1 と解図 4.1 は各種金属間の相互溶解度を示したものである．この図からわかるように，同種金属間の相互溶解度は異種金属間のそれに比べて際立って大きい．したがって，摩擦・摩耗は激しい．これが「ともがね」を避けねばならない大きな理由である．

解表 4.1　各種金属間の相互溶解度

記号	相互溶解度	滑り特性	摩耗量
○	100 %	きわめて悪い	きわめて多い
⊙	1 % 以上	悪い	多い
◑	0.1〜1 %	中程度	中程度
◐	0.1 % 以下	良い	少ない
●	0 %	きわめて良い	きわめて少ない

4.2 真実接触面積 A_r と摩耗係数 K，摩耗率 Q はそれぞれ，

$$A_r = \frac{W}{H} = \frac{1000\,[\text{N}]}{2\times 10^9\,[\text{Pa}]} = 5\times 10^{-7}\,[\text{m}^2]$$

$$K = wH = 5.0\times 10^{-15}\,[\text{m}^3/(\text{N}\cdot\text{m})] \times 2\times 10^9\,[\text{Pa}] = 1.0\times 10^{-5}$$

$$Q = wW = 5.0\times 10^{-15}\,[\text{m}^3/(\text{N}\cdot\text{m})] \times 1000\,[\text{N}] = 5.0\times 10^{-12}\,[\text{m}^3/\text{m}]$$

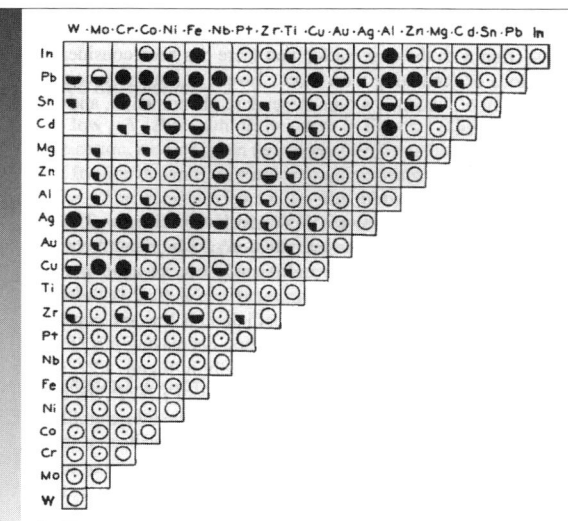

解図 4.1 (Booser, E.R., CRC Handbook of Lubrication, 2, CRC Press (1984) より)

と求められる．

4.3 $w = Q/W$ より摩耗率 Q は，
$$Q = wW = 5.0 \times 10^{-12} \text{ [m}^3/(\text{N} \cdot \text{m})] \times 1000 \text{ [N]} = 5.0 \times 10^{-9} \text{ [m}^3/\text{m}]$$
と求められる．一方，$Q = KW \cot \theta / H$ より摩耗係数 K は，
$$K = Q \frac{H}{W} \tan \theta = 5.0 \times 10^{-9} \text{ [m}^3/\text{m}] \times \frac{2 \times 10^9 \text{ [Pa]}}{1000 \text{ [N]}} \times \tan 60°$$
$$= 1.732 \times 10^{-3}$$
と求められる．

4.4 本文の図 4.10 に示したウェアマップを基にして考える．まず理想的な設計としては，必ず領域 III に作動領域が入るような設計が望ましい．そのためには，荷重を小さくするか硬い材料を選定する必要がある．さらに，滑り速度を小さく，熱伝導率の大きい材料を選定するのも効果がある．このような設計が困難な場合には，できるだけ領域 IV に作動領域が入るようにする．高荷重，軟材料の組み合わせは焼付きを生じやすいので注意が必要である．

4.5 摩耗粉形状と摩耗形態の関連についてもウェアマップを利用すると理解しやすい．解図 4.2 はこのような目的にかなうウェアマップの例である．

第 5 章

5.1 二面が平行の場合には，圧力流れが存在していなくても解図 5.1 に示すように粘性法則と連続の条件を満たすことができる．すなわち，二面が平行であれば必然的に流体膜圧力は発生しない．このことは，流体のくさび作用が消滅することと等価である．

5.2 軸受すきま内の流れは解図 5.2 のようになり，5.2.1 項で行ったくさび作用による圧力発生メカニズムの考察と同様の考察から，圧力分布は $\theta = \pi$ に関して反対称となることがわかる．す

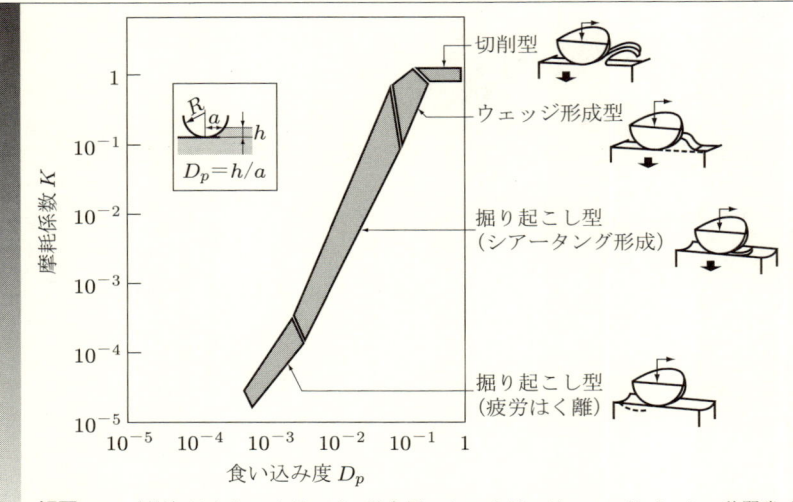

解図 4.2 （(社)日本トライボロジー学会編，トライボロジーハンドブック，養賢堂（2001）より）

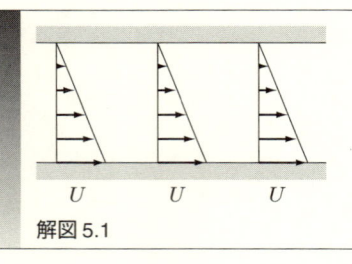

解図 5.1

なわち，$0 \leqq \theta \leqq \pi$ のくさび領域では正の圧力が，$\pi < \theta \leqq 2\pi$ の逆くさび領域では正圧と同じ大きさの負の圧力が発生する．しかし，液体は負圧になると液体中に溶け込んでいた空気が析出し，空洞が形成される．また，負圧が飽和蒸気圧以下になると蒸気泡を含んだ混相流となる．前者を**気体性キャビテーション**（gaseous cavitation），後者を**蒸気性キャビテーション**（vapor cavitation）とよぶ．このような状態では流体膜は破断し，負の圧力はほぼ大気圧に等しくなる．

5.3 スクイズ膜厚さ h は，

$$h = h_0 + a\cos\omega t \quad (0 < a < h_0)$$

と表されるから，スクイズ速度 V は，

$$V = \frac{dh}{dt} = -a\omega\sin\omega t$$

となる．$\omega t = 0, \pi/2, \pi, 3\pi/2$ における潤滑膜流れと圧力分布の関係は解図 5.3 のようになり，$0 \leqq \omega t \leqq \pi$ においては正圧が，$\pi < \omega t < 2\pi$ においては正圧と同じ大きさの負圧が発生する．ただし，負圧が飽和蒸気圧を下回るような場合にはキャビテーションが発生し，膜破断が生じて

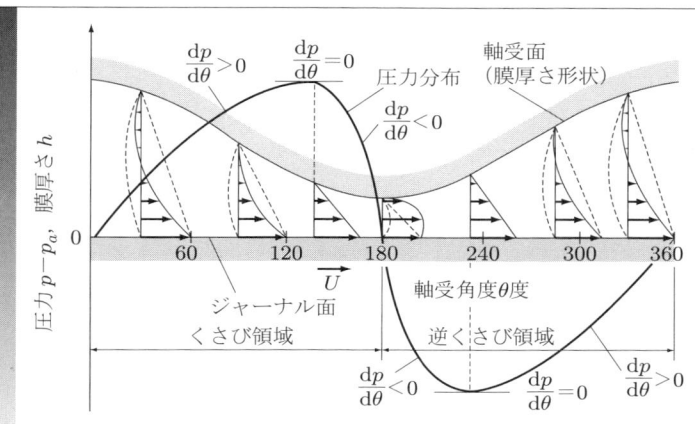

解図 5.2 軸受すきま全体に潤滑流体が存在すると考えたときの速度分布と圧力分布

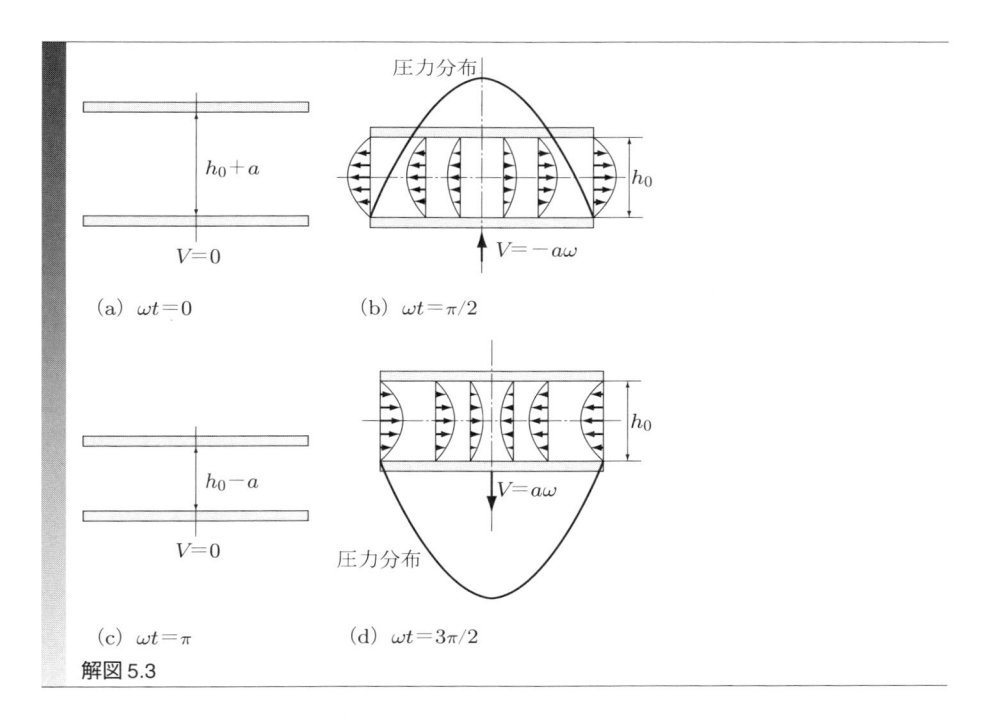

解図 5.3

圧力はほぼ大気圧に等しくなる．

5.4 図 5.24 に示されているように粘度 η は温度の関数であり，さらに温度は座標 x, y, z 方向に 3 次元的に変化するので，粘度 η は一般に $\eta = \eta(x, y, z)$ と表される．このことを考慮して，式 (5.17)，(5.18) を速度境界条件式 (5.19)〜(5.21) の下に積分して速度分布 u, w を決定する．さ

らに，これらを連続の式 (5.26) に適用して解析を進め，最終的に修正レイノルズ方程式を導く．結果は次式のように与えられる．なお，このような理論を**熱流体潤滑理論**（thermohydrodynamic lubrication theory）という．

$$\frac{\partial}{\partial x}\left[\frac{h^3}{\eta_o}F(x,z)\frac{\partial p}{\partial x}\right] + \frac{\partial}{\partial z}\left[\frac{h^3}{\eta_o}F(x,z)\frac{\partial p}{\partial z}\right] = U\frac{\partial}{\partial x}[hG(x,z)]$$

ただし，

$$F(x,z) = -\int_0^1\left[f_1(x,\xi,z) - \frac{f_1(x,1,z)}{f_0(x,1,z)}f_0(x,\xi,z)\right]\mathrm{d}\xi,$$

$$G(x,z) = \int_0^1\left[1 - \frac{f_0(x,\xi,z)}{f_0(x,1,z)}\right]\mathrm{d}\xi,$$

$$f_0(x,\xi',z) = \int_0^{\xi'}\frac{\mathrm{d}\xi}{\overline{\eta}(x,\xi,z)},\quad f_1(x,\xi',z) = \int_0^{\xi'}\frac{\xi\mathrm{d}\xi}{\overline{\eta}(x,\xi,z)},$$

$$\xi = \frac{y}{h},\quad \overline{\eta} = \frac{\eta}{\eta_o},\quad \eta_o : 基準粘度$$

である．

5.5 潤滑膜の流れの乱流遷移を考慮した修正レイノルズ方程式（乱流レイノルズ方程式）を導く方法は大きく二つに分けられる．一つは，乱流域での速度分布を混合距離モデル，渦粘度モデル，$k-\varepsilon$ モデルなどの乱流モデルを用いて計算し，これより平均流速を求めたのち連続の条件式と組み合わせて層流の場合と同様の手順により導出する方法である．もう一つは，流体の抵抗法則に立脚して平均流速を直接的に求め，これと連続の条件式とを組み合わせて導出する方法である．いずれの場合にも，x,y 方向の平均流速 u_m, w_m は次式のように表される．

$$u_m = \frac{U}{2} - G_x\frac{h^2}{\mu}\frac{\partial p}{\partial x},\quad w_m = -G_z\frac{h^2}{\mu}\frac{\partial p}{\partial z}$$

これらの平均流速と連続の条件式から，乱流レイノルズ方程式が次式のように導かれる．

$$\frac{\partial}{\partial x}\left(G_x\frac{h^3}{\eta}\frac{\partial p}{\partial x}\right) + \frac{\partial}{\partial z}\left(G_z\frac{h^3}{\eta}\frac{\partial p}{\partial z}\right) = \frac{U}{2}\frac{\partial h}{\partial x} + \frac{\partial h}{\partial t}$$

ただし，G_x, G_z は乱流係数（turbulent coefficients）で，たとえば，次式のように与えられる．なお，このような理論を**乱流潤滑理論**（turbulent lubrication theory）という．ただし，m_x, m_z, n_x, n_z は定数である．

$$G_x = \frac{1}{12}(1+m_x\mathrm{Re}^{nx})^{-1},\quad G_z = \frac{1}{12}(1+m_z\mathrm{Re}^{nz})^{-1}\;;\;\mathrm{Re} = \frac{\rho hU}{\eta}$$

5.6 潤滑膜の流れがニュートンの粘性法則（式 (5.5)）に従わない非ニュートン流体では，新たに式 (5.5) に代わる式が必要がある．このような式を構成方程式とよぶ．構成方程式は一般に複雑であるが，付録 B で示したように，みかけ粘度 η^* の概念を導入して扱いやすくする方法がよく用いられる．通常の粘度 η の代わりにみかけ粘度 η^* を用いると，構成方程式は形式的に式 (5.18) や式 (5.19) のように書ける．このため，演習問題 5.5 の場合と同様に速度分布 u, w を決定し，さらにこれらを連続の式 (5.26) に適用して解析を進めることにより修正レイノルズ方程式を導くことができる．結果は次式のように与えられる．なお，このような理論を**非ニュートン流体潤滑理論**（non-Newtonian fluid lubrication theory）という．

$$\frac{\partial}{\partial x}\left(h^3 F\frac{\partial p}{\partial x}\right) + \frac{\partial}{\partial z}\left(h^3 F\frac{\partial p}{\partial z}\right) = \frac{U}{2}\frac{\partial h}{\partial x} + \frac{\partial G_1}{\partial x} + \frac{\partial G_2}{\partial z} + \frac{\partial h}{\partial t}$$

ただし，
$$F = \int_0^h \frac{y^2 \mathrm{d}y}{\eta^*(\tau_e)}, \quad G_1 = -C_x \int_0^h \frac{y\mathrm{d}y}{\eta^*(\tau_e)}, \quad G_z = -C_z \int_0^h \frac{y\mathrm{d}y}{\eta^*(\tau_e)},$$
$$\tau_e = [(p_x y + C_x)^2 + (p_z y + C_z)^2]^{\frac{1}{2}}, \quad p_x = \frac{\partial p}{\partial x}, \quad p_z = \frac{\partial p}{\partial z},$$

C_x, C_z は積分定数である．また，みかけ粘度 η^* は実験的に定められる．

5.7 この場合には，圧力分布の解の式 (5.44) を利用するよりもレイノルズ方程式 (5.35) から直接導いた方が簡単である．式 (5.35) において $h=$ 一定 であるから，

$$\frac{\mathrm{d}p}{\mathrm{d}x} = C \quad (一定)$$

である．したがって，領域 $0 \leqq x \leqq B_1$ での圧力分布の一般解 $p_1(x)$ は，境界条件 $p_1(0) = p_a$ を考慮すると，

$$p_1(x) = C_{11} x + p_a$$

と求められる．また，領域 $B_1 < x \leqq B_1 + B_2$ での圧力分布の一般解 $p_2(x)$ は，境界条件 $p_2(B_1 + B_2) = p_a$ を考慮すると，

$$p_2(x) = C_{21}(x - B_1 - B_2) + p_a$$

と求められる．$x = B_1$ で $p_1 = p_2$ となることから，

$$C_{11} B_1 = -C_{21} B_2$$

となる．

一方，x 方向の単位幅あたり流量 q_x は次式で与えられる．

$$q_x = \int_0^h u \mathrm{d}y = \frac{hU}{2} - \frac{h^3}{12\eta} \frac{\mathrm{d}p}{\mathrm{d}x}$$

$x = B_1$ で $q_{x1} = q_{x2}$ となることから，

$$\frac{h_1 U}{2} - \frac{h_1^3}{12\eta} C_{11} = \frac{h_2 U}{2} - \frac{h_2^3}{12\eta} C_{21}$$

となる．以上より，積分定数 C_{11}, C_{21} が次式のように決定される．

$$C_{11} = 6\eta U B_2 \frac{h_1 - h_2}{B_2^2 h_1^3 + B_1 h_2^3}, \quad C_{21} = -6\eta U B_1 \frac{h_1 - h_2}{B_2^2 h_1^3 + B_1 h_2^3}$$

したがって，圧力分布は最終的に以下のように求められる．

$$p_1(x) = 6\eta U B_2 \frac{h_1 - h_2}{B_2^2 h_1^3 + B_1 h_2^3} x + p_a$$

$$p_2(x) = 6\eta U B_1 \frac{h_1 - h_2}{B_2^2 h_1^3 + B_1 h_2^3}(B_1 + B_2 - x) + p_a$$

圧力分布 $p_1(x)$ と $p_2(x)$ を図示すると解図 5.4 のようになり，定性的に導いた本文の図 5.10 の圧力分布と一致する．

5.8 結果は式 (5.50) と全く同じになる．ただし，$0 < a < 1$ であることに注意が必要である．

5.9 静圧軸受へ加圧流体を供給するとき，一般に軸受剛性を高めるために供給流路過程に絞りを設ける．これにより，供給圧力 p_s で供給される流体は絞りを経て，ポケット内に定圧 p_o で送り

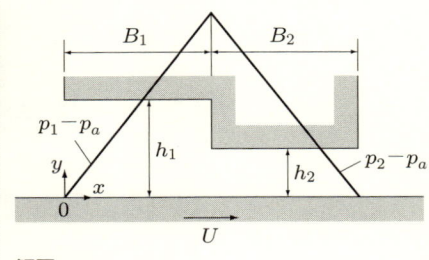

解図 5.4

込まれる．絞りの方式としては，毛細管絞り，オリフィス絞り，多孔質絞りが代表的である．いま，毛細管絞りを例にとると絞り部における流量 Q_c は，

$$Q_c = \frac{K_c}{\eta}(p_s - p_o) \; ; \; K_c = \frac{\pi r_c^4}{8l}$$

となる．ただし，l は毛細管長さ，r_c は毛細管半径である．

このような絞りをもつ円板型静圧スラスト軸受の負荷容量は，上式と式 (5.77) から次式のように表される．ただし，式 (5.77) の p_s は p_o に置き換える必要がある．

$$W = \frac{A_e(p_o - p_a)}{1 + h^3 K_B/K_c} \; ; \; A_e = \frac{\pi(r_2^2 - r_1^2)}{2\ln(r_2/r_1)}, \quad K_B = \frac{\pi}{6\ln(r_2/r_1)}$$

最大剛性の条件は $\partial^2 W/\partial h^2 = 0$ により得られ，結果は次式のように与えられる．

$$\frac{K_c}{K_B} = 2h^3, \quad \frac{p_o - p_a}{p_s - p_a} = \frac{2}{3}$$

これにより最適な絞り形状（r_c と l）を決定することができる．

第 6 章

6.1 ストライベック曲線（図 6.1）から流体潤滑領域では膜厚比の値が $\Lambda > 3$（$h > 3\sigma$）となるため，相対運動する二面間に表面粗さを上回る厚さの流体膜が形成される．したがって，固体の直接接触が起こらず，摩擦・摩耗が著しく減少して理想的な運転状態を実現できる．そのためには，軸受特性数を大きくする必要がある．すなわち，平均面圧 $\bar{p}$ をなるべく小さくするか，あるいは表面粗さをなるべく小さくし平滑化を図るなどの方法が考えられるが，それにも限界がある．そこで，境界膜を良好な状態で形成できるように潤滑油に適切な添加剤を加えることも必要である．また，表面改質技術などの導入も考えられる．さらに，第 8 章で述べたように，表面に微細な溝加工を施して流体潤滑状態をできるだけ維持する方法も有効である．

6.2 式 (3.41) で $k \ll 1$ とすれば，

$$\mu = \frac{k}{\sqrt{\alpha(1 - k^2)}} \cong \frac{k}{\sqrt{\alpha}} \; ; \; k = \frac{s_f}{s_o}$$

が得られる．式 (3.35) から $\sqrt{\alpha} = p_o/s_o = H/s_o$ を得るから，これを上式へ代入すれば，

$$\mu = \frac{s_f}{H}$$

となり，式 (6.4) が得られる．

6.3 3.3.4 項でも述べたように，大気中では金属表面は酸化膜で覆われた状態となっており，この酸化膜が境界膜の役割を果たす．酸化膜のせん断強さ s_f と金属材料の押込み硬さ H は，鉄系を中心とした材料ではあまり大きな違いはない．したがって，摩擦係数 $\mu = s_f/H$ もほぼ同程度となる．図 6.2 に関連して述べたように，この値は 0.5 前後である．

6.4 高荷重，高温，低粘度などの過酷な運転条件下では，ストライベック曲線（図 6.1）における軸受特性数の値が減少して膜厚比の値が $\Lambda < 3$ となる．したがって流体潤滑状態を維持することは難しく，混合あるいは境界潤滑状態で作動する可能性が高い．このような条件下では，表面粗さどうしの一部あるいは多くが固体接触して凝着を生じ，凝着部での温度が上昇して閃光温度に至り，この温度が金属の融点を越えると焼付きが起こりやすい．

第7章

7.1 放電現象は自然界にも多くみられ，たとえば，雷などがその代表例である．工業的な応用例としては放電加工が挙げられる．この加工法により，航空宇宙産業や自動車産業で使われる高精度部品などが製造されている．一方，気体の一部が電離して不規則な熱運動をしている状態がプラズマであり，電離層などはプラズマ状態にある．プラズマを工学的に利用したものも多く，パネルディスプレイへの応用もその一例である．

7.2 自動車用エンジン部品については第 8 章で詳しく扱っているのでそちらを参照のこと．

7.3 DLC は非晶質構造であるため，これを皮膜として用いた場合，表面に方向性がなく相対運動に対する抵抗が小さい．合わせて，表面の平滑度も高いことから，無潤滑下でも凝着を生じにくく，滑り特性が良い．

7.4 自動車用部品や加工工具以外で硬質皮膜がきわめて有効に使われている例としては，HDD 用の磁気ヘッドが挙げられる．詳細については第 8 章を参照のこと．

第8章

8.1 たとえば，歯科用ドリルを支持する空気軸受が挙げられる．ドリルは数十万 [rpm] にも及ぶ高速回転をするので，空気膜潤滑を利用した同軸受が適している．また，空気を潤滑流体として使用するので清浄であり，かつメンテナンスフリーの効果も期待できる．

8.2 CVT 用のトラクション油に求められる条件は，まず高いトラクション係数をもち，かつ温度依存性が低いことである．特に，高温下で高いトラクション係数（0.1 前後）を維持することが重要である．一方で，ローラ間に確実に油膜を形成し，摩擦面を十分に保護できることも必要である．現在，アルキベンゼン系合成油などいくつかの合成油が開発されており，所望の機能を果たしている．

8.3 磁気ヘッドスライダの設計は，基本的に超薄膜流体潤滑理論に基づいて行われる．その際注意すべきは，ヘッドとディスク間の空気膜の剛性と減衰特性をできるだけ高めて，HDD の作動中におけるスペーシング変動を最小化する点である．また，ディスクの内周と外周では滑り速度にかなりの差が生じるので，この速度差の影響を極力最小化してスペーシングの変動をできるだけ小さくする必要がある．さらに，スタート時にヘッドがすばやく浮き上がるようにしなければならない．この目的のために，ヘッド形状の最適設計などの手法が導入されている．

8.4 両者の性能の差異については本文の表 8.2 にまとめてあるので，この表を参照して論じればよい．人工関節が生体関節に及ばない最大の点は寿命である．人工関節の長寿命化を図る上でトライボロジーはきわめて重要な役割を果たす．一つの例として，表面改質技術をより発展させて

耐摩耗性を一層高め，長寿命化を図ることなどが挙げられる．
8.5 ウェブの走行限界は，ウェブとローラ間に伝達されるトラクション力によるモーメント FR とローラ支持軸受に働く摩擦力によるモーメント fr（通常ベアリングトルクあるいはブレーキトルクとよばれる）が等しくなったときである．トラクション力 F は，第3章で述べたオイラーのベルト公式を用いて，

$$F = (e^{\mu_{\text{eff}}(U)\Theta} - 1)T_1 L$$

と見積られる．なお，R, T_1, L, f, r, Θ は既知とする．有効摩擦係数 μ_{eff} は速度の関数として与えられるので，以上の関係からウェブの限界搬送速度を計算できる．
8.6 たとえば，高速鉄道車両の駆動系については摩擦特性とその制御がきわめて重要で，トライボロジー技術が深く関わっている．パンタグラフのすり板の耐摩耗対策などに関しても同様である．ほかに，摩擦力を駆動源とした超音波モータの技術や摩擦撹拌接合技術などもトライボロジーの応用技術として注目を集めている．

索　引

■英　数

2次電子　12
AFM　14
CVT　146
DLC　118, 131, 152
EP剤　108
FFM　15
HCD　121
HDD　150
PV値　45, 107
STM　14

■あ　行

アーチャードの法則　54
圧縮性流体　79
圧縮性レイノルズ方程式　79
厚膜潤滑　63
圧力こう配　69
圧力スパイク　154
圧力流れ　75
圧力分布　70
アブレシブ摩耗　51
アブレシブ摩耗理論　57
アモントン－クーロンの摩擦法則　28
アモントンの摩擦法則　28
粗さ曲線　15
イオン注入法　123
イオンビーム支援蒸着法　124
イオンプレーティング　120
イオンミキシング法　124
移着粒子　49
ウェアマップ　59
ウェットコーティング　118
ウェブ　160
ウェブハンドリング技術　160
うねり　11
エロージョン　52
エンジン軸受　144
凹凸説　34

押込み硬さ　22
オリフィス絞り　188

■か　行

化学吸着　101
化学蒸着　125
化学反応　102
確率　167
確率密度関数　167
活性金属　103
慣性効果　73
乾燥摩擦　95
擬塑性流体　173
気体性キャビテーション　184
気体膜レイノルズ方程式　79
凝着仕事　182
キャビテーション　53, 73
キャビテーションエロージョン　53
基油　101
吸着　20
吸着エネルギー　106
吸着熱　101
吸着力　106
球面スパイラルグルーブ滑り軸受　155
球面滑り軸受　159
境界潤滑　94
境界膜　94
境界摩擦係数　98
供給圧力　90
凝集力　106
共焦点レーザ顕微鏡　12
凝　着　5, 35
凝着現象　4
凝着説　35
凝着部　35
凝着部成長理論　36
凝着摩耗　49
凝着摩耗理論　56
凝着理論　35
極圧添加剤　108

極性基　　　100
極性物質　　100
金属せっけん　　97
クエット流れ　　76
くさび項　　80
くさび作用　　70, 80
グラファイト　　111
グリース　　173
グルーブ軸受　　155
クロスシリンダ型試験機　　60
クーロンの摩擦法則　　4, 28
傾斜法　　30
検査体積　　73
原子間力顕微鏡　　14
硬質材料　　130
硬質皮膜　　115, 130
合成自乗平均平方根粗さ　　170
合成潤滑油　　100
構成方程式　　172, 186
鉱油系潤滑油　　100
固体潤滑　　110
固体潤滑剤　　110
固体表面　　10, 20
コーティング　　115
転がり軸受　　3
転がり摩擦　　47
混合潤滑　　95
混合摩擦係数　　98

■さ　行

最大静止摩擦力　　27
最大せん断応力　　37
最大せん断強さ　　35
最大高さ　　15
最大ひずみエネルギー　　38
材料の降伏条件　　37
差動滑り　　181
酸化防止剤　　109
酸化膜　　20, 52
酸化摩耗　　52, 60
三元アブレシブ摩耗　　51
算術平均粗さ　　17
磁気軸受　　178
四球式摩耗試験機　　61
軸　受　　2, 4

軸受特性数　　93
自乗平均平方根粗さ　　17, 171
シビア摩耗　　50
絞　り　　90, 92, 187
ジャーナル滑り軸受　　5
修正係数　　38
修正レイノルズ方程式　　92
集中接触問題　　169
十点平均粗さ　　15
潤　滑　　63
潤滑剤　　110
潤滑油　　100
蒸気性キャビテーション　　184
蒸気タービン　　136
消泡剤　　109
初期摩耗　　50
触針式粗さ計　　12
自励振動　　42
真円形ジャーナル滑り軸受　　65
真空蒸着　　119
人工関節　　158
真実接触面積　　21
新生面　　20, 35, 39
すきま　　65
スクイズ項　　80
スクイズ作用　　70, 80
スクイズ軸受　　87
スタティックイオンミキシング法　　124
ステアリン酸　　105
スティック—スリップ現象　　42
ステップ軸受　　71
ストライベック曲線　　93, 163
ストレッチ項　　80
ストレッチ作用　　70, 80
スパイラルグルーブスラスト滑り軸受　　140, 155
スパッタリング　　122
スペーシング　　151, 153
スペーストライボロジー　　123
滑り軸受　　6, 134, 145
滑り速度　　28, 45, 59
滑り摩擦　　47
滑り摩耗　　49
スラスト荷重　　138
スラスト空気軸受　　156
スラストシリンダ型試験機　　61

索　引

スリップ率　148
静圧作用　71, 80
静圧スラスト軸受　89
清浄分散剤　109
生体関節　158
静圧流体潤滑　71
静摩擦係数　30
静摩擦力　27, 28
接触角　104
絶対粘度　65
閃光温度　46
せん断応力分布　75
せん断強さ　37
せん断流れ　76
せん断ひずみ速度　64
せん断力　35
相互溶解度　182
走査型電子顕微鏡　12
走査型トンネル顕微鏡　14
層状物質　129
相対運動　26
層　流　73
層流域　135
速度こう配　73
速度分布　75
塑性指数　116, 171
塑性変形　20, 21, 60, 116
塑性流動圧力　22
ソフト EHL　159
ソフト EHL 理論　150, 153, 161
ゾルゲル法　128
ゾンマーフェルト数　66
ゾンマーフェルト変換　85

■た　行

ダイナミックイオンミキシング法　124
ダイナミックミキシング法　141
耐摩耗性　52
耐摩耗性添加剤　110
ダイヤモンド　118, 131
ダイヤモンドライクカーボン　118
ダイラタント流体　173
だ円ジャーナル滑り軸受　136
多孔質絞り　188
多分子層　104

玉軸受　4
弾性ヒステリシス損失　42
弾性変形　21, 116
弾性流体潤滑理論　148
超薄膜流体潤滑理論　153
定常摩耗　50
ティルティングパッドジャーナル滑り軸受　137
転位温度　107
添加剤　101
動圧軸受　81
動圧流体潤滑　70
等価半径　168
等価ヤング率　168
動粘性係数　172
動粘度　172
動摩擦係数　30, 33
動摩擦力　27
トポグラフィー　11
ともがね　50
ドライコーティング　118
トライボ機器　6
トライボ要素　79
トライボロジー　1
トラクション係数　148
トラクション油　147
トラクション力　147, 160, 164
トレスカの降伏条件　37
トロイダル CVT　147
トンネル電流　14

■な　行

内部摩擦説　181
流れの連続性　69, 70, 78
ナノテクノロジー　15
ナノトライボロジー　153
ナフテン系炭化水素　100
軟質固体材料　111
軟質皮膜　115, 129
二円弧ジャーナル軸受　136
二元アブレシブ摩耗　51
ニュートンの粘性法則　65, 73, 172
ニュートン流体　65, 173
二硫化ジベンジル　108
二硫化モリブデン　112

熱 CVD　126
熱拡散係数　47, 59
熱伝導率　47
熱流体潤滑理論　186
粘　性　64
粘性係数　65
粘性効果　73
粘性流体　65
粘　度　65
粘度圧力係数　175
粘度指数　175
粘度指数向上剤　109

■は　行

バイオトライボロジー　159
バイオミメティクス手法　159
ハイドロプレーニング　150
薄膜潤滑　95
ハードディスク装置　150
ハーフトロイダル CVT　147
パラフィン系炭化水素　100
パラメータ　39, 84
非圧縮性流体　78
非圧縮性レイノルズ方程式　79
光 CVD　127
ヒースコート滑り　181
ピストンリング　143
ビッカース硬さ　22
ピッチング　52
非ニュートン流体　173, 186
非ニュートン流体潤滑理論　186
比　熱　47
皮　膜　20, 115, 119
比摩耗量　55, 57
表　面　20
表面粗さ　10, 17, 34
表面エネルギー　20
表面改質　115
表面改質技術　115
表面損傷　53
疲労摩耗　52
ピンオンディスク型試験機　61
ファン・デル・ワールス力　101
フォイル軸受モデル　153, 161
不活性金属　103

負荷容量　188
腐食摩耗　52
物理吸着　101
物理蒸着　118
浮動ヘッド　151
浮動ヘッドスライダ　151
フラクタル性　10
プラズマ CVD　126
プラズマ溶射　128
フレーキング　52
フレッチング　52
ブロックオンリング型試験機　60
分散接触　21
平均面圧　5, 66
壁面せん断応力　64
ペクレ数　46
ヘッドクラッシュ　152
ペトロフの法則　66
ヘリウム液化機　138
ヘリングボーンジャーナル滑り軸受　155
ヘルツの弾性接触理論　168
ベルト公式　32, 164
偏心率　85
ポアズイユ流れ　75
ポアソン比　168
芳香族炭化水素　100
保護膜　50
母　材　111, 115
掘り起こし　42
ボールオンディスク型試験機　61
ホローカソードイオンプレーティング　121
本体温度　46
ポンピング作用　156

■ま　行

マイルドな摩耗状態　60
マイルド摩耗　50
膜厚比　83, 93
マグネトロンスパッタリング　123
摩　擦　26
摩擦角　30
摩擦距離　44, 54, 57
摩擦係数　4, 27, 29, 39, 42, 93, 141
摩擦調整剤　109
摩擦の凝着説　5

摩擦法則　28
摩擦力　26, 27
摩擦力顕微鏡　15
摩耗　49
摩耗機構図　59
摩耗係数　54, 57
摩耗形態図　59
摩耗試験機　60
摩耗体積　53, 54, 56
摩耗粉　44, 49, 53, 56
摩耗法則　57
摩耗率　54, 57
みかけ粘度　172
みかけの接触面積　21, 28
ミーゼスの降伏条件　38
無限幅傾斜平面滑り軸受　82
無限幅軸受　81
無限幅ジャーナル滑り軸受　84
面接触　21
毛細管絞り　188
モール円　37

有限差分法　81
有限要素法　81
融触摩耗　60
融点　107
油性向上剤　101
油性剤　101
溶射　128

■や 行

焼付き　45
ヤング率　168

■ら 行

ラジアル荷重　138
乱流　92
乱流域　135
乱流係数　186
乱流潤滑理論　186
乱流レイノルズ方程式　186
流体潤滑　63, 172
流体潤滑理論　5, 68, 73
流体膜　63
流体膜軸受　6, 81, 134
流体摩擦係数　98
流動点降下剤　109
流動特性　172
リン酸トリクレシル　109
レイノルズ方程式　5, 78, 81
レーザ溶射　128

著者略歴

橋本 巨(はしもと・ひろむ)
- 1951 年　愛媛県松山市に生まれる
- 1979 年　早稲田大学大学院理工学研究科博士課程修了（工学博士）
- 1979 年　早稲田大学理工学部助手
- 1981 年　東海大学工学部専任講師
- 1987 年　東海大学工学部助教授
- 1992 年　東海大学工学部教授
- 2003 年　東海大学大学院工学研究科委員長
- 2005 年　東海大学大学院総合理工学研究科長
- 2011 年　東海大学国際教育センター所長
- 2011 年　東海大学副学長（研究担当）
- 2016 年　東海大学工学部特任教授
- 2019 年　東海大学名誉教授
- 　　　　　現在に至る

専攻　機械工学，トライボロジー，ウェブハンドリング技術，バイオミメティクス

所属学会　日本機械学会，日本トライボロジー学会，精密工学会，ASME，STLE 各正会員

著書　日本機械学会編・機械工学便覧：機械要素設計・トライボロジー（共著，丸善），日本機械学会編・機械工学事典（共著，日本機械学会），日本トライボロジー学会編・トライボロジーハンドブック（共著，養賢堂），ウェブハンドリングの基礎理論と応用（単著，加工技術研究会），最新高精度紙搬送設計とトラブル対策（監修，共著，トリケップス）など

受賞　文部科学大臣表彰科学技術賞，ASME Best Paper Award（Journal of Tribology），日本機械学会・フェロー，同・創立110周年記念功労者表彰，同・論文賞，同・船井賞，同・奨励賞，同・機素潤滑設計部門功績賞，日本トライボロジー学会論文賞（2回），同・技術賞，精密工学会・高城賞，IWEB（USA）・Best Paper Award，日本工学教育協会・工学教育賞，船井情報科学振興賞　など

基礎から学ぶトライボロジー　　　　　　　　　　© 橋本　巨　2006

2006 年 6 月 14 日　第 1 版第 1 刷発行　　【本書の無断転載を禁ず】
2024 年 9 月 20 日　第 1 版第 10 刷発行

著　者　橋本　巨
発行者　森北博巳
発行所　森北出版株式会社
　　　　東京都千代田区富士見 1-4-11（〒102-0071）
　　　　電話 03-3265-8341 ／ FAX 03-3264-8709
　　　　https://www.morikita.co.jp/
　　　　日本書籍出版協会・自然科学書協会　会員
　　　　JCOPY ＜(一社)出版者著作権管理機構　委託出版物＞

落丁・乱丁本はお取替えいたします　　　印刷/太洋社・製本/協栄製本

Printed in Japan ／ ISBN978-4-627-66591-0

MEMO

MEMO

MEMO

MEMO